景观工程材料识别
与施工应用

主　编　程春雨

副主编　刘千荻

参　编　刘小丹　杨晓东　殷　茵

北京理工大学出版社

BEIJING INSTITUTE OF TECHNOLOGY PRESS

内 容 提 要

　　本书是一本介绍景观设计和建设所使用的材料的教材，主要内容包括各种石材、水泥、木材、金属、高分子、玻璃等基础材料的特点和使用方法；各种植物景观材料的基础知识及养护方法。本书还包括一些实际案例的介绍和应用技巧的讲解，能够为景观设计师提供全面的材料知识和应用经验。本书系统性和权威性强，内容涵盖面广，具有较好的普及性和指导性。通过阅读本书，读者可以系统地掌握景观工程材料知识，为以后从事景观设计和建设工作打下扎实的基础。

　　本书适用于高等院校环境艺术设计、室内艺术设计、建筑室内设计、园林等专业的学生，也可供从事景观设计相关行业的初学者及需要了解景观工程材料的相关人员使用。

图书在版编目（CIP）数据

景观工程材料识别与施工应用 / 程春雨主编.--北京：北京理工大学出版社，2023.6
　ISBN 978-7-5763-2512-6

　Ⅰ.①景…　Ⅱ.①程…　Ⅲ.①景观设计－建筑材料－识别　Ⅳ.①TU986

中国国家版本馆CIP数据核字（2023）第122205号

出版发行／北京理工大学出版社有限责任公司
社　　　址／北京市丰台区四合庄路6号院
邮　　　编／100070
电　　　话／（010）68914775（总编室）
　　　　　　（010）82562903（教材售后服务热线）
　　　　　　（010）68944723（其他图书服务热线）
网　　　址／http://www.bitpress.com.cn
经　　　销／全国各地新华书店
印　　　刷／河北鑫彩博图印刷有限公司
开　　　本／787毫米×1092毫米　1/16
印　　　张／17　　　　　　　　　　　　　　　　责任编辑／封　雪
字　　　数／352千字　　　　　　　　　　　　　　文案编辑／毛慧佳
版　　　次／2023年6月第1版　2023年6月第1次印刷　责任校对／刘亚男
定　　　价／89.00元　　　　　　　　　　　　　　责任印制／王美丽

前言 PREFACE

    景观的物质基础是材料，景观设计思想的表达最终离不开物质载体。在环境景观建设工程及其他所有类型的建设工程中，材料毫无疑问具有最为基础性的也是最为客观实在的作用，景观的效果性、实用性、艺术性、坚固性、耐久性及经济性等直接受到景观材料的性能、品种、规格、质量的影响。因此，无论在以往的还是在现代的景观设计和施工中，设计师和工程师都要充分理解认识材料的属性，并懂得将它们的优势应用到景观设计施工中，从而在设计中掌握材料与景观设计间的相互关系和相互影响，在施工中合理地选择和应用材料的种类与形式，这样才能够营造出优秀的、吸引人的、造价合理的景观作品。

    本书立足于高等教育需求，注重理论与实践相结合，兼顾适用与实效，具有较强的实用性、可操作性和指导性，可作为高等院校相关专业师生的教学用书，也可作为环境景观工程设计、施工相关人员的参考书。

    为贯彻落实党的二十大精神，更好地培养造就爱党报国、敬业奉献、德才兼备的高素质高技能人才，本书积极探索新时代大学生课程思政教育教学，在教材正文中以及二维码形式提供的应用小贴士、知识小课堂内容里注重弘扬我国优秀文化，注重向学生介绍我国在材料领域取得的杰出成果。相信通过这些潜移默化的思政内容学习，会更好地激发学生学好专业知识的热情，更好地激励学生树立报效祖国的志向。

在本书的编写过程中，编者参考了一些相关著作和资料，并得到学校领导、出版社编辑及编写组人员的大力支持，在此一并表示衷心感谢！

本书由辽宁生态工程职业学院教师团队与辽宁中景园林工程有限公司项目部共同编写，其中主编程春雨负责统稿并编写模块一~模块五，副主编刘千荻编写模块六~模块八，参编刘小丹编写模块九和模块十，中景园林工程有限公司杨晓东提供部分案例素材，辽宁生态工程职业学院殷茵协助整理文字。

由于时间仓促，编者水平有限，书中难免存在疏漏之处，恳请广大读者批评指正，并提出宝贵意见。

编　者

目 录
CONTENTS

模块一　石材

1. 了解天然石材、人造石材的种类；

2. 掌握各类天然石材、人造石材的基本特性及其在景观中的应用情况；

3. 掌握景观石材的基本施工流程及操作要点。

1. 能够准确识别辨认常见石材种类；

2. 能够根据施工项目实际情况选用适合的石材。

1. 培养学生善于观察、发现问题的能力；

2. 培养学生根据实际情况解决问题的能力；

3. 培养学生的团结协作能力。

2023年，××生态工程职业学院启动了校园改造项目，其中一项内容是对校园内的硬质铺装进行升级改造。此项任务的前期调研工作将委托环境设计学院环艺专业A班级进行。需要对现有的铺装材料进行调查统计，掌握需要改造的区域面积和具体环境情况。调研后的设计任务也由该班级完成。工作小组需要根据实地情况选取可以满足不同需求的景观石材，并在向校方阐明相关石材特点的同时提供石材的报价情况。

请学生想一想：是否应该根据设计需要和施工需要选用适合的石材？科学选用石材是否应该充分了解石材基本特性？

天然石材是古老的建筑材料，具有强度高、装饰性好、耐久性高、来源广泛等特点。无论是罗马时代的庭院石阶还是现代园林中的石板广场，无论是中国古典园林中的假山、驳岸还是日式庭院中的置石，石材这一古老的建筑材料在人类的建筑和园林史上始终占有一席之地，并且在加工技术进步的加持下更具生命力。现代开采与加工技术的进步，使得石材在现代景观中得到了广泛的应用。

常用的石材主要有花岗岩、大理岩、页岩和板岩、砂岩、人造石五大类。花岗岩质地坚硬，在园林景观中常用的有黄锈石、芝麻白、芝麻灰、芝麻黑、新疆红、蒙古黑、中国黑等；常用的大理岩有汉白玉、青石板等；常用的页岩和板岩有芝麻黄、黄木纹、青石板等；常用的砂岩有红砂岩、黄砂岩等，近年来还流行使用黄木纹砂岩和澳洲砂岩等；常用的人造石分为聚酯型人造石材、复合型人造石材、水泥型人造石材等。

单元一

天然石材

🐛 一、岩石基础知识

（一）岩石的定义

岩石是地质作用的产物，是一种或几种矿物的集合体，它由矿物按照一定的方式结合而成，具有一定的结构和构造特征。岩石是地壳和上地幔的物质基础，根据成因可分为岩浆岩、沉积岩和变质岩。

（二）岩石的形成

岩石的形成是一个循环的过程。由于形成的过程不同，其可分为岩浆岩、沉积岩和变质岩。三种重要岩石的形成过程和特点见表1-1。

表1-1　三种重要岩石的形成过程和特点

分类	岩浆岩		沉积岩	变质岩
	喷出岩	侵入岩		
形成过程	岩浆在地球内部的压力作用下，沿地壳的薄弱地带喷出地表，迅速冷却凝固而成	岩浆在地球内部压力作用下侵入地壳上部，缓慢凝固而成	地表岩石在外力作用下被风化成碎屑，经外力搬运后沉积下来，后固结形成岩石	原有岩石在岩浆活动、地壳运动产生的高温、高压作用下，成分和性质发生了改变
特点	凝结时间短，结晶不明显，多气孔	缓慢冷却形成，结晶明显	层理构造，含有化石	片理构造
典型岩石	玄武岩	花岗岩	石灰岩、页岩、砂岩、砾岩	大理岩、石英岩、片麻岩、板岩

二、天然石材中的造岩矿物及其特性

天然石材是从岩石中开采出来的，未经加工或加工成块状或板状材料的统称。岩石由矿物组成，而矿物是指在地质作用下所形成的，具有一定化学成分和一定结构与构造特征的单质或化合物。组成岩石的矿物称为造岩矿物，主要造岩矿物见表1-2。

三、岩石的分类及其结构与构造

（一）岩石的分类

造岩矿物在不同的环境条件和地质条件下形成不同类别的岩石，按照地质因素的不同，其可分为岩浆岩、沉积岩和变质岩。这三种不同的岩石具有不同的结构与构造特征。

1. 岩浆岩

岩浆岩又称为火成岩，是组成地壳的主要岩石，占地壳总体积的65%。按岩浆冷却条件的不同，岩浆岩又可分为深成岩、喷出岩和火山岩三种。最为常见的岩浆岩是花岗岩，其标本实例如图1-1所示。

表 1-2 主要造岩矿物

特征	原生矿物							
	石英	长石		云母		角闪石	辉石	橄榄石
		正长石	斜长石	黑云母	白云母			
主要成分	SiO_2	K、Na、Ca 的铝硅酸盐 $K_2O \cdot Al_2O_3 \cdot 6SiO_2$	K、Na、Ca 的铝硅酸盐 $K_2O \cdot Al_2O_3 \cdot 6SiO_2$ 或 $CaO \cdot Al_2O_3 \cdot 6SiO_2$	(镁铁云母) 铝硅酸盐	(钾云母) 铝硅酸盐	铁镁硅酸盐	铁镁硅酸盐	铁镁硅酸盐
颜色	无色透明或乳白色、烟灰色	肉红色或褐黄色	白色或灰白色	黑色或褐色	薄片状无色透明，集合略带黄或淡灰色	黑色或深绿色	黑色(带绿或带褐)	绿色或黄绿色
形状	块状或六方柱锥体	短柱状或宽板状	板状或板柱状	集合体呈薄片状	薄片状	针状、长柱状，集合体为柱状、状或放射状	板状、短柱状，集合体为致密块状	粒状、集合体，性脆
光泽	玻璃光泽或断口油脂光泽	玻璃光泽	玻璃光泽	珍珠光泽	珍珠光泽	玻璃光泽	玻璃光泽	玻璃光泽或断口油脂光泽
莫氏硬度	7	6	6～6.5	2.5～3	2～2.5	5～6	5～6	6.5～7
相对密度	2.8	2.55～2.60	2.55～2.60	2.8	2.8	3～4	3～4	3～4
断口和解理	贝壳状断口，无解理	有两组近于直交的完全解理	有两组斜交的完全解理	完全解理，易撕成很薄且具弹性的薄片	同黑云母	—	有两组完全解理	贝壳状断口
主要鉴别特征	较大的硬度和断口油脂光泽	颜色、硬度、解理面	—	—	—	—	—	—
分布	广泛分布于酸性岩浆岩(如花岗岩、流纹岩)、沉积岩(如砂岩)、变质岩(如片麻岩)中	常与石英、黑云母共生在浅色的岩浆岩中。如花岗岩、正长岩、石英斑岩、粗面岩等	常与角闪石、辉石共生在深色的岩浆岩中，如闪长岩、辉绿岩、安山岩、玄武岩等	—	—	多与正长石、石英共生在酸性岩浆岩中	多与斜长石共生在基性岩浆岩中	—

图 1-1　花岗岩标本实例

2．沉积岩

沉积岩又称为水成岩，仅占地壳体积的 5%，但其分布极广，其地貌实例如图 1-2 所示。沉积岩中常含有生物化石，表观密度低于岩浆岩，孔隙率和吸水率较大，强度和耐久性较低。最为常见的沉积岩是石灰岩。

图 1-2　沉积岩地貌实例

3．变质岩

变质岩主要可分为正变质岩和副变质岩。由岩浆岩经变质作用而形成的变质岩称为正变质岩，其耐久性变差，如花岗岩经变质作用形成的片麻岩就容易由于分层脱落而导致耐久性变差；由沉积岩经变质作用而形成的变质岩称为副变质岩，其结构较致密，坚实耐久，如石灰岩经变质作用形成的大理岩。建筑中常用的变质岩有大理岩、石英岩和片麻岩等。

（1）大理岩的组成。

①化学成分：主要为 $CaCO_3$，还含有 Mg、Fe、Zn、Mn 等元素，化学性质呈碱性。

②矿物成分：主要为方解石、白云石，含有少量石英、长石等。由白云岩变质而成的大理岩的性能比由石灰岩变质而成的大理岩优良。

（2）大理岩的外观特征。天然大理岩可分为纯色和花纹两大类。纯色大理岩为白色，如汉白玉；当变质过程中遇到氧化铁、石墨等矿物杂质时，可呈玫瑰红、浅绿、米黄、灰、黑等色彩。大理石被磨光后，光泽柔润（图1-3）。

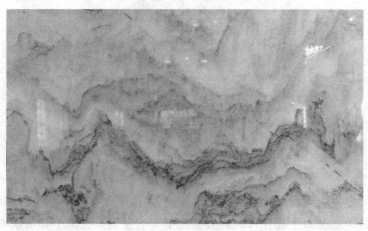

图1-3 大理岩

（3）大理岩的技术特性。大理岩的表观密度为 2 600 ～ 2 700 kg/m³，抗压强度为 70 ～ 300 MPa，吸水率低，不易变形，耐久，耐磨。大理岩硬度中等，较花岗岩低，莫氏硬度为 2.5 ～ 5，易加工，磨光性好。由于大理岩的板材硬度较低，如在地面上使用，磨光面易受损，应尽可能不将大理岩板材用于地面。

抗风化性能差，除极少数杂质含量少、性能稳定的大理岩（如汉白玉、艾叶青等）外，磨光大理岩的板材一般不适用于室外装饰。由于大理岩中所含的白云石和方解石均为碱性石材，空气中的二氧化碳、硫化物、水等对大理岩具有腐蚀作用，使其表面失去光泽，导致粗糙多孔或崩裂。

（4）大理岩的主要特点。大理岩力学性能稳定，组织致密，材质稳定，能够保证长期不变形，膨胀系数小，防锈、防磁、绝缘。大理岩材质颗粒细腻均匀，其结晶粒度的粗细千变万化；色彩丰富，有红色、白色、灰色、米色、黄色、绿色、紫色、蓝色、棕色、黑色等；同时，其纹理图案多样，有山水型、云雾型、图案型（螺纹、柳叶、古生物等）、雪花型等。大理岩的质感柔和，美观庄重，格调高雅，花色繁多，能进行各种加工，是装饰豪华建筑的理想材料，也是用于艺术雕刻的传统材料。

大理岩资源分布广泛，便于大规模开采和工业化加工。

大理岩的质地比花岗岩软，属于中硬度石材，有较高的抗压强度和良好的物理化学性能，但由于其材质的间隙较大，还伴有裂纹、裂缝，容易断裂。

由于属于变质岩，其形成过程复杂多样，且矿物种类繁多，不同大理岩材质的性能差别很大，如莫氏硬度就从 2.5 到 5，相差了 1 倍。所以，大理岩的使用有一定标准：体积密度不小于 2.6 g/cm³，吸水率不大于 0.75%，干燥压缩强度不小于 20 MPa，抗弯强度不小于 7.0 MPa。

（二）岩石的结构与构造

岩石的结构是指岩石中矿物的结晶程度、颗粒大小、晶体形态、自形程度及矿物之间的相互关系等所呈现出的特点。岩石的构造是指岩石中不同矿物集合体之间或矿物集合体与其他组成部分之间的排列方式和充填方式所体现的特征。岩浆岩有一些自身特有的结构和构造特征，如喷出岩是在温度、压力骤然降低的条件下形成的，这个过程会造成溶解在岩浆中的一些成分以气体形式大量溢出，从而形成气孔状构造；深成岩最明显的特征是具有纹理，其主要与组成晶子（粒子）的大小和形状有关。

岩石的结构与构造对岩石的鉴定、分类、饰面石材加工、装饰效果等起着重要的作用，不仅可表现出不同的肌理和质地，还可反映出岩石的形成条件，如有些岩石的矿物成分相同，但由于其结构不同，就属于不同的岩类或种属。

四、石材的技术性质

石材的技术性质可分为物理性质、力学性质和工艺性质。

（一）物理性质

1. 表观密度

天然石材根据表观密度的大小可分为轻质石材，表观密度小于等于 1 800 kg/m^3；重质石材，表观密度大于 1 800 kg/m^3。表观密度的大小反映石材的致密程度与孔隙多少。在通常情况下，同种石材的表观密度越大，则抗压强度越高，吸水率越小，耐久性越好，导热性越好。

2. 吸水性

通常用吸水率的大小表示石材吸水性的强弱。石材的孔隙率越大，吸水率越大；当孔隙率相同时，开口孔数越多，吸水率越大。如花岗岩的吸水率通常小于 0.5%，致密的石灰岩的吸水率可小于 1%，而多孔的贝壳石灰岩的吸水率可高达 15%。

3. 耐水性

通常用软化系数表示石材的耐水性。岩石中含有黏土或易溶物质越多，岩石的吸水性越强，则其耐水性越差。

4. 抗冻性

抗冻性是指石材抵抗冻融破坏的能力，通常用冻融循环次数 F 表示，一般有 F10、F15、F25、F100、F200 五种。能经受的冻融循环次数越多，石材的抗冻性越好。石材的抗冻性与吸水性有密切的关系，吸水率大的石材，其抗冻性差。通常吸水率 < 0.5% 的石材是抗冻的。

5. 耐热性

石材的耐热性与其化学成分及矿物组成有关。石材经高温后，由于热胀冷缩、体积变化而产生内应力，或因组成矿物发生分解和变异等导致结构破坏，如含有石膏的石材，在 100 ℃以上时，结构开始破坏。

（二）力学性质

1. 抗压强度

抗压强度是建筑和景观材料的重要指标。抗压强度通常以 100 mm×100 mm×100 mm 的立方体试件的抗压破坏强度的平均值表示。根据《砌体结构设计规范》（GB 50003—2011）的规定，石材共分为七个强度等级，即 MU100、MU80、MU60、MU50、MU40、MU30、MU20，数值越大，抗压强度越高。

2. 冲击韧性

冲击韧性取决于岩石的矿物组成与构造。石英岩、硅质砂岩的脆性较大。通常，晶体结构的岩石比非晶体结构的岩石冲击韧性大。

3. 硬度

硬度取决于造岩矿物的硬度与构造。凡由致密、坚硬的矿物组成的石材，硬度就高。岩石的硬度以莫氏硬度表示。通常结晶颗粒细小而彼此黏结在一起的致密材料具有较高的强度。致密火山岩在干燥及吸水饱和情况下的抗压强度并无差异，若是多孔性岩石，其在干燥和潮湿情况下的强度就存在显著差别。

4. 耐磨性

耐磨性是指石材在使用条件下抵抗摩擦、边缘剪切及冲击等复杂作用的能力。石材的耐磨性包括耐磨损与耐磨耗两个方面。凡是用于可能遭受磨损作用的场所，如台阶、人行道、地面、楼梯踏步等，以及可能遭受磨耗作用的场所，如道路路面的碎石等，应采用具有高耐磨性的石材。

（三）工艺性质

石材的工艺性质是指其便于开采、加工、施工、安装的性质，如加工性、磨光性和抗钻性。

1. 加工性

石材的加工性主要是指对岩石开采、锯解、切割、凿琢、磨光和抛光等加工工艺的难易程度。如果石材的质地粗糙且较脆，还存在颗粒交错结构，并含有层状构造，则基本满足一般的加工要求。

2. 磨光性

磨光性是指石材能否被磨刀打磨光滑的性质。一般来说，如果石材的结构细致均匀，便基本具有良好的磨光性，可以磨出高反射且平整光洁的表面；相反，如果石材疏松多孔并且有鳞片状构造，那么石材的磨光性较差。

3. 抗钻性

抗钻性是指石材钻孔时难易程度的性质。影响石材抗钻性的原因很复杂，石材的强度越高、硬度越大，通常越不易钻孔。

五、石材的选用原则

在建筑设计和施工过程中，应根据材料的适用性和经济性等原则来选用石材，既要能发挥天然石材的优良性能，体现设计意图，又要物美价廉。

（一）天然石材的选用原则

由于产地不同甚至矿址不同，天然石材的性能往往相差很大。另外，天然石材密度大，运输不便，加工较困难，因此，材料的成本相对较高。在建筑设计和施工中，应根据经济性和适用性等原则选择石材。一般来说，天然石材的选用要考虑以下几个方面的问题。

1. 经济性

在设计方案阶段就应考虑尽量就地取材，多应用本土材料，以缩短运输距离、减轻劳动强度并降低成本。

2. 石材的适用性

应用于地面的石材，主要考虑耐磨抗压性，特别是雨季和冬季室外要重点考虑石材面层的防滑性；用于室外的饰面石材，要求其耐风雨侵蚀的能力强；同时，还应考虑其自重不宜过大。选择石材时，一定要确定该石材的质量是否符合预期要求，而且应尽可能在同工程、同部位上选用同产地、同矿址的同一种岩石。

3. 石材的安全性

天然石材是构成地壳的基本物质，因此可能含有放射性物质。在使用天然石材时，必须按国家标准规定科学使用。研究表明，一般红色品种花岗岩的放射性指标都偏高，而且颜色越红，放射性比活度越高，花岗岩放射性比活度的一般规律为红色＞肉红色＞灰白色＞白色＞黑色。

4. 石材的装饰性

单块石材的装饰效果与整个饰面的装饰效果会有差异。若要大面积铺贴石材，可以借鉴已用类似石材装饰好的饰面，这样能够避免因选材不当，达不到设计要求而造成浪费。

（二）天然石材的选购原则

在选择天然石材作为装饰材料时，应充分考虑装饰的整体效果，如磨光花岗岩板材的表面平整光滑、色彩斑斓、质感坚实、华丽庄重、装饰性好。

天然石材的主要危害是具有放射性，应在购买时向经销商索要该产品的放射性检测报告，注意核对产品与检测报告的一致性。

选购石材时应注意以下几个方面：

（1）天然石材色泽不均匀，且易出现瑕疵，应尽量选择色彩协调的，并注意在分批验货时，最好进行逐块比较。

（2）由于开采工艺复杂，往往需要经过长途运输，大幅面石材易出现裂纹，甚至断裂。

（3）选购时可以用手感觉石材的表面粗糙度，掌握其几何尺寸是否标准，检查其纹理是否清晰。

（4）石材板材的外观质量主要通过目测来检查，优等品的石材板材不允许存在缺棱、缺角、裂纹、色斑、色线及坑窝等质量缺陷，而其他级别的石材板材则允许存在少量缺陷，且级别越低，允许值越高。

六、景观用石材的加工

1. 加工分类

根据加工工具及工艺的不同特性，饰面石材的加工有以下两种基本方法：

（1）磨切加工法。磨切加工法是最现代化，也是目前最常采用的一种石材加工方法。它根据石材的硬度特点，采用具有锯、磨、切割等不同作用的刀具及机械，完成饰面石材的加工。其特点是自动化、机械化程度高，生产效率高，材料利用率高。

（2）凿切加工法。凿切加工法是一种应用得比较广泛的石材加工方法，采用人工或机械（如凿子、剁斧、气锤）方法进行凿切，并对石材进行加工。其特点是可形成凹凸不平、明暗对比强烈的表面，突出石材的粗犷质感。但劳动强度较大，需要工人较多，虽然可采用气动式或电动式机具，但很难实现完全的机械化和自动化。

2. 加工方法及常用设备

花岗岩的基本加工方法包括锯切割加工、研磨抛光、切断加工、凿切加工、烧毛加工、辅助加工及检验修补。

（1）锯切割加工。锯切割加工是用锯石机将花岗岩锯割成毛板或条状、块状等形状的半成品。该工序属于粗加工，对荒料的成材率、成材质量、企业的经济效益有重大影响。该工序常用的设备有花岗岩专用的框架式大型自动加砂砂锯、多刀片双向切割机、多刀片计算机控制花岗岩切割机和花岗岩圆盘锯石机等。

（2）研磨抛光。研磨抛光是进一步将锯好的毛板加工，使其厚度、平整度、光泽度达到要求。该工序的步骤是粗磨校平；逐步经过半细磨、细磨、精磨及抛光，使花岗岩原有的颜色、花纹和光泽充分显示出来，取得最佳的装饰效果。常用的设备有自动多头连续磨机、金刚石校平机、桥式磨机、圆盘磨机、逆转式粗磨机、手扶磨机。

（3）切断加工。切断加工是用切割机将毛板或抛光板按所需规格进行定形和切断加工。该工序常用的设备有纵向多锯片切割机、横向切割机、桥式切割机、悬臂式切割机、手摇切割机等。石材光板（经过抛光的板材称为光板）经切割机切割成所需要的规格后，便可出厂销售了。有时也需要在施工现场对石材进行现场加工，如改小、切角，则通常使用手提式切割机进行切割加工。该工序有时需要进行特殊加工，如需要在某些石材上面打孔、磨边等，常用手提式切割机、角磨机加工石材光板。

（4）凿切加工。凿切加工是通过楔裂、凿打、劈剁、整修、打磨等方法将毛坯加工成所需的产品，加工的成品表面可以是岩礁面、网纹面、锤纹面或光面。常用的手工加工工具有锤子、剁斧、錾子、凿子等。有些加工过程可以使用劈石机、刨石机、自动锤凿机、自动喷砂机等。

（5）烧毛加工（喷烧加工）。烧毛加工是利用组成花岗岩的不同矿物颗粒的热膨胀系数的差异，用火焰喷烧使其表面部分颗粒由于热胀而松动脱落，然后形成起伏有序的粗饰花纹。这种粗面花岗岩板材适用于防滑地面和室外墙面装饰。常用的设备有花岗岩自动烧毛机。

（6）辅助加工。辅助加工是将已切齐、磨光的石材按需要磨边、倒角、开孔洞、钻眼、铣槽、铣边等。常用的设备有自动磨边倒角机、仿形铣机、薄壁钻机、手持金刚石圆锯、手持磨光抛光机等。

（7）检验修补。天然花岗岩难免有裂隙、孔眼，在加工过程中也可能产生小的缺陷，在通过清洗、检验、吹干后，将正品入库，对于缺陷不严重的，可以通过黏结、修补来降低废品率。

3. 石材表面纹理常见的加工方式

石材表面纹理常见的加工方式种类很多，以下为常见的9种：

（1）研磨。研磨石材表面平整，有细微光泽，其光泽度可以有不同的选择；或其表面非常平滑，但多孔，在行人很多的地方，这种表面很常见。研磨石材表面的颜色不如抛光表面的鲜明。

（2）抛光。抛光表面光度高，对光的反射强，能充分展示石材本身的丰富色彩和天然纹理，表面平滑而少孔。在生产过程中使用抛光砖和抛光粉形成的抛光面如图1-4所示。镜面效果十分美观华丽，但运用面积不宜过大，因为在降雨天气，路面非常湿滑。另外，在北方地区，冬季的降雪天气也容易带来安全隐患。

（3）火烧。火烧是指用乙炔、氧气或丙烷、氧气或石油液化气、氧气燃烧产生的高温火焰对石材表面的加工。火烧可以烧掉石材表面的杂质和一些熔点低的成分，从而在表面上形成粗糙的饰面，触感十分粗糙。火烧面的特点是表面粗糙、自然，不反光，加工价格相对较低，且由于其表面多孔，必须使用渗透密封剂（图1-5）。

图1-4　抛光面花岗岩

图1-5　火烧面花岗岩

（4）翻滚。翻滚是指将大理岩、石灰岩（有时还有花岗岩）的碎片在容器内翻滚，使其表面光滑或稍微粗糙，边角光滑且呈破碎状。大理岩和石灰岩是用作翻滚处理的首选材料（图1-6）。

（5）喷砂。喷砂是指用普通河砂或金刚砂来代替高压水来冲刷石材的表面，形成有光泽的磨砂效果的装饰面。可以根据石材的硬度调节高压射流的强弱，从而达到喷砂表面所需的深浅、均匀程度（图1-7）。

图1-6　翻滚效果

图1-7　喷砂效果

（6）剁斧。剁斧是用合金片做成的工具，通过人工或机器有规律地锤打石材表面，生成条状纹路。通过锤打形成的表面纹理，具有防滑作用。根据锤打的粗糙程度、效果的不同，可分为荔枝面及菠萝面等（图1-8和图1-9）。荔枝面也称为龙眼面，是用形如荔枝皮的锤子在石材表面敲击，从而在石材表面形成如荔枝皮的粗糙表面，可分为机荔面和手荔面两种。一般来说，手荔面比机荔面更细密，但费工、费时。荔枝面相对于火烧面，更显细腻，尤其是手荔面。所以，荔枝面的石材常用于私密小径及附近路面的铺装，会使路面与局部的小景观显得更加融洽。菠萝面的特征大体上同荔枝面，但是凹洼深、点状大，立体感强。

图1-8　荔枝面

图1-9　菠萝面

（7）机切。机切面（图1-10）是用刀具直接切割而获得的表面效果，使用不同的刀具可以呈现出不同的纹理，其可分为拉丝面、机刨面、拉沟面等。拉丝面是用切割机划出规则的长条槽，具有防滑的特征；机刨面是通过专门的刨机，用合金片划出长条槽，做出成品的效果很好，但由于费工、费时、成本高、浪费板材，基本已被淘汰；拉沟面是在石材表面上开一定深度和宽度的沟槽。

（8）水洗。水洗是一种经高压水喷射石材表面、造成肌理的处理方法，通过剥离石材表面质地较软的成分，形成独特的毛面装饰效果，也称水冲面、水喷面（图1-11）。

（9）酸洗。酸洗是用强酸腐蚀石材表面，使其有小的腐蚀痕迹，外观比磨光面更为质朴。大部分的石头都可以酸洗，最常见的是大理岩和石灰岩。酸洗也是软化花岗岩光泽的一种方法。先酸洗再做仿古加工可呈现酸洗仿古面的效果（图1-12）。

图1-10　机切面　　　　　图1-11　水洗面　　　　　图1-12　酸洗仿古面

4. 花岗岩板材的加工

先将花岗岩荒料锯切加工制成花岗岩板材，再用不同的工序将花岗岩板材加工成以下品种：

（1）剁斧板材。经剁斧加工，表面粗糙，具有规则的条纹状斧纹，一般用于室外地面、台阶、基座等处。

（2）机刨板材。经机械加工，表面平整，具有相互平行的机械刨纹，一般用于地面、台阶、基座、踏步等处。

（3）粗磨板材。经过粗磨，表面光滑、无光泽，常用于墙面、柱面、台阶、基座、纪念碑、基碑、铭牌等处。

（4）磨光板材。经过磨细加工和抛光，表面光亮，晶体裸露，有的品种同大理岩板材一样具有鲜明的色彩和绚丽的花纹，多用于室内外地面、墙面、立柱等装饰及旱冰场地面、纪念碑、基碑、铭牌等处。

（5）烧毛板材。利用火焰喷射器将锯切后的花岗岩板材进行表面烧毛（图1-13）处理，使其恢复天然表面。烧毛后的石板先用钢丝刷刷掉岩石碎片，再用玻璃渣和水的混合液高压喷吹或用手动磨机研磨，以使表面色彩和触感都满足要求。火焰烧毛不适用于天然大理岩和人造石材。

（a） （b）

图 1-13 烧毛用设备及烧毛表面处理现场
（a）烧毛用设备；（b）烧毛表面处理现场

单元二

石材在景观中的应用

一、花岗岩在景观中的应用

（一）天然花岗岩的常见品种

我国自产的天然花岗岩有 300 余种，其中有四川的四川红，广西的岑溪红，山西的贵妃红、橘红，内蒙古的丰镇黑，河北的中国黑，山东的将军红，新疆的新疆红和河南的洛阳红等。黑色系有内蒙古的丰镇黑，河北的中国黑，山东的黑钻、黑金沙等；绿色系有河北的承德绿、孔雀绿、绿钻等；灰色系有灰钻、灰麻等；花色系有河南的菊花青，山东的琥珀花、珍珠花、大白花等。进口的天然花岗岩有印度红、蓝钻、绿晶、巴西蓝、西班牙米黄等。

（二）花岗岩的运用

1. 地面

（1）规则式铺地。规则式铺地整齐、洁净、坚固、平稳，尤以图案多样和色彩丰富见长。因此，在设计时应特别注意材质的选择、色彩的搭配和图案的构筑，要使其与环境协调统一，这样才能创造出美好的空间景域。规则式铺地在城市街道、园林步行路中最为常见（图1-14）。

（2）不规则式铺地。不规则式铺地是由石材拼砌而成，经济、美观、自然。用其砌成的园路，能轻易融于自然环境中。使用不规则砖石砌成的园路多用于次要园路和游憩小路，供游人休息、散步之用（图1-15）。

图1-14　规则式铺地　　　　　　　　　　图1-15　不规则式铺地

（3）嵌草铺装。天然石块等材料由嵌草铺装而成，可分为规则和不规则两大类，两者均通过质感对比的手法，将石材的坚硬、粗犷和青草的柔软、细腻形成鲜明的对比，从而营造出刚柔相济、和谐统一的自然美，是园林中常用的铺装方法之一（图1-16）。

（4）组合铺地。组合铺地所用材料的种类繁多，其中以砌块材料较为常见。其特色是用不同的质感、色彩相互搭配、对比，与环境相互烘托，创造出风格各异的图案，为城市园林景观平添了无限的风光。组合铺地多见于庭院、广场、游憩场所等相对安静的场地（图1-17）。

图1-16　嵌草铺地　　　　　　　　　　　图1-17　组合铺地

2. 墙面

墙面常采用花岗岩毛石铺成。毛石是指天然石材开采以后的自然状态，而不是某一类具体石材的名称。它是岩石经爆破后所得的形状不规则的石块。其中，形状较不规则的称为乱毛石；有两个大致平行面的称为平毛石。乱毛石一般要求石块中部的厚度不小于 150 mm，长度为 300 ～ 400 mm，质量为 20 ～ 30 kg，其抗压强度不宜小于 10 MPa，软化系数不应小于 0.75。平毛石的形状较乱毛石整齐，其形状基本上有 6 个面，但表面粗糙，中部的厚度不小于 20 mm。毛石主要用于砌筑基础、勒角、墙身、堤坝、挡土墙等，也可配置片石混凝土等（图 1-18）。

图 1-18　毛石砌筑墙体的两种常见形式

二、大理岩在景观中的应用

　　大理岩是变质岩的一种，是云南大理出产的白色带有黑色花纹的石灰岩，其剖面可以形成一幅天然的水墨山水画，古代人常选取具有成型花纹的大理岩来制作画屏或镶嵌画（图 1-19）。大理岩是石灰岩或白云岩区域变质作用而重结晶的产物，其矿物成分主要为方解石，遇盐酸产生气泡，具有等粒或不等粒的变晶结构，颗粒粗细不一。大理岩也是景观装饰石材中的一大门类。

图 1-19　大理岩剖面形成的天然山水画

　　大理岩相对于花岗岩而言质地较软，但图案丰富，色彩亮丽，且没有辐射，是室内装饰常用的优质天然石材。目前，人造大理岩材料应用也已经十分普遍。

（一）大理岩板材的分类、规格、质量等级及技术要求

1. 分类

大理岩板材按形状可分为普通型板材（N）和异形板材（S）。大理岩饰板多为镜面板材。

2. 规格

天然大理岩板材及其他特殊板材的规格由设计或施工部门与生产厂家商定。国际和国内板材的通用厚度为 20 mm，称为厚板。厚板的厚度较大，可钻孔、锯槽，适用于传统湿作业法和干挂法等施工工艺，但施工过程较复杂，进度也较慢。随着石材加

工工艺的不断改进，厚度较小的板材也开始应用于装饰工程，常见的有 10 mm、8 mm、7 mm 等，也称为薄板。薄板可采用水泥砂浆或专用胶粘剂直接黏结而成，石材利用率高，便于运输和施工，但幅面不宜过大，以免在加工、安装过程中碎裂或脱落，造成安全隐患。

3．质量等级与命名标记

（1）质量等级。根据《天然大理石建筑板材》（GB/T 19766—2016），天然大理岩可分为 A、B 和 C 三级。

（2）命名标记。根据《天然大理石建筑板材》（GB/T 19766—2016）中对大理岩板材的命名和标记方法所做的规定，板材的标记顺序为名称、类别、规格（单位为 mm）、等级、标准编号。

4．技术要求

（1）规格尺寸允许偏差、平面度允许极限公差、角度允许极限公差。规格允许偏差、平面度允许极限公差、角度允许极限公差应符合规定。其测量方法同花岗岩板材。异形板材的规格偏差由供需双方商定。

（2）花纹色调。同一批板材的花纹色调应基本一致，其测定方法同花岗岩板材。

（3）缺陷。板材正面的外观缺陷应符合规定，其测定方法同花岗岩板材。

5．性质要求

（1）大理岩的使用性能。《天然大理石建筑板材》（GB/T 19766—2016）中规定了大理岩的外观质量、物理力学性能和化学性能等技术要求。

（2）大理岩的结构特性。大理岩是变质岩中的一种，主要由方解石和白云石组成，空气中的二氧化硫遇水后，对大理岩中的方解石具有腐蚀作用，即使其生成易溶的石膏，从而使表面变得粗糙多孔，并失去光泽。大理岩的吸水率小、杂质少、晶粒细小、纹理细密、质地坚硬，如汉白玉、艾叶青等。

（3）大理岩的装饰性。大理岩的颜色很丰富。赤、橙、黄、绿、青、蓝、紫及由这些颜色组合而成的颜色和花纹，在已知的大理岩中都能找到。白色大理岩中有洁白如玉者，如汉白玉、宝兴白；绿色石材中有碧绿如翡翠者，如绿宝石、白玉翡翠；红色石材中有如朝霞旭日、晚霞落日者，如红皖螺、徐州红。大理岩的颜色、花纹以其天然的纹理、自然的色彩包含着大自然的万千气象，蕴含着四时美景，充分展现了石材的自然之美。

（二）大理岩的常用品种

1．汉白玉

汉白玉别称康巴玉，主要化学成分是碳酸钙（一种化合物，化学式是 $CaCO_3$），它基本不溶于水。它可以以下形态存在：霰石、方解石、白垩、石灰岩、石灰华等。同时，它还是重要的建筑材料。汉白玉质地坚硬，石体中泛出淡淡的水印，俗称汗线，故而得名汉白玉。它晶莹洁白，色白纯洁，内含闪光晶体，底色纯白、透明，颗粒花纹，光泽度一般，难胶补。汉白玉的产量占整个大理岩产量的30%左右，多用于雕塑人像、佛像、动植物等。其常见的缺陷为底色有差异，有时呈淡黄色；无明显花纹，颗粒较稳定；特别易崩易碎，但比松香黄好些。

在日常生活中，色调淡雅、纹理清晰、图案美观的汉白玉十分常见。人们常用汉白玉来装饰墙壁，制作桌面及各种文具和工艺品。北京故宫各大殿的台基周围的栏杆就是用汉白玉制作的；天安门前的华表、金水桥，故宫内的宫殿基座、石阶、护栏也都是用汉白玉制作的。历史上的皇宫（故宫）、陵墓（十三陵）均在建造时大量使用了汉白玉（图1-20）。

图1-20　故宫的汉白玉石阶

2. 青石板

青石板是一种新型的高级装饰材料，纯天然、无污染、无辐射、质地优良、经久耐用、物美价廉。丰富的石文化底蕴又使其具备了极高的观赏价值和收藏价值。

青石板属于沉积岩类（砂岩），随着岩石埋深条件的不同和其他杂质（如铜、铁、锰、镍等金属氧化物）的混入，形成了多种颜色。

青石板学名为石灰岩，是水成岩中分布最广的一种岩石，全国各地都有产出，主要成分为碳酸钙、黏土、氧化硅、氧化镁等。当氧化硅含量高时，青石板的硬度就高，青石板的堆积密度为1 000 ～ 2 600 kg/m³，抗压强度为10 ～ 100 MPa，材质软，易风化。

青石板易于被人们劈制成面积不大的薄板，过去常用于制作园林中的地面、屋面瓦等（图1-21）。因其古朴自然，一些室内装饰中也将其用于局部墙面的装饰，从而达到返璞归真的效果。青石板由于取其劈制的天然效果，表面一般不经打磨，也不受力，只需要选用没有贯通裂纹的即可。

图 1-21　青石板屋面瓦和地面砖

青石板质地密实，强度中等，易于加工，采用简单工艺即可凿割成薄板或条形材，是理想的建筑装饰材料。它用于建筑物墙裙、地坪铺贴及庭院栏杆（板）、台阶等，具有古建筑的独特风格。

常用青石板的色泽为豆青色和深豆青色及青色带灰白结晶颗粒等。青石板按加工工艺的不同可分为粗毛面板、细毛面板和剁斧板等，也可根据建筑意图加工成光面板。

三、文化石在景观中的应用

（一）文化石的概念

文化石（Cultured Stone）不是专指一种岩石，而是对一类能够体现独特建筑装饰风格的饰面石材的统称。这类石材本身也不包含特定的文化内涵，但是文化石具有粗砺的质感、自然的形态，其自然原始的色泽纹路展示出石材的内涵与艺术魅力，与人们崇尚自然、回归自然的文化理念相吻合，可以说，文化石是人们返璞归真心态的一种体现。这种心态也可以理解为一种生活文化。因此，这类石材被人们统称为文化石或艺术石。

文化石可分为天然文化石和人造艺术石两大类。

（二）天然文化石的分类

1. 按材质分类

天然文化石根据材质不同，主要可分为砂岩和板岩两种。

（1）砂岩。砂岩是一种碎屑成分占 50% 以上的沉积岩，由碎屑和填充物两部分组成。按其沉积环境，可分为石英砂岩、长石砂岩和岩屑砂岩。

1）化学成分：主要是 SiO_2 和 Al_2O_3。砂岩的化学成分变化很大，主要取决于碎屑和填充物的成分。

2）矿物成分：主要以石英为主，其次是长石、岩屑、白云母、绿泥石等。

3）外观特征：质地细腻，是一种亚光饰面石材，具有天然的漫反射性和防滑性。有的则具有原始的沉积纹理，天然装饰效果理想。它常呈白色、灰色、淡红色和黄色等。近些年常用作非光面的外墙饰面，通过其特有的色调和质感，营造出一种欧美的乡村风情。

4）物理特性：表观密度为 $2\,200 \sim 2\,500\,\mathrm{kg/m^3}$，抗压强度为 $45 \sim 140\,\mathrm{MPa}$，吸湿性良好，不易风化，不长青苔，易清理，但脆性较大，孔隙率和吸水率大，耐久性差。

5）结构特征：结构致密，具有变余结构和板理构造，易于劈成薄片，获得板材。

6）技术特性：硬度较大，耐火、耐水、耐久、耐寒，但脆性大，不易磨光。

（2）板岩。板岩包括瓦板岩、锈板岩。板岩是具有板状结构，基本没有重结晶的岩石，是一种变质岩，原岩为泥质、粉质或中性凝灰岩，沿板理方向可以剥成薄片。板岩的颜色随其所含有的杂质不同而变化。瓦板岩主要用于屋顶的安装，规格、形式与排列、叠加的不同组合，使屋面更富有立体感。由于板岩中含有一定比例的铁质成分，当这些铁质成分与水和氧充分接触后，就会引起氧化反应，生成锈斑，从而形成锈板岩。这些锈斑形成天然的纹理，色彩绚丽，图案多变，每一块都绝无仅有。锈板岩分为粉锈、水锈、玉锈、紫锈等类型。板岩拼贴效果如图 1-22 所示。

图 1-22　板岩拼贴效果

2. 按加工形式分类

天然文化石根据加工形式不同，又可分为平石板、蘑菇石板、乱形石板、鹅卵石、条石、彩石砖、石材马赛克几种。

（1）平石板。平石板可分为粗面、细面、波浪面等平板和仿形砖，形状大多为规格一致的规则状，主要用于内外墙面的装饰，形态也较为规整。

（2）蘑菇石板。蘑菇石板（图 1-23）一般是长方形厚板，其装饰面的周边应打凿成宽窄一致的边框，中间是凸起的、散乱的蘑菇状，因此，蘑菇石板一般采用大小一致的、形态规整的石材，大多用于内外墙面的装饰。

（3）乱形石板。乱形石板可分为规则的乱形石板和非规则的平面乱形石板。前者的形状大小不一，如三角形、长方形、正方形、菱形等，用于地面装饰的也有六边形等多边形；后者多为规格不一的直边乱形（如任意三角形、任意四边形及任意多边形）和随意边乱形（如自然边、曲边、齿边等）。乱形石板可以是单色的，也可以是多色的。乱形石板的表面可以是粗面或自然面，也可以是磨光面。它多用于墙面、地面、广场路面等的装饰（图1-24和图1-25）。

（4）条石。条石是指形状厚度、大小不一的条状石板，主要用堆砌的方法将条石层层交错叠垒，叠垒方向可水平、竖直或倾斜，组合成各种粗犷、简单的图案和线条，其断面可平整，也可参差不齐。其特点是随意层叠而不拘一格。

图1-23 蘑菇石板

图1-24 规则乱形石板

图1-25 不规则乱形石板

四、人造艺术石在景观中的应用

人造艺术石是以无机材料（如耐碱玻璃纤维、低碱水泥和各种改性材料及添加剂等）配制并经过挤压、铸制、焙烧等工艺而制成的。其表面风格参照天然文化石。粗犷凝重的砂质表面和参差起伏的层状排列，造就了逼真的自然外观和丰富的层理韵律。

人造艺术石有仿蘑菇石、剁斧石、条石、鹅卵石等多个品种，具有质量小、坚韧、耐候性强、防水、防火、安装简单等特点。人造艺术石无毒、无味、无辐射，符合环保要求。

按照人造石材生产所用的原料，人造艺术石可分为以下五类。

1. 聚酯型人造石材

聚酯型人造石材是以不饱和聚酯树脂为胶粘剂，与石英砂、方解石、石粉或其他无机填料按一定的比例配制，再加入催化剂、固化剂、颜料等添加剂，经混合搅拌、固化成型、脱模烘干、表面抛光等工序加工而成的（图1-26）。使用不饱和聚酯树脂加工出的产品光泽好、颜色鲜艳丰富、可加工性强、装饰效果好；黏度低，易于成型，常温下可固化。其成型方法有振动成型、压缩成型和挤压成型。

图1-26 聚酯型人造石材图样

聚酯型人造石材的特点如下：

（1）花色品种多、色泽鲜艳、装饰性好。通过不同颜色的搭配可生产出不同色泽的人造石材，其外观极像天然石材，还避免了天然石材抛光后表面存在轻微凹陷的缺陷，其质感与装饰效果完全可以达到天然石材的效果。

（2）质量小、强度高、厚度薄、耐磨性较好。可以制成薄板（多数为 12 mm 厚），规格最大可达到 5 000 mm×5 000 mm。

（3）耐腐蚀性、耐污染性好。聚酯型人造石材胶粘剂的原料是不饱和聚酯树脂，因而具有良好的耐酸性、耐碱性和耐污染性，对醋、酱油、食油、鞋油、口红、红墨水、蓝墨水、红药水、紫药水等不着色或着色十分轻微，且吸水率小于 0.1%。

（4）可加工性好。聚酯型人造石材可根据设计要求生产出具有各种形状、尺寸和光泽的制品，并且制品可锯割、切割、钻孔等，加工简单，安装与使用十分便利。

2．复合型人造石材

复合型人造石材采用的胶粘剂既有无机材料，又有有机高分子材料。其制作工艺是先用水泥、石粉等制成水泥砂浆的坯体，再将坯体浸入有机单体中，使其在一定条件下聚合，形成人造石材。对板材而言，底层用性能稳定而价格低的无机材料，面层用聚酯和岩粉制作。无机胶粘剂可用快硬水泥、普通硅酸盐水泥、铝酸盐水泥、粉煤灰水泥、矿渣水泥及熟石膏等；有机单体可用苯乙烯、甲基丙烯酸甲酯、乙酸乙烯酯、丙烯腈、丁二烯等，这些单体既可单独使用，也可组合使用。复合型人造石材制品的造价较低，但受温差影响后，它的聚酯面易产生剥落或开裂（图 1-27）。

3．水泥型人造石材

水泥型人造石材是以各种水泥为胶粘剂，以砂、天然碎石粒为骨料（也称集料），经配制、搅拌、加压蒸养、磨光和抛光后制成的人造石材。若在配制过程中混入色料，可将其制成彩色水泥石。水泥型人造石材的生产取材方便，价格低，但其装饰性较差。水磨石、水洗石和各类花阶砖均属此类。

（1）水磨石。水磨石是最早的人造石材。水磨石是一种将碎石拌入水泥，制成混凝土制品后将表面磨光的制品，常用来制作地砖、台面、水槽等（图 1-28）。

图 1-27　复合型人造石材图样

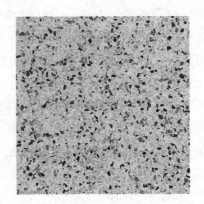
图 1-28　水磨石图样

水磨石按制作方式可分为预制水磨石（YZ）和现浇水磨石（XJ）；按制品表面效果可分为粗面（非光面）水磨石（CM）、亚光面水磨石（YG）和光面水磨石（GM）。

现浇水磨石的规格根据工程实际而定，预制水磨石的常用规格见表 1-3。

表 1-3　预制水磨石常用规格

类别	指标
长度（*L*）	300，400，500，600，800，1 200，1 400，1 600，2 400，2 700，3 000，3 200
宽度（*B*）	300，400，500，600，800，1 200，1 400，1 600，1 800
厚度（*H*）	15，20，25，30，40，50，60

注：其他规格由设计使用部门与生产厂共同议定。

标记：按抗折强度和吸水率分类代号、胶凝材料类型、类别（制作方式—常用功能—使用部位—表面效果）、尺寸稳定性变形分类、规格和标准编号顺序标记。

（2）水洗石。水洗石（图 1-29）是兴于南方的一种铺装材料，由直径为 5～15 mm 的石材颗粒与混凝土结合而成。水洗石的颜色有米黄色、红色、褐色、黄色等，主要由加入的颜料的颜色决定。可在水洗石中加入不锈钢条、铜条等装饰元素。

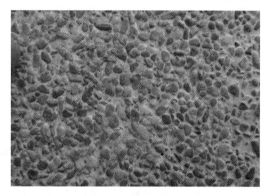

图 1-29　水洗石图样

4. 烧结型人造石材

烧结型人造石材的生产方法与陶瓷工艺相似，是将长石、石英、辉绿石、方解石等粉料和赤铁矿粉，以及一定量的高岭土共同混合，一般配合比为石粉 60%、黏土 40%，采用混浆法制备坯料，用半干压法成型，再在窑炉中用 1 000 ℃左右的高温焙烧而成。烧结型人造石材的装饰性好，性能稳定，但需经高温焙烧，因而能耗大，造价高。

5. 微晶玻璃型人造石

微晶玻璃型人造石是指通过基础玻璃在加热过程中进行晶化控制而制得的一种含有大量微晶体和玻璃体的复合固体材料。尽管其抛光板的表面光洁度远高于石材，但是由于其特殊的微晶结构，光线由任意角度射入，都会产生均匀、和谐的漫反射效果，形成自然柔和的质感。微晶玻璃型人造石即使长期暴露于风雨及污染空气中，也不会发生变质、褪色、强度降低等现象，其质地坚硬，不易受损。

由于不饱和聚酯树脂具有黏度小、易于成型、光泽好、颜色浅、容易配制成各种明亮的色彩与花纹、固化快、在常温下可操作等特点，在上述石材中，目前使用最广泛的是以不饱和聚酯树脂为胶粘剂而生产的聚酯型人造石材，其物理、化学性能稳定，适用范围广，又被称为聚酯合成石。

（一）砂岩

现在流行的砂岩（图1-30）艺术装饰构件是环保装潢材料之一。砂岩具有无辐射、吸声降噪、吸潮、色泽自然等特点，适用于高级会所、园林景观、背景墙、文化墙，必将以独特的风姿引领现代装饰新潮流，无论是新建筑物群，还是旧房改造外装饰，它都适合。纵观石材行业，砂岩艺术装饰产品具有极其广阔的前景。

图1-30　砂岩文化墙

（二）石材行业的后起之秀——火山岩

火山岩（图1-31）是石材行业的后起之秀，它之所以慢慢被业内所认可，是因为具有得天独厚的自身优势，它的"才能"是其他天然石材所不能比拟的。

（1）与其他天然石材相比，火山岩性能优越，除具有普通石材的一般特点外，还具有自身独特功能。与大理岩等石材相比，玄武岩石材的低放射性使之可以安全用于人们的居住场所，不会让选用此种石材作室内装饰的消费者担心辐射问题。

图1-31　火山岩拼贴效果

（2）火山岩石材抗风化、耐气候变化，经久耐用；吸声降噪，有利于改善听觉环境；古朴自然，避免眩光，有益于改善视觉环境；吸水防滑，阻热，有利于改善体感环境；独特的"呼吸"功能能够调节空气湿度，改善生态环境。种种独特优点，可以满足人们在建筑装修上追求古朴自然、崇尚绿色环保的新时尚。

（3）火山岩石质地坚硬，可以生产出超薄型石板材，经表面精磨后光泽度可达85 GU以上，色泽光亮纯正，外观典雅庄重，广泛用于各种建筑外墙装饰及市政道路广场、住宅小区的地面铺装，更是各类仿古建筑、欧式建筑、园林建筑的首选石材，深受国内外广大客户的喜爱。

（4）火山岩石铸石管材具有极好的耐磨损、耐腐蚀性能。它可以替代有害的石棉和玻璃制品，替代金属材料，而且不失玻璃、金属等材料的优点。它与金属相比，重量小，耐腐蚀，寿命长。火山岩石铸石管材寿命可达百年，弹性、韧性均比钢材高出许多。另外，火山岩石铸石棒材的塑性高于塑料，其板材强度高于轻金属合金，可承受坦克的碾压，耐腐蚀性也远远高于玻璃。

（三）玻化砖

玻化砖（图1-32）也称瓷质砖、通体砖、生态砖，是由天然石料破碎后添加化学胶粘剂压合，经高温烧结而成。玻化砖的烧结温度高，瓷化程度好。吸水率小于0.5%，吸湿膨胀极小，故该砖抗折强度高、耐磨损、耐酸碱、不变色、寿命长，在－15 ℃～20 ℃条件下冻融循环20次均无可见缺陷。

玻化砖装饰在建筑物外墙上能起到隔声、隔热的作用，而且它比大理岩轻便，质地均匀致密、抗折强度高、化学性能稳定，其优良的物理化学性能，源自它的微观结构。玻化砖是多晶材料，主要由无数微粒级的石英晶粒和莫来石晶粒构成网架结构，这些晶体和玻璃体都具有很高的强度和硬度，并且它们之间具有相当高的结合强度。玻化砖用作地面铺装时具有良好的统一性、抗压性、耐磨性、防滑性，是优良的城市广场铺装材料。

图1-32　人造玻化砖铺装项目实例

单元三

石材的施工工艺

一、墙面石材干挂的施工方法和技术措施

1. 主要工序的施工方法

（1）结构偏差的实测。实测结构偏差对于结构的修整、二次设计的排板及板材加工等具有非常实际的指导意义。结构偏差的实测采用经纬仪投测与垂直、水平挂线相结合的方法，挂线采用细钢丝。测量结果应及时记录，并绘制出实测成果图，将其提

交技术负责人和翻样人员进行二次设计。

（2）图纸的二次设计。接到完整的设计图纸后，相关人员应认真阅览和理解图纸，将问题汇总并及时与业主、监理、设计院、质检部门进行会审，交换意见，确定具体做法，扫清施工图纸中的障碍，进行二次图纸设计，并尽早提交施工现场和厂方订货。

（3）放线。外墙面的水平线以设计轴线为基准。要求各面大墙的结构外墙面在剔除胀模墙体或修补凹进墙面后，距离设计轴线的误差不大于 1 cm。

放线的具体原则是以各内墙设计轴线定窗口立线，以各层设计标高 +50 cm 线定窗口上下水平线，弹出窗口井字线并根据二次设计图纸弹出型钢龙骨位置线。每个大角下吊垂线，给出大角垂直控制线。放线完成后，进行自检复线，待复线无误再进行正式检查，待合格后方可进行下一步工序。

（4）连接件的焊接与龙骨的安装。连接件采用角钢与结构预埋件三面围焊，为保证连接部位的耐久性，角钢边缘增加一道焊缝，即实际为四面围焊。待焊接完成后，按规定除去药皮并进行焊缝隐检，合格后刷防锈漆三遍。连接件的固定位置按连接件的弹线位置确定，采取水平跟线、中心对线、先点焊、确定无误后再施焊的方法。

假柱、挑檐等部位由于结构填充空心砌块围护墙或石材面距离结构面的空隙过大，为满足建筑设计的外立面效果，需要在混凝土结构外侧附加型钢龙骨。型钢龙骨通过角钢连接件与结构预埋件焊接，焊缝要求及检验、防腐的方法同上。次龙骨与挂件的连接采用不锈钢螺栓，根据螺栓位置在次龙骨上开长孔，与舌板相互配合，从而实现位置的调整。型钢龙骨的安装位置必须符合挂板要求。

（5）挂件安装。待连接件或次龙骨焊接完成后，使用不锈钢螺栓对不锈钢挂件进行连接。T 形不锈钢挂件的位置通过挂件螺栓孔的自由度调整，板面垂直无误后，再拧紧螺栓，螺栓拧紧度以不锈钢弹簧垫完全压平为准，待隐检合格后方可进入下一步工序。

（6）面板安装。根据图纸的要求，板材用挂件销接，自下而上分层托挂。板面原则上大面压小面，建筑物大角阳角和柱阳角为海棠角。板材开槽宽为 60 mm，孔深为 16 mm，孔中心距离板材外表面磨光板 12.5 mm，距离烧毛板 12.5 mm。板材安装必须跟线，按规格、按层找平、找方、找垂直。

挂板时，按二次设计图纸的要求调整缝宽，先试挂，每块板用靠尺找平后再正式挂板，安装 T 形不锈钢挂件前应将结构胶灌入槽内。在宽缝板处，T 形不锈钢挂件与下方已安装好的石材上口之间，用高分子聚合物垫实。

2. 关键工序的质量要求与技术措施

（1）连接件的焊接。一般采用"预埋件 + 连接板 + 不锈钢挂件"或"预埋件 + 连接板 + 型钢龙骨 + 不锈钢挂件"固定石材的安装工艺，预埋件已于结构施工时完成，从而保证预埋件与连接板及型钢龙骨的焊接质量，具体要求如下：

1）焊接前清理焊口，焊缝周围不得有油污、锈物。进行焊接施工时应现场在业主代表及监理方的见证下取同样厚度的预埋件、连接板、型钢龙骨、焊条等做同条件下的焊接试件，并送质量监督检验部门检测。

2）正式施焊时应正确掌握焊接速度，要求等速焊接，保证焊缝厚度、宽度均匀一致。对电弧长度（3 mm）、焊接角度（偏于角钢一侧）、引弧与收弧，都应按焊接规程执行。清除焊渣后进行外观及焊缝尺寸自检，待确认无问题后方可转移地点继续焊接。

（2）石材安装。应先根据翻样图核对板材规格，核对无误后进行板端开槽和板材安装。为保证开槽的质量（垂直度、槽深、槽位），可采取如下措施：现场制作木制石材固定架，将石板固定后再开槽。槽位上下对齐 T 形不锈钢挂件，标示出位置后再开槽。槽深用云石机及标尺杆预先调整好位置，以标尺杆顶住石材，槽深以 16 mm 为宜。开槽完毕后应进行自检，自检项目包括槽深、槽位、垂直度及槽侧的石材有无劈裂等。

石材上墙前，先清除槽内浮尘、石渣；试挂后，在槽内注胶、安装石材，用靠尺校核。

（3）嵌缝。首先用特制板刷清理石材板缝，将缝内滞存物、污染物、粉末清除干净，再施刷两遍丙酮水，以提高密封胶的附着能力。

宽缝填塞嵌缝胶，填塞深度应平直一致（距离石材板面 8 mm），无重叠。

嵌缝胶为美国 DC 硅酮密封胶，在打胶前先贴胶条，从而避免污染相邻的石材，石材嵌胶后胶体呈弧形内凹面，内凹面距离石材表面 1.5 mm。胶枪嵌缝要一次完成，应保证嵌缝无气泡、不断胶。嵌缝胶溜压应在初凝成型时完成，从而保证外形一致。

二、石材湿铺的施工方法和技术措施

湿铺主要用于地面工程和一些内墙及个别三层以下的外墙面。湿铺的主要优点是造价低。

石材湿铺主要工序的施工方法如下：

湿铺的铺贴砂浆材料的选择、配合比的控制是相当重要的，不同的板材、不同的部位要选择不同的黏结材料和配合比。

铺板材用的水泥宜选用 42.5 等级的硅酸盐水泥或 42.5 等级的普通水泥，若是白水泥，宜选用 52.5 等级。

铺地面用的配合比宜采用水泥∶砂 =1∶3.5。黏结层的配合比采用水泥∶108 胶水 =10∶1。

墙面花岗岩湿铺灌浆的厚度应控制在 3～5 cm，其砂浆配合比宜采用水泥∶砂 =1∶3，厚度控制在 8～12 cm，并应分层捣灌，每次捣灌高度不宜超过板材高度的1/3，间隔时间最少为 4 h。对浅色、半透明的板材（如汉白玉、大花白），宜选用白水泥作为黏结材料。对拌料用砂的纯度的要求比较严格，拌料用砂不能有杂质，也不能混有泥土，并要统一颜色，避免砂装的颜色渗透到表面。

花岗岩湿铺的一个主要缺点是墙面缝隙中常淌白、返浆，会影响装饰效果，这种现象产生的主要原因是施工时水泥中的氢氧化钙从板材的接缝或孔隙中渗漏出来，与空气中的二氧化碳反应生成白色的碳酸钙结晶物。为避免出现这些缺陷，在铺贴前必须将花岗岩板的背面刷洗干净，然后刷上一层比例为 1：1 的 108 胶水、水泥进行封闭，待干凝后再铺贴。这样，可以最大限度地预防墙面缝隙淌白、返浆。

为减少和避免墙面缝隙淌白、返浆，铺贴花岗岩板时的灌浆工序十分重要，一定要饱满、密实，不能有空鼓现象。

除砂浆配合比的准确性外，砂浆水胶比的控制也是很重要的，原则上宜稠不宜稀，但必须保证砂浆的密实度，尤其当墙面花岗岩密实度不够或含水量过多，砂浆凝固后水分蒸发留有孔隙，使停留在孔隙中的气体与砂浆（水泥）反应，生成碳酸钙，这时，花岗岩表面便会淌白、返浆。

三、地面石材的施工程序

地面石材铺装的规范程序为清扫、整理基层地面→水泥砂浆找平→定标高、弹线→安装标准块→选料→浸润→铺装→灌缝→清洁→养护→交工。

1. 石材地面的铺贴

（1）室外铺装的工序流程。放线定标高→整修基层→压实→垫层→弹线分格→铺贴面层。

（2）室外铺装的施工方法。

1）基层处理：将基层处理干净，剔除砂浆的落地灰，提前一天用清水冲洗干净，并保持湿润。

2）试拼：正式铺设前，应按图案、颜色、纹理试拼，试拼后按编号排列，堆放整齐。碎拼面层时可按设计图形或要求先对板材边角进行切割加工，从而保证拼缝符合设计要求。

3）弹线分格：为了检查和控制板块的位置，在垫层上弹上十字控制线（适用于矩形铺装）或定出圆心点，并分格弹线（碎拼不用弹线）。

4）拉线：根据垫层上弹好的十字控制线，用细尼龙线拉好铺装面层十字控制线或根据圆心拉好半径控制线；根据设计标高拉好水平控制线。

5）排砖：根据大样图进行横竖排砖，以保证砖缝均匀，符合设计图纸的要求，如无设计要求，缝宽应不大于 1 mm，非整砖行应排在次要部位，但注意对称。

6）刷素水泥浆及铺砂装结合层：将基层清理干净，用喷壶喷水湿润，刷一层素水泥浆（水胶比为 0.4～0.5，但面积不要刷得过大，应随铺砂浆随刷）。再铺设干硬性水泥砂浆结合层（砂浆比例符合设计要求，干硬程度为以手捏成团、落地即散为宜，表面刷素水泥浆），厚度控制在放上板块时高出面层水平线 3～4 mm。待铺好后，用大杠将其搓平压平，再用抹子拍实找平。

7）铺砌板块：板块应先用水浸湿，待擦干表面、晾干后方可铺设。应根据十字控制线，纵横各铺一行，依据编号图案及试排时的缝隙，在十字控制线交点处开始铺砌，向两侧或后退方向顺序铺砌。

铺砌时，先试铺，即搬起板块对好控制线，铺落在已铺好的干硬性水泥砂浆结合层上，用橡胶锤敲击垫板，振实砂浆至铺设高度后，将板块掀起，检查砂浆表面与板块之间是否相吻合，如发现有空虚处，应用砂浆填补。安放时，四周同时着落，再用橡胶锤用力敲击至平整。

8）灌浆、擦缝：在板块铺砌后1～2天，经检查石板块表面无断裂、空鼓后，进行灌浆、擦缝，根据设计要求采用清水拼缝（无设计要求的可采用与板块颜色相同的矿物拌和均匀，调制成1∶1的稀水泥浆），用浆壶将水泥砂浆徐徐灌入板块缝隙中，并用刮板将流出的水泥砂浆刮向缝隙内，灌满为止，待1～2 h后，将板面擦净。

9）养护：铺好板块后的两天内禁止行人和堆放物品，擦缝完成后，面层应加以覆盖，养护时间不应少于7天。

2. 地面石材的施工规范

（1）基层处理要干净，高低不平处要先凿平和修补，在抹底层水泥砂浆找平前，地面应洒水湿润，以提高与基层的黏结能力。

（2）铺装石材时必须安放标准块，且应安放在十字线交点，对角安装。进行铺装操作时要每行依次挂线，必须将石材浸水使其湿润，阴干后擦净背面。铺贴时从中间向四方退步操作。安放石材时必须四角同时下落，并用橡胶锤或木锤敲击，使石材紧实平整。

（3）石材地面铺装后的养护十分重要，安装24 h后必须洒水养护，两天之内禁止踩踏行走。为了不影响其他项目的施工，可在地面上铺设实木板供人行走。

（4）地面石材铺装的验收。地面石材铺装必须牢固，铺装表面平整、洁净、色泽协调，无明显色差。接缝要平直，宽窄均匀，石材无缺棱掉角现象，且要保证非标准规格板材的铺装部位和流水坡方向正确。拉线检查误差小于2 mm，用2 m靠尺检查平整度误差，应小于1 mm。

四、砌石驳岸

（1）砌石驳岸结构。砌石驳岸（图1-33）是园林工程中最为主要的护岸形式。它主要依靠墙身自重来保证岸壁的稳定，以及抵抗墙后土壤的压力。常见的园林驳岸结构由基础、墙身和压顶三部分组成。

1）基础是驳岸的承重部分，上部质量经基础传递给地基。因此，要求基础坚固，埋入湖底的深度不得小于50 cm，基础宽度要求为驳岸高度的0.6～0.8倍；如果土质轻松，必须做基础处理。

2）墙身是基础与压顶之间的主体部分，多采用混凝土、毛石、砖砌筑。墙身承受压力最大，主要来自垂直压力、水平压力及墙后土壤侧压力，为此，要确保墙身有

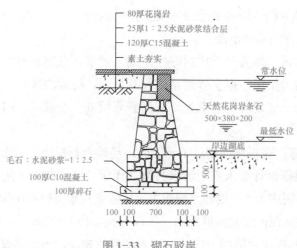

图 1-33　砌石驳岸

一定厚度。墙体高度根据最高水位和水面浪高来确定。考虑到墙后土壤侧压力和地基沉降不均匀变化等，应设置沉降缝。为避免由于温差变化而引起墙体破裂，一般每隔 10～25 m 设置伸缩缝一道，缝宽为 20～30 mm。

3）压顶为驳岸最上面的部分，作用是增强驳岸的稳定性，阻止墙后土壤流失，美化水岸线。压顶用混凝土或大块石做成，宽度为 30～50 cm。如果水体的水位变化大，即雨季水位很高，平时水位低，这时可将驳岸迎水面做成台阶状，以适应水位的升降。

（2）驳岸的施工流程。驳岸施工前必须放干湖水，或分段围堰堵截逐一排空。现以砌石驳岸说明其施工要点。砌石驳岸施工工艺的流程为放线→挖槽→夯实地基→浇筑混凝土基础→砌筑墙身→砌筑压顶。

1）放线：放线时应依据施工设计图上的常水位线来确定驳岸的平面位置，并在基础两侧各加宽 20 cm。

2）挖槽：一般采用人工开挖，工程量大时可采用机械挖掘。为了保证施工安全，挖槽时要保证足够的工作面，对需要放坡的地段，务必按规定操作。岸坡的倾斜度可用木制边坡样板校正。

3）夯实地基：基槽开挖完成后应将基槽夯实，当遇到松软的土层时，必须铺设一层厚度为 14～15 cm 的灰土（石灰与中性黏土之比为 3：7）加固。

4）浇筑混凝土基础：采用块石混凝土基础。浇筑时要将块石垒紧，不得列置于槽边缘。然后浇筑 M15 或 M20 水泥砂浆，基础厚度为 400～500 mm，高度常为驳岸高度的 0.6～0.8 倍。灌浆务必饱满，要渗满石间空隙。北方地区冬季施工时可在砂浆中加入 3%～5% 的 CaCl 溶液或 NaCl 溶液，用以防冻。

5）砌筑墙身：用 M5 水泥砂浆来砌块石，砌缝宽为 1～2 cm，每隔 10～25 m 设置伸缩缝；缝宽为 3 cm，用板条、沥青、石棉绳、橡胶或塑料等材料填充，填充时最好略低于砌石墙面。缝隙用水泥砂浆勾满。如果驳岸高差变化较大，应做沉降缝，宽为 20 mm。另外，也可在墙身后设置暗沟，填置砂石，排除墙后积水，保护墙体。

6）砌筑压顶：压顶宜用大块石（块石的大小可视压顶的设计宽度选择）或预制混凝土板砌筑。砌筑时，顶面一般高出最高水位 50 cm，必要时也可贴近水面。桩基驳岸的施工可参考上述方法。

五、水池工程

（一）水池简介

水池在园林中的用途很广泛，可用作广场中心、道路尽端及亭、廊、花架等各种建筑的建筑小品，组合形成富于变化的各种景观效果。常见的喷水池、观鱼池、海兽池及水生植物种植池等都属于这种水体类型。水池的平面形状和规模主要取决于园林总体规划及详细规划中对于观赏与功能的要求。由于水池的形态种类众多，深浅和材料也各不相同。

（二）水池的结构形式

在园林中，人工水池从结构上可分为刚性水池、柔性水池、临时简易水池三种，可根据功能的需要适当选用。

（三）水池的施工工艺流程

水池的施工工艺流程：测量放线→土方开挖→基土平整夯实施工→铺设级配碎石垫层施工→混凝土根底垫层施工→水池壁砖模砌筑施工（水电安装预埋配合施工）→找平层施工→防水层施工→防水保护层施工→钢筋混凝土施工→水池面层石材铺设施工→水电安装施工→园林景观摆设及调试→竣工验收。

六、溪流工程

（一）混凝土结构

在碎石垫层上铺上砂子（中砂或细砂），垫层厚度为 2.5～5 cm，盖上防水材料（EPDM 等），然后现浇混凝土，厚度为 10～15 cm（北方地区可适当加厚），其上铺设水泥砂浆约 3 cm，然后再铺设素水泥浆约 2 cm，按设计要求放入卵石即可。

（二）柔性结构

如果小溪较小，水又浅，溪基土质良好，可直接在夯实的溪道上铺设一层 2.5～5 cm 厚的砂子，再将衬垫薄膜盖上。衬垫薄膜纵向的搭接长度不得小于 30 cm，留于溪岸的宽度不得小于 20 cm，并用砖、石等重物压紧，最后用水泥砂浆把石块直接黏结在衬垫薄膜上。

（三）溪岸施工

溪岸可用大卵石、砾石、瓷砖、石料等铺砌处理。与溪道底一样，溪岸上也必须设置防水层，从而防止溪水渗漏。如果小溪环境开阔，溪面宽、水浅，可将溪岸做成草坪护坡，且坡度尽量平缓，临水处采用卵石封边即可。

（四）溪道装饰

为使溪流更自然、有趣，可将少量鹅卵石放在溪道上，这会使水面产生轻柔的涟漪。同时，按设计要求安装管路，最后点缀少量景石，配以水生植物，饰以小桥、汀步等小品。

（五）试水

试水前，应将溪道全面清洁并检查管路的安装情况，然后打开水源，注意观察水流及岸壁，如达到设计要求，说明溪道施工合格。

七、园林块石护坡

如果河湖不采用岸壁直墙而采用斜坡，则要采用各种材料护坡。护坡的目的是防止出现滑坡现象，减少地面水和风浪的冲刷，以保证斜坡的稳定。

护坡（护岸）也是驳岸的一种形式，它们之间并没有具体、严格的区别和界限。一般来说，驳岸有近乎垂直的墙面，这样可以防止岸土下坍；而护坡（护岸）则没有用来支撑土壤的近于垂直的墙面，它的作用在于阻止冲刷，其坡度一般在土壤的自然安息角内（图1-34）。

护坡的形式主要有下列两种。

图1-34 护坡图样

（一）铺石护坡

先整理岸坡，选用 18～25 cm 直径的块石作为护坡材料，块石最好是宽与长之比为 1∶2 的长方形石料，石料要求相对密度大，吸水率小。

为了保证护坡稳定，在铺石下面要设置垫层，一般做 1～3 层。第一层用粗砂，第二层用小卵石、碎石，最上面一层用碎石，总厚度可为 10～20 cm。

施工方法如下：先把坡岸平整好，并在最下部挖一条梯形沟槽，沟槽宽为 40 ~ 50 cm，深为 50 ~ 60 cm。在铺石以前，先将垫层铺好，垫层的卵石或碎石要求大小一致、厚度均匀，铺石时由下至上铺设。下部要选用大块的石料，以增加护坡的稳定性。铺设时，应将石块摆成丁字形，使其与岸坡平行，一行一行往上铺，要让石块与石块紧密相贴，如有凸出的棱角，应用铁锤将其敲掉。待铺设完成后，检查质量，即当人在铺石上行走时铺石是否移动？如果不移动，则施工质量符合要求，下一步就是用碎石嵌补铺石的缝隙，再将铺石夯实。

（二）水面以上的植物护坡

在岸坡平缓、水面平静的池塘旁，可以用草皮或灌木来护坡，使园林景色更加生动活泼，富有自然情趣。草皮可用带状或块状铺设，从水面以上一直铺设到坡顶。带状的按水平方向铺设。整个草皮用木桩固定。木桩长为 20 ~ 30 cm，直径为 2 ~ 2.5 cm。如岸坡很缓，也可以不用木桩固定。

※ 小结

天然石材应用广泛，历史悠久，其中不乏精品。但是由于其不可再生，日渐匮乏，在开采过程中也会对环境产生一定程度的破坏。人造石材技术日趋完善，产能旺盛，应用效果不输天然石材，且能变废为宝循环利用，值得大力推广、深入研究。相关专业学习者可以在实践中充分发挥两者各自特点和优势，相辅相成共同推动环境景观美化目标。

※ 实训

1. 实训目的

让学生实地走访调查所处城市主要的公园、广场、石材市场，统计石材应用情况，通过具体实例识别各种常用景观石材的规格、种类、使用要求及适用范围等。

2. 实训方式

（1）城市公园和广场的调查分析。

1）学生分组：以 5 ~ 7 人为一组，自主到公园和广场进行调查分析。

2）重点调查：各种景观石材的特点和应用情况。

3）调查方法：收集材料现场使用的照片。

（2）对景观石材市场的调研。

1）学生分组：以 5 ~ 7 人为一组，主动到石材市场调研。

2）重点调研：石材的种类、规格、价格。

3）调研方法：走访、记录、咨询。

3. 实训内容及要求

（1）认真完成调研日记。

（2）填写材料调研报告。

（3）写出实训小结。

※ 课后习题

一、选择题

1. 根据生成条件，按地质分类法，花岗岩属于（　　）。

    A. 变质岩　　　　　　B. 沉积岩　　　　　　C. 火成岩　　　　　　D. 石灰岩

2. 根据生成条件，按地质分类法，大理岩属于（　　）。

    A. 火成岩　　　　　　B. 砾岩　　　　　　　C. 砂岩　　　　　　　D. 变质岩

3. 通常用于图书馆、宾馆、商场的室内墙面、地面、柱面装修的饰面板是（　　）。

    A. 透光大理岩　　　　B. 人造石材　　　　　C. 天然花岗岩　　　　D. 天然大理岩

二、实操题

石材询价：选取当地石材市场没有的若干石材，充分学习了解其特点后，通过网络、电话、实地走访等方式进行询价，再结合本模块开篇的案例，列出石材价格表。

【应用小贴士】　　　【知识小课堂】

中国近现代石材
行业发展简史

景观石材应用中
应注意的一些问题

模块二 砌块和板材类材料

2023 年，××生态工程职业学院启动了校园改造项目，在室外景观建筑小品的改造项目中，涉及若干关于砖、砌块的内容，在室内改造项目中，涉及若干板材材料的内容。相关材料的前期调研工作交给环境设计学院环艺专业学习兴趣小组。需要小组对改造区域的情况进行调查统计，掌握需要改造的区域面积和具体环境情况。调研后设计任务也由该班级完成，需要工作小组根据实地情况选取满足不同需求的砖、砌块、板材材料，并向校方阐明相关材料特点，还要提供材料的报价情况。

请学生想一想：砖、砌块、板材分别应用在什么样的环境场景中更为合适？

单元一

砖、砌块、板材基础知识

一、砖基础知识

从原材料角度可将砖分为黏土砖、陶土砖、页岩砖、煤矸石砖、粉煤灰砖、炉渣砖和灰砂砖。曾经广泛应用于我国建筑领域的烧结黏土砖由于多以土烧制，存在土地资源的破坏和浪费，以及其自重大、施工效率低及抗震性能差等缺点，已不能适应建筑发展的需要。国家已出台禁止使用烧结黏土砖的相关规定。

按照砖材孔洞率的大小，可将砖分为实心砖（没有孔洞或孔洞率小于 15%）、多孔砖（孔洞率不小于 15%，孔洞的尺寸小而数量多）和空心砖（孔洞率大于 35%，孔洞的尺寸大而数量少）。

按照生产工艺，可将砖分为烧结砖和非烧结砖。经焙烧制成的砖为烧结砖；经碳化或蒸汽（压）养护硬化而成的砖为非烧结砖。

二、砌块基础知识

按照材质不同，砌块可以分为混凝土砌块、轻骨料混凝土砌块和硅酸盐砌块。按照外观形状，砌块可以分为实心砌块（无孔洞或空心率小于 25%）和空心砌块（空心率大于 25%）。空心砌块有单排方孔、单排圆孔和多排扁孔 3 种形式。其中，多排扁孔的保温效果较好。按照尺寸和重量的大小，砌块可以分为小型砌块、中型砌块和大型砌块。砌块系列中主规格的高度为 115 ～ 380 mm 的称为小型砌块；高度为 380 ～ 980 mm 的称为中型砌块；高度大于 980 mm 的称为大型砌块。在实际施工中，以中、小型砌块居多。

三、板类材料基础知识

（一）石膏板

石膏板以石膏为主要原料，加入纤维、胶粘剂、稳定剂，经混炼压制、干燥而成。其具有防火、隔声、隔热、轻质、收缩率小等特点，且稳定性好，施工方便。

石膏板可分为装饰石膏板、纸面石膏板、嵌入式装饰石膏板、耐火纸面石膏板、耐水纸面石膏板和吸声穿孔石膏板几大类。不同品种的石膏板适用于不同部位。例如普通纸面石膏板适用于无特殊要求的部位；耐水纸面石膏板适用于湿度较高的潮湿卫生间、餐厅等场所。

（二）轻质墙板

轻质墙板采用快硬水泥和粉煤灰作为主要原料，加入一定的纳米真空剂，利用高新激发技术进行水泥发泡，使墙体内部形成面包式蜂窝状，用空气代替了珍珠岩、陶粒等轻质填充物，起到了保温和隔声的效果。由于气泡在内部形成圆球形相支撑，可增加抗压力。双面铺设网，因此提高了抗冲击能力。另外，加入粉煤灰，也可调节水泥的活性。

轻质墙板具有以下特点：

（1）轻质、隔热、隔声、防火，符合国家节能减排政策；

（2）健康环保，100% 不含石棉、甲苯，无毒、无味、无辐射；

（3）防火、防水、防虫蛀、耐酸碱；

（4）强度高、不易破损、持久耐用；

（5）墙板厚度从 80 mm 到 150 mm 都可以做，这样可以扩大房屋使用面积的 8%；

（6）板面平整：免去抹灰程序，墙面达到高级粉刷标准；

（7）安装简便、快捷、灵活作业，可钉、可锯、可钻、可刨，裁剪容易、埋管及走线方便。

（三）复合墙板

复合墙板是一种高性能建筑内隔板，由多种建筑材料复合而成，在很多场合可以代替传统砖瓦，具有环保节能、无污染、轻质、抗震、防火、保温、隔声、施工快捷的显著优点。

复合墙板采用普通硅酸盐水泥、砂和粉煤灰或其他工业废弃物（如水泥渣、炉渣等）为细骨料，再加入聚苯乙烯颗粒和少量的无机化学助剂，配合全自动、高效率强制轻骨料专用搅拌系统，在搅拌过程中引入空气，形成芯层蜂窝状稳定气孔进一步来减小产品密度，既降低了材料成本，又能达到理想的保温和隔声效果。聚苯颗粒和气孔均匀分布在产品里面，形成圆形蜂窝状骨架，从而相互支撑，增加抗压能力。加入粉煤灰不仅提高了浆料的和易性，最重要的是增强了水泥的后期强度，从而增强了产品养护完成后的强度，使抗折强度增加80%，使断裂模量增加50%以上。

我国在2005年年底全面实现了禁用实心黏土砖，这标志着我国墙材改革进入了一个新阶段。随着科技进步迅猛发展，我国建筑领域新型墙体材料层出不穷，先后涌现出各种类隔墙材料，如加气砖、空心板、石膏板、菱镁板、水泥砖等各具代表性材料。

单元二

砖、砌块、板材在景观中的应用

一、砖的应用

1. 烧结普通砖

烧结普通砖具有较高的强度，又因多孔结构而具有良好的绝热性、透气性和稳定性，还具有较好的耐久性及隔热、保温等性能，以及原料广泛，工艺简单，是应用历史最长、应用范围最为广泛的砌体材料之一。烧结普通砖广泛用于砌筑建筑物的墙体、柱、拱、烟囱、窑身、沟道及基础等（图2-1）。

（1）强度等级。烧结普通砖按抗压强度可分为 MU30、MU25、MU20、MU15、MU10 五个强度等级。测定强度时，试样数量为10块，试验结果应符合表2-1的规定，否则判为不合格。

图 2-1　烧结普通砖

表 2-1　烧结普通砖强度等级

强度等级	抗压强度平均值$\bar{f} \geqslant$ /MPa	强度标准值$f_k \geqslant$ /MPa
MU30	30.0	22.0
MU25	25.0	18.0
MU20	20.0	14.0
MU15	15.0	10.0
MU10	10.0	6.5

（2）抗风化性能。抗风化性能是在干湿变化、温度变化、冻融变化等物理因素作用下，材料不被破坏并长期保持原有性质的能力。

抗风化性能是烧结普通砖的重要耐久性能之一，对砖的抗风化性能要求应根据各地区风化程度的不同而定。

烧结普通砖的抗风化性能通常用抗冻性、吸水率及饱和系数等指标判别。当风化指数大于等于 12 700 时，为严重风化区；风化指数小于 12 700 时，为非严重风化区，部分属于严重风化区的砖必须进行冻融试验，其他地区砖的抗风化性能符合表 2-2 的规定时，可不做冻融试验。

表 2-2　其他地区砖的抗风化性能

砖种类	严重风化区				非严重风化区			
	5 h 沸煮吸水率 / ≤%		饱和系数≤		5 h 沸煮吸水率 / ≤%		饱和系数≤	
	平均值	单块最大值	平均值	单块最大值	平均值	单块最大值	平均值	单块最大值
黏土砖、建筑渣土砖	18	20	0.85	0.87	19	20	0.88	0.90
粉煤灰砖	21	23			23	25		
页岩砖	16	18	0.74	0.77	18	20	0.78	0.80
煤矸石砖								

（3）规格偏差。烧结普通砖为矩形块体材料，其标准规格为 240 mm×115 mm×53 mm。在砌筑时加上砌筑灰缝宽度 10 mm，则 1 m³ 砖砌体需用 512 块砖。每块砖 240 mm×115 mm 的面称为大面；240 mm×53 mm 的面称为条面；115 mm×53 mm 的面称为顶面。

为保证砌筑质量，要求烧结普通砖的规格偏差必须符合《烧结普通砖》（GB/T5101—2017）的规定，见表 2-3。

表 2-3　烧结普通砖的尺寸偏差　　　　　　　　　　　　　　　　　mm

公称规格	指标	
	样本平均偏差	样本极差≤
240	±2.0	6.0
115	±1.5	5.0
53	±1.5	4.0

（4）外观质量。烧结普通砖的外观质量包括两条面高度差、弯曲、杂质凸出高度、缺棱掉角、裂纹、完整面等内容，各项内容均应符合表 2-4 的规定。

表 2-4　烧结普通砖外观质量　　　　　　　　　　　　　　　　　mm

项目		指标
两条面高度差	≤	2
弯曲	≤	2
杂质凸出高度	≤	2
缺棱掉角的三个破坏尺寸	不得同时大于	5
裂纹长度	≤	30
a. 大面上宽度方向及其延伸至条面的长度		50
b. 大面上长度方向及其延伸至顶面的长度或条顶面上水平裂纹的长度		一条面和一顶面
完整面①	不得少于	

注：为砌筑挂浆而施加的凹凸纹、槽、压花等不算缺陷

（5）性能和特点。

1）石灰爆裂。如果烧结砖原料中夹杂有石灰石成分，在烧砖时可被烧成生石灰，砖吸水后生石灰熟化体积膨胀，导致砖发生胀裂破坏，这种现象称为石灰爆裂。石灰爆裂严重影响烧结砖的质量，并降低砌体强度。烧结普通砖石灰爆裂应符合下列规定：

①破坏尺寸大于 2 mm 且小于或等于 15 mm 的爆裂区域每组样砖不得多于 15 处。其中大于 10 mm 的不得多于 7 处。

②不允许出现最大破坏尺寸大于 15 mm 的爆裂区域。

③试验后的抗压强度损失不得大于 5 MPa。

2）泛霜。泛霜是指黏土原料中含有硫、镁等可溶性盐类时，随着砖内水分蒸发而在砖表面产生的盐析现象，一般为白色粉末，常在砖表面形成絮团状斑点。

轻微泛霜即对清水砖墙建筑外观产生较大影响；中等程度泛霜的砖用于建筑中的潮湿部位时，七八年后由于因盐析结晶膨胀将使砖砌体表面产生粉化剥落，在干燥环境中使用约 10 年以后也将开始剥落；严重泛霜对建筑结构的破坏性则更大。要求不允许出现严重泛霜现象。

2. 园林铺装用蒸压砖

蒸压砖属于硅酸盐制品，是以石灰和含硅材料（砂子、粉煤灰、煤矸石、炉渣和页岩等）加水拌和、成型、蒸养或蒸压而制成的。目前使用的蒸压砖主要有蒸压灰砂砖和蒸压粉煤灰砖，其规格与烧结普通砖相同。

（1）蒸压灰砂砖。蒸压灰砂砖是以石灰和天然砂为主要原料，经混合搅拌、陈化、轮碾、加压成型、蒸压养护而制得的墙体材料（图 2-2）。

---

① 凡有下列缺陷之一者，不得称为完整面：
　缺损在条面或顶面上造成的破坏面尺寸同时大于 10 mm×10 mm。
　条面或顶面上裂纹宽度大于 1 mm，其长度超过 30 mm。
　压陷、粘底、焦花在条面或顶面上的凹陷或凸出超过 2 mm，区域尺寸同时大于 10 mm×10 mm。

蒸压灰砂砖按抗压强度可分为 MU30、MU25、MU20、MU15、MU10 五个强度等级。

蒸压灰砂砖表面光滑、平整，使用时注意提高砖与砂浆之间的粘结力；其耐水性良好，但抗流水冲刷的能力较弱，可长期在潮湿、不受冲刷的环境使用；15 级以上的砖可用于基础及其他建筑部位，10 级砖只可用于防潮层以上的建筑部位。另外，不得使用于长期受高于 200 ℃温度的作用、急冷急热和酸性介质侵蚀的建筑部位。

（2）蒸压粉煤灰砖。蒸压粉煤灰砖是以粉煤灰和石灰为主要原料，加水混合搅拌成坯料，经陈化、轮碾、加压成型，再经常压或高压蒸汽养护而制成的一种墙体材料（图 2-3）。

图 2-2　蒸压灰砂砖

图 2-3　蒸压粉煤灰砖

蒸压粉煤灰砖按抗压强度和抗折强度可分为 MU30、MU25、MU20、MU15、MU10 五个强度等级。

粉煤灰砖出窑后，应存放一段时间后再使用，以减小相对伸缩量。其用于易受冻融作用的建筑部位时，要进行抗冻性检验并采取适当措施，以提高建筑耐久性；用于砌筑建筑物时，应适当增设圈梁及伸缩缝或采取其他措施，以避免或减少收缩裂缝的产生；不得使用于长期受高于 200 ℃温度作用、急冷急热及酸性介质侵蚀的建筑部位。

3. 烧结空心砖

烧结空心砖是以黏土、页岩或粉煤灰等为主要原料烧制成的主要用于非承重部位的空心砖。烧结空心砖自重较小，强度较低，多用作非承重墙，如多层建筑内隔墙或框架结构的填充墙等（图 2-4）。

（1）密度等级。按体积密度不同，烧结空心砖可分为 800 级、900 级、1 000 级和 1 100 级四个密度等级。

（2）规格要求。烧结空心砖的外形为直角六面体，长度、宽度、高度应符合下列规定。

1）长度规格（mm）：390，290，240，190，180（175），140。

图 2-4　烧结空心砖

2）宽度规格（mm）：190，180（175），140，115。

3）高度规格（mm）：180（175），140，115，90。

其他规格由供需双方协商确定。

（3）强度等级。根据大面的抗压强度，烧结空心砖可分为MU10.0、MU7.5、MU5.0、MU3.5四个强度等级。各强度等级的强度值应符合表2-5的规定。

表2-5　烧结空心砖强度等级

强度等级	抗压强度/MPa		
	抗压强度平均值$\overline{f}$≥	变异系数δ≤0.21	变异系数δ>0.21
		强度标准值f_k≥	单块最小抗压强度值f_{min}≥
MU10.0	10.0	7.0	8.0
MU7.5	7.5	5.0	5.8
MU5.0	5.0	3.5	4.0
MU3.5	3.5	2.5	2.8

4. 烧结多孔砖

烧结多孔砖是以黏土、页岩或煤矸石为主要原料烧制的主要用于结构承重的多孔砖。

（1）强度等级。根据砖的抗压强度将烧结多孔砖分为MU30、MU25、MU20、MU15、MU10五个强度等级。各强度等级的强度值应符合表2-6的规定。

表2-6　烧结多孔砖强度等级　　　　　　　　　　　　　　　　　MPa

强度等级	抗压强度平均值$\overline{f}$≥	强度标准值f_k≥
MU30	30.0	22.0
MU25	25.0	18.0
MU20	20.0	14.0
MU15	15.0	10.0
MU10	10.0	6.5

（2）规格要求。烧结多孔砖的外形规格符合《烧结多孔砖和多孔砌块》（GB/T 13544—2011）的规定。砖规格尺寸（mm）：290、240、190、180、140、115、90。

砌块规格（mm）：490、440、390、340、290、240、190、180、140、115、90。其他规格由供需双方协商确定。

（3）使用范围。烧结多孔砖强度较高，主要用于多层建筑物的承重墙体和高层框架建筑的填充墙与分隔墙。

5. 陶土砖

（1）陶土砖的概念。陶土砖是黏土砖的一种，通常采用优质黏土和紫砂陶土及其他原料配合比经高温烧制而成。陶土砖质感细腻、色泽稳定、线条优美、实用性强，能耐高温、抗严寒、耐腐蚀、抗冲刷，返璞归真，不仅具有自然美，而且还具有浓厚的西方文化气息和欧式风格。

（2）陶土砖的性能。

1）抗冻融特性。在砖体吸水饱和状态下，瓷质砖在 −15 ℃时循环冻融 3 次已经全部冻裂，而陶土砖却可以在 −50 ℃时抗冻融反复循环 50 次以上。

2）抗光污染性能。陶土砖由于表面比较粗糙，能够将 90% 以上的自然光全部折射，能够更好地保护人的视力，从而减少光污染。

3）吸声作用。陶土砖具有良好的吸声作用，由于陶土砖通体富含大量均匀细密的开放性气孔，故能将声波全部或部分折射出去，起到室外降低噪声、室内消除回声的效果，是创造城市优良居住环境的绝佳材料。

4）透气性和透水性。陶土砖透气和透水的优越性能在现代崇尚绿色文明的今天得到了完整的展示，其外表古朴的韵味与自然景观相结合，充分体现了人与自然的和谐，通常可用于停车场的地面铺装中，可与绿植结合，增加绿化率。

5）耐风化和耐腐蚀性。随着工业污染的加重，雨水中的酸性不断增加，很多建筑材料由于无法接受这个考验而被淘汰。陶土砖纯天然的加工工序，使得陶土砖本身的化学杂质含量非常少，内部的结构也不容易受到酸雨等恶劣气候的影响，其耐腐蚀的特性更是其他材料无法与之相比的。

6. 陶土仿古青砖

陶土仿古青砖（图 2-5）由黏土烧制而成（黏土是某些铝硅酸盐矿物长时间风化的产物，因具有极强的黏性而得名）。将黏土用水调和后制成砖坯，放在砖窑中煅烧（约 1 000 ℃）便制成砖。黏土中含有铁，在烧制过程中完全氧化时生成三氧化二铁，呈红色，即最常用的红砖；而如果在烧制过程中加水冷却，使黏土中的铁不完全氧化而生成低价铁，则呈青色，即青砖。

图 2-5　陶土仿古青砖

青砖和红砖的硬度是差不多的，只是烧制完成后的冷却方法不同，红砖是自然冷却，简单一些，所以现在生产红砖较多，青砖是水冷却，操作起来比较麻烦，所以现在生产得比较少。青砖和红砖在强度与硬度方面特性基本一致，但青砖在抗氧化、抗水化、抗大气侵蚀等方面性能明显优于红砖。青砖目前的品种有手工青砖和机制青砖两大类，按照装饰部位可分为贴墙青砖、砌墙青砖、铺地青砖等。

陶土仿古青砖具有透气性强、吸水性好、保持湿度等特点。青砖选用天然的黏土精制而成，烧制后的产品呈青黑色，具有密度大、抗冻性好、不变形、不变色的特点。陶土仿古青砖采用自然黏土无氧烧制，青砖中含有微量的硫元素，可杀菌、清除装修中的甲醛等不利于人体的化学气体，保持室内空气湿度，综合透气性、吸水性、抗氧化、净化空气等特点，近年来成为设计师极力推荐的产品之一。产品表面光滑，四角呈直角，结构完美，抗压耐磨，是房屋墙体、路面装饰的理想材料。

陶土仿古青砖具有极强的可塑性。青砖给人以素雅、沉稳、古朴、宁静的美感，如浅浮雕、高浮雕等，艺术形态以中国传统典故为主，花纹精美，传承精粹，有寓意，设计手法新颖，糅合了中国文化精粹，可品鉴收藏，具有良好的装饰性。

陶土仿古青砖的烧制方法：青砖属于烧结砖，古青砖的主要原料为黏土，黏土加水调和后，挤压成型，再放入砖窑焙烤（1 000 ℃左右），用水冷却，使黏土中的铁不完全氧化，并使其具备更好的耐风化、耐水等特性。经检测古青砖的抗压强度大于10 MPa，仿古青砖就是仿照古青砖的各类款式，按照古青砖的烧制方法，采用古青砖所用的黏土材料现代烧制而成的青砖，是仿古建筑材料中常见的一种。

7. 陶土仿古青瓦

陶土仿古青瓦承袭了三千年的建筑历史，历经了形式大小和工艺的演变，以其美观、质朴、防雨、保温等优点，成为中国传统建筑必不可少的主材之一（图2-6），历史悠久，源远流长。大邑位于成都平原西部，与邛崃山脉接壤，盛产烧制优质瓦材的主要原材料——黏土。基于这样得天独厚的优越条件，大邑目前已成为全国著名的黏土砖瓦生产基地。

图 2-6　陶土仿古青瓦

陶土仿古青瓦是黏土烧制而成的，呈青灰色，主要分为两种：一种是铺设屋顶所用的建筑材料，形状有拱形的、平的或半个圆筒形的等；另一种是用泥土烧制成的瓦盆或瓦器。其适用于混凝土结构、钢结构、木结构、砖木混合结构等各种结构新建坡屋面和老建筑平改坡屋面，使用温度为 –50 ℃～ 70 ℃。陶土仿古青瓦通常给人以素雅、沉稳、古朴、宁静的美感。

8. 金砖

（1）金砖的基本概念。金砖是古时专供宫殿等重要建筑使用的一种高质量的铺地方砖。因其质地坚细，敲之若金属般铿然有声，故得名（图2-7）。仿古金砖则是根据古建金砖的外观特质，模仿烧制而成的室外铺贴景观材料。

（2）金砖的特点。所谓金砖，实际上是规格为二尺二、二尺、一尺七、一尺四

图 2-7　金砖

见方的大方砖。这里所指的尺是古代单位里的尺，一尺约相当于现代的 23.4 cm。

现在北京故宫的太和殿、中和殿、保和殿和十三陵之一的定陵内铺设的都是此砖，在砖的侧面，有明永乐、明正德、清乾隆等年号和苏州府督造等印章字样。金砖产自苏州，由于苏州土质细腻，含胶状体丰富，可塑性强，制成的金砖坚硬密实。几百年来，金砖的制作工艺代代相传，延续至今。

（3）金砖的制作方法。古代工匠制作金砖时，要先选土，所用的土质须黏而不散，粉而不砂。选好的泥土要露天放置整整一年，去其"土性"，然后浸水将黏土泡开，让数只牛反复踩踏练泥，以去除泥团中的气泡，最终制成稠密的泥团。接下来，经过反复摔打后，将泥团装入模具，平板盖面，两人在板上踩，直到踩实为止。然后阴干砖坯，要阴干7个月以上，才能入窑烧制。烧制时，先用小糠草熏1个月，去其潮气，接着用劈柴烧1个月，再用整柴烧1个月，最后用松枝烧40天，才能出窑，而且出窑后还要经过严格检查，从泥土到古建金砖，要历经长达两年的时间。仿古金砖的制作结合古建金砖的特点，在工艺方面更加成熟，用专用机具制造，更加节省加工时间，成熟的工艺也大大提升了仿古金砖的性能，节约了生产成本，提高了仿古金砖的产量。

9. 广场砖

广场砖（图2-8）属于耐磨砖的一种，主要用于广场、人行道等大面积处的铺贴。其砖体色彩简单，砖面多采用凹凸面的形式，具有防滑、耐磨、修补方便的特点。广场砖一般主要可分为适用于室外地面的普通广场砖、适用于屋顶的屋面砖、适用于室内的地面砖三大类。普通广场砖还配套有盲道砖和止步砖，一般为黄色、灰色和黑色。

图2-8　广场砖

（1）广场砖的规格。广场砖的主要规格有 100 mm×100 mm、108 mm×108 mm、150 mm×150 mm、190 mm×190 mm、100 mm×200 mm、200 mm×200 mm、150 mm×300 mm、300 mm×300 mm、315 mm×315 mm、315 mm×525 mm 等，主要颜色有白色、白色带黑点、粉红色、果绿色、斑点绿、黄色、斑点黄、灰色、浅斑点灰、深斑点灰、浅蓝色、深蓝色、紫砂红、紫砂棕、紫砂黑、黑色、红棕色等。

（2）广场砖的优缺点。广场砖源自业内严格的选料标准和独特的高温慢烧技术，要求吸水率 <5%。原料配方中的瘠性原料比例为70%，可塑性原料占30%左右。

广场砖制成仿天然花岗岩或紫砂岩，花纹肌理自然，质感古朴厚实，综合物理力学性能卓越。莫氏硬度达到8级，耐磨性好，抗弯强度高。由于其耐磨、防滑和具有装饰、美观的性能，广泛用于休闲广场、市政工程、超市、4S店、园林绿化、屋顶、花园阳台及其他人流量大的公共场合，是现代城市建设理想的地面、屋顶装饰材料。

广场砖的品种丰富，通过将不同规格、各种颜色的广场砖进行灵活巧妙的设计和搭配，可以拼贴出丰富多彩、风格迥异的图案，可满足各种地面、屋顶、室内铺装工程的施工标准和装饰需要。

广场砖清洁之后容易留下水印，因为其属于抛光砖，容易凹陷；其釉面渗透性强，容易沾染污渍。

10. 拉毛砖

拉毛砖是指表面带有凸出的砂粒和凹坑的外墙劈开砖产品（图2-9）。

生产拉毛砖的工艺是在原料中加入各种8～10目的颗粒料，并在成型模具的出口两侧拉上直径为0.5～1.0 mm的钢丝，当砖被挤出砖坯时，钢丝将其边料剥离，从而使产品表面露出砂粒和凹坑，从而形成粗犷的表面装饰效果，再经干燥和1 100 ℃以上高温烧制而成。常用拉毛砖的颜色有深红色、红色、黄色、咖啡色、灰色等。

（1）拉毛砖的规格。常用的拉毛砖的规格为200 mm×65 mm×13 mm，240 mm×53 mm×13 mm。

图2-9　拉毛砖

（2）拉毛砖的特点。拉毛砖的原料为天然陶土，凭借陶土的自然色差及经高温烧制完成后的收缩差异，营造出古典、纯朴的装饰效果。该产品具有抗冻性强、不剥落、无光污染等特点，且经济合理，成为现代别墅、小区、商场、学校等建筑的首选材料。

11. 新型砖材——透水砖

将烧结普通砖（红砖或青砖）条面朝上铺装的做法能够营造一种自然古朴的风格，适合在幽静的庭院环境中铺砌路面。但是由于受到积水、积雪、结冰、冻融循环、除冰剂、车辆泄漏的化学物质、持续的交通载荷等不利因素的影响，烧结普通砖强度会减弱。

透水砖起源于荷兰。荷兰人在围海造城的过程中，为了使地面不再下沉，荷兰人制造了一种规格为100 mm×200 mm×60 mm的小型路面砖，铺设在街道路面上，并在砖与砖之间预留了2 mm的缝隙。这样，下雨时，雨水便会从砖之间的缝隙中渗入地下，这就是后来很有名的荷兰砖。

此后，美国舒布洛克公司发明了一种砖体本身具有很强吸水功能的路面砖。当砖体吸满水时水分就会向地下排放，但是这种砖的排水速度很慢，在暴雨天气这种砖几乎不起作用，这种砖也称为舒布洛克路面砖。20世纪90年代，中国出现了舒布洛克砖。北京市政部门的技术人员根据舒布洛克砖的原理发明了一种砖体本身布满透水孔洞、渗水性很好的路面砖，雨水会从砖体中的微小孔洞中流向地下。后来，为了加强砖体的抗压强度和抗折强度，技术人员采用碎石作为原料加入水泥和胶性外加剂使其透水速度和强度都能满足城市路面的需要。目前，这种砖大量铺装于市政路面。

按照原材料的不同，透水砖（图 2-10）可分为普通透水砖、聚合物纤维混凝土透水砖、彩石复合混凝土透水砖、混凝土透水砖、彩石环氧通体透水砖等。

图 2-10　透水砖

（1）普通透水砖：材质为普通碎石的多孔混凝土材料，经压制成型，用于一般街区人行步道、广场，造价低廉，透水性较差。其中，最常见的是一种规格为 250 mm×250 mm×50 mm 的彩色水泥方砖。

（2）彩石复合混凝土透水砖：材质面层为天然彩色花岗岩、大理岩与改性环氧树脂胶合，再与底层聚合物纤维多孔混凝土经压制复合成型。此产品面层华丽，色彩自然，具有石材一般的质感，与混凝土复合后，强度高于石材其成本略高于混凝土透水砖，其价格是石材地砖的 1/2，是一种经济、高档的铺装产品，主要用于豪华商业区、大型广场、酒店停车场和高档别墅小区的铺装。

（3）混凝土透水砖：材质为河砂、水泥、水，再添加一定比例的透水剂而制成。此产品与树脂透水砖、陶瓷透水砖、缝隙透水砖相比，生产成本低，制作流程简单且易操作，广泛用于高速路、飞机场跑道、车行道、人行道、广场及园林建筑等的铺装。

（4）聚合物纤维混凝土透水砖：材质为花岗岩骨料、高强度水泥和水泥聚合物增强剂，并掺加聚丙烯纤维，送料配合比严密，搅拌后经压制成型，主要用于市政、重要工程和住宅小区的人行步道、广场、停车场等的铺装。

（5）彩石环氧通体透水砖：材质骨料为天然彩石与进口改性环氧树脂胶合，经特殊工艺加工成型，此产品可预制，也可以现场浇制，并可拼出各种艺术图形和色彩线条，给人们一种赏心悦目的感受，主要用于园林景观工程和高档别墅小区的铺装。

12. 人行道盲道砖

人行道盲道是专门帮助盲人行走的道路设施。盲道一般由三类砖铺就，一是条形引导砖，引导盲人放心前行，称为行进盲道；二是带有圆点的提示砖（图 2-11），提示盲人前面有障碍，称为提示盲道；三是盲道危险警告引路砖，圆点较大，意在提醒不要超越，前面有危险。1961 年，美国制定了世界上第一个《无障碍标准》。1991 年，北京建成国内首条盲道。2001 年 8 月 1 日，《城市道路和建筑物无障碍设计规范》（JGJ 50—2001）颁布实施。《中华人民共和国道路交通安全法》第三十四条规定，城市主要道路的人行道。盲道的设置应当符合国家标准。

图 2-11　提示盲道

人行道盲道砖是按照国家行业的相关标准制造，设计优良，具有触觉感灵敏、耐腐蚀、耐损耗和寿命长等特征。这种盲道砖的抗压强度高，适用于室内或室外装修。它凹凸的模型不仅可以使盲道更加安全，同时，还具有美化环境的作用。

13. 陶制路牙砖

路缘石是指公路两侧路面与路肩之间的条形构造物，也称路牙砖。路牙砖的学名叫作路肩，指的是位于车行道外缘至路基边缘，具有一定宽度的带状部分，用于保持车行道的功能和临时停车，并作为路面的横向支承。

陶制路牙砖是指用凿打成长条形的陶土烧制而成的长条形砌块或砖，它铺装在道路的边缘，起保护路面的作用。陶制路牙砖的铺制方法有立栽和侧栽两种形式。

14. 陶粒

（1）陶粒的基本概念。陶粒（图2-12），顾名思义，就是陶质的颗粒是一种人造轻粗骨料，外壳表面粗糙而坚硬，内部多孔，一般由页岩、黏土岩等经粉碎、筛分，再经高温烧结而成。陶粒主要用于配制轻骨料混凝土、轻质砂浆，也可用于制作耐酸、耐热混凝土集料，常根据原料命名，如页岩陶粒、黏土陶粒等。陶粒的一般粒径为5～20 mm，最大粒径为25 mm。

陶粒的外观特征：大部分呈圆形或椭圆形球体，但也有一些仿碎石陶粒不是圆形或椭圆形球体，而呈不规则碎石状。陶

图2-12　陶粒

粒形状因工艺不同而各异。它的表面有一层坚硬的外壳，这层外壳呈陶质或釉质，具有隔水保气的作用，并且赋予陶粒较高的强度。陶粒的外观和颜色因所采用的原料和工艺不同而各异。焙烧陶粒的颜色大多为暗红色、赭红色，也有一些特殊品种为灰黄色、灰黑色、灰白色、青灰色等。

（2）陶粒的分类。

1）按原料分类。陶粒按原料可分为黏土陶粒、页岩陶粒、垃圾陶粒。

①黏土陶粒。以黏土、粉质黏土等为主要原料，经加工制粒、烧胀而成的，粒径在5 mm以上的轻粗骨料，称为黏土陶粒。

②页岩陶粒。页岩陶粒又称膨胀页岩，是以黏土质页岩、板岩等经破碎、筛分或经磨粉、成球，再经烧胀而成的粒径在5 mm以上的轻粗骨料。页岩陶粒按工艺方法可分为经破碎、筛分、烧胀而成的普通型页岩陶粒；经磨粉、成球、烧胀而成的圆球形页岩陶粒。

黏土陶粒、页岩陶粒适用于结构用的轻骨料混凝土。目前，页岩陶粒的主要用途是生产轻骨料混凝土小型空心砌块和轻质隔墙板。

③垃圾陶粒。随着不断的发展壮大，城市中的人们产生的垃圾越来越多，处理城

市垃圾成为一个日益突出的问题。垃圾陶粒是将城市生活垃圾处理后，经造粒、焙烧生产出的烧结陶粒，或在垃圾烧渣中加入水泥造粒，再经自然养护，生产出的免烧垃圾陶粒。垃圾陶粒具有原料充足、成本低、能耗少、质量小、强度高等特点。垃圾陶粒除可用来制成墙板、砌块、砖等新型墙体材料外，还有保温隔热、水处理净化等用途，具有广阔的市场前景。

2）按强度分类。陶粒按强度分类，可分为高强度陶粒和普通陶粒。

①高强度陶粒。高强度陶粒是指强度标号不小于 25 MPa 的结构用轻粗骨料，其技术要求除密度等级、筒压强度、强度等级、吸水率有特定指标外，其他指标（颗粒级配、软化系数、粒型系数、有害物质含量等）与超轻陶粒、普通陶粒相同。生产高强度陶粒时由于产量较低、耗能较大、附加值高，销售价格比超轻陶粒、普通陶粒高50% 左右。用高强度陶粒配制高强度及预应力轻骨料混凝土时必须均质。

②普通陶粒。根据《轻集料及其试验方法 第 1 部分：轻集料》（GB/T 17431.1—2010），普通陶粒是指强度标号小于 25 MPa 的结构用的轻粗骨料。普通陶粒应用较广，市场潜力大。

3）按密度分类。陶粒按密度分类，可分为一般密度陶粒、超轻密度陶粒、特轻密度陶粒三类。

①一般密度陶粒。一般密度陶粒是指密度大于 500 kg/m³ 的陶粒。它的强度一般相对较高，多用于结构保温用混凝土或高强度混凝土。

②超轻密度陶粒。超轻密度陶粒一般是指密度为 300 ～ 500 kg/m³ 的陶粒。这种陶粒一般用于保温隔热混凝土及其制品。

③特轻密度陶粒。特轻密度陶粒是指密度小于 300 kg/m³ 的陶粒。它的保温隔热性能非常优异，但强度较差，一般用于生产特轻保温隔热混凝土及其制品。

4）按形状分类。陶粒按形状分类，可分为碎石形陶粒、圆球形陶粒和圆柱形陶粒。

①碎石形陶粒。碎石形陶粒一般用天然矿石生产，先将石块粉碎、焙烧，然后进行筛分；也可用天然及人工轻质原料，如浮石、火山渣、煤渣、自然煤矸石或煅烧煤矸石等，直接破碎、筛分而得。

②圆球形陶粒。圆球形陶粒（图 2-13）是采用圆盘造粒机生产的。先将原料磨粉，然后加水造粒，制成圆球再进行焙烧或养护而成。目前我国的陶粒大部分是这种品种。

③圆柱形陶粒。圆柱形陶粒一般采用模具挤出成型，先制成泥条，再切割成圆柱形状。这种陶粒适合用塑性较高的黏土原料制造，产量相对较低。圆柱料坯采用回砖窑焙烧，则圆柱体在窑内滚动形成椭圆形。

图 2-13　圆球形陶粒

5) 按性能分类。陶粒按性能分类，可分为高性能陶粒和普通性能陶粒。

①高性能陶粒。高性能陶粒是指强度较高、吸水率较低、密度较小的焙烧或免烧陶粒。高性能陶粒是采用合适的原材料，经特殊加工工艺，所制造出的密度等级不同、强度高、孔隙率低、吸水率低的人造轻骨料。这种轻骨料的某些性能与普通密实骨料相似，与普通轻骨料相比，性能更为优越。

②普通性能陶粒。普通性能陶粒是相对于高性能陶粒而言的，即它的强度比高性能陶粒略低，孔隙率略高，吸水率也高，但它的综合性能仍优于普通骨料。

（3）陶粒的特性。

1) 陶粒具有密度小、质量小的特性。陶粒自身的堆积密度小于 1 100 kg/m^3，一般为 300 ~ 900 kg/m^3。以陶粒为骨料制作的混凝土的密度为 1 100 ~ 1 800 kg/m^3，相应的混凝土的抗压强度为 30.5 ~ 40.0 MPa。陶粒的最大特点是外表坚硬，而内部有许许多多的微孔。这些微孔赋予陶粒质量小的特性。200 号粉煤灰陶粒混凝土的密度为 1 600 kg/m^3 左右，而相同强度等级的普通混凝土的密度却高达 2 600 kg/m^3，二者相差 1 000 kg/m^3。

2) 陶粒具有保温隔热的作用。陶粒由于内部多孔，故具有良好的保温隔热性，用它配制的混凝土的传热系数一般为 0.3 ~ 0.8 W/（m·K），比普通混凝土低 1 ~ 2 倍。所以，陶粒建筑都有良好的热环境。

3) 陶粒的耐火性能优异。普通粉煤灰陶粒混凝土或粉煤灰陶粒砌块集保温、抗震、抗冻、耐火等性能于一体，特别是耐火性能是普通混凝土的 4 倍多，对相同的耐火周期，陶粒混凝土的板材厚度比普通混凝土小 20%。另外，粉煤灰陶粒还可以配制耐火度为 1 200 ℃的耐火混凝土。在 650 ℃的高温下，陶粒混凝土的强度能维持常温下强度的 85%，而普通混凝土的强度只能维持常温下强度的 35% ~ 75%。

15. 紫砂劈开砖

紫砂劈开砖（图 2-14）是一种用于内外墙或地面装饰的建筑装饰砖，它以紫砂、长石、石英、高岭土等原料经干法或湿法粉碎混合后制成具有较好可塑性的湿坯料，用真空螺旋挤出机挤压成双面以扁薄的筋条相连的中空砖坯，再经切割、干燥，然后在 1 100 ℃以上的高温下烧制而成，最后以手工或机械方法将其沿筋条的薄弱连接部位劈开而成。

紫砂劈开砖按表面的粗糙程度可分为光面砖和毛面砖两种。前者坯料中的颗粒较细，产品表面较光滑和细腻；而后者坯料中的颗粒较粗，产品表面有凸出的颗粒。紫砂劈开砖按用途可分为墙面砖和地面砖两种；按表面形状可分为平面砖和异形砖等。

图 2-14　紫砂劈开砖

紫砂劈开砖的优点：强度高，吸水率低，抗冻性强，防潮防腐，耐磨耐压，耐酸碱，防滑；色彩丰富，自然柔和，表面质感变幻多样，或清秀细腻，或浑厚粗犷；表面施釉者光泽晶莹，富丽堂皇；表面无釉者质朴典雅、大方，无反射眩光。

二、砌块的应用

1. 蒸压加气混凝土砌块

蒸压加气混凝土砌块是以钙质材料（水泥、石灰等）、硅质材料（砂、矿渣、粉煤灰等）及加气剂（铝粉等），经配料、搅拌、浇筑、发气、切割和蒸压养护而形成的多孔轻质块体材料（图2-15）。

蒸压加气混凝土砌块的主要技术性质如下：

（1）规格。砌块的规格见表2-7。

图 2-15　蒸压加气混凝土砌块

表 2-7　砌块的规格 　　　　　　　　　　　　　　mm

长度	宽度	高度
600	100、120、125、150、180、200、240、250、300	200、240、250、300
注：如需要其他规格，可由供求双方协商解决		

（2）抗压强度和干密度。蒸压加气混凝土砌块按抗压强度可分为A1.5、A2.0、A2.5、A3.5、A5.0 五个级别，强度级别 A1.5、A2.0 适用于建筑保温；按干密度分为B03、B04、B05、B06、B07 五个级别，干密度级别 B03、B04 适用于建筑保温。其抗压强度和干密度应符合表2-8 中的规定。

表 2-8　蒸压加气混凝土砌块抗压强度和干密度要求

抗压强度级别	抗压强度 /MPa		干密度级别	平均干密度 /(kg·m^{-3})
	平均值	最小值		
A1.5	≥ 1.5	≥ 1.2	B03	≤ 350
A2.0	≥ 2.0	≥ 1.7	B04	≤ 450
A2.5	≥ 2.5	≥ 2.1	B04	≤ 450
			B05	≤ 550
A3.5	≥ 3.5	≥ 3.0	B04	≤ 450
			B05	≤ 550
			B06	≤ 650
A5.0	≥ 5.0	≥ 4.2	B05	≤ 550
			B06	≤ 650
			B07	≤ 750

（3）特点。蒸压加气混凝土砌块重量小，具有保温、隔热、隔声性能好，抗震性强，导热系数小，传热速度慢，耐火性好，易于加工，施工方便等优点，是应用得较多的轻质墙体材料之一，适用于低层建筑的承重墙、多层建筑的间隔墙和高层框架结构的填充墙，作为保温隔热材料，也可用于复合墙板和屋面结构中。

若无可靠的防护措施，蒸压加气混凝土砌块不得用于水中、高湿度、有碱化学物质侵蚀等环境中，也不得用于建筑物的基础和温度长期高于 80 ℃ 的建筑部位。

2．混凝土空心砌块

混凝土空心砌块主要是以普通混凝土拌合物为原料，经成型、养护而成的空心块体墙材，其有承重砌块和非承重砌块两类。为减小自重，非承重砌块可用炉渣或其他轻质骨料配制。

（1）轻骨料混凝土小型空心砌块（图 2-16）。轻骨料混凝土小型空心砌块是以陶粒、膨胀珍珠岩、浮石、火山渣、煤渣、自燃煤矸石等各种轻粗细骨料和水泥按

图 2-16　轻骨料混凝土小型空心砌块

一定比例配制，经搅拌、成型、养护而成的空心率大于 25%、体积密度小于 1 400 kg/m³ 的轻质混凝土小砌块。

该砌块的主规格为 390 mm×190 mm×190 mm，其他规格尺寸可由供需双方协商。强度等级为 MU2.5、MU3.5、MU5.0、MU7.5、MU10.0，其各项性能指标应符合相关国家标准的要求。

轻骨料混凝土小型空心砌块是一种轻质高强、能取代普通黏土砖的、很有发展前景的墙体材料，不仅可以用于承重墙，还可以用于既承重又保温或专门保温的墙体，更适用于高层建筑的填充墙和内隔墙。

（2）混凝土小型空心砌块。

1）规格。混凝土小型空心砌块的外形宜为直角六面体。常用砌块的规格尺寸见表 2-9。

表 2-9　混凝土小型空心砌块的规格　　　　　　　　　　　　　　　mm

长度	宽度	高度
390	90、120、140、190、240、290	90、140、190
注：其他规格可由供需双方协商确定。采用薄灰缝砌筑的块型，相关规格可作相应调整		

2）混凝土小型空心砌块可分为承重砌块（L）和非承重砌块（N）。其中，承重砌块的强度等级有 MU7.5、MU10.0、MU15.0、MU20.0、MU25.0 五个等级；非承重砌块的强度等级有 MU5.0、MU7.5、MU10.0 三个等级。强度等级应符合表 2-10 中的规定。

表 2-10　混凝土小型空心砌块的及其抗压强度强度等级　　　　MPa

强度等级	抗压强度	
	平均值≥	单块最小值≥
MU5.0	5.0	4.0
MU7.5	7.5	6.0
MU10	10.0	8.0
MU15	15.0	12.0
MU20	20.0	16.0
MU25	25.0	20.0

3）使用范围。混凝土空心小型砌块适用于地震设计烈度为 8 及 8 以下地区的一般民用与工业建筑物的墙体。出厂时的相对含水率必须满足标准要求；施工现场堆放时，必须采取防雨措施；砌筑前不允许浇水预湿。

三、板材的应用

1. 石膏类墙板

（1）石膏空心板。

1）石膏空心板外形与生产方式类似于水泥混凝土空心板。它是以熟石膏为胶凝材料，适量加入各种轻骨料（如膨胀珍珠岩、膨胀蛭石等）和改性材料（如矿渣、粉煤灰、石灰、外加剂等），经搅拌、振动成型、抽芯模、干燥而成。其长度为 2 500 ～ 3 000 mm，宽度为 500 ～ 600 mm，厚度为 60 ～ 90 mm。石膏空心板生产时不使用纸和胶，安装墙体时不使用龙骨，设备简单，较易投产（图 2-17）。

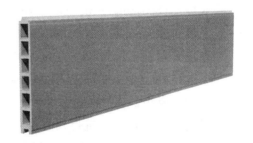

图 2-17　石膏空心板

2）石膏空心板的体积密度为 600 ～ 900 kg/m³，抗折强度为 2 ～ 3 MPa，导热系数约为 22 W/（m·K），隔声指数大于 30 dB，具有重量小、比强度高、隔热、隔声、防火、可加工性好等优点，且安装方便。其适用于各类建筑的非承重内隔墙，但若用于相对湿度大于 75% 的环境中，则板材表面应做防水等相应处理。

（2）石膏刨花板。石膏刨花板是以熟石膏为胶凝材料，木质刨花为增强材料，添加所需的辅助材料，经配合、搅拌、铺装、压制而成，具有上述石膏板材的优点，适用于非承重内隔墙和作为装饰板材的基材板。

（3）石膏纤维板。石膏纤维板是以纤维增强石膏为基材的无纸面石膏板材，常用无机纤维或有机纤维作为增强材料，与建筑石膏、缓凝剂等经打浆、铺装、脱水、成型、烘干而制成，可节省护面纸，具有质量小、高强度、耐火、隔声、韧性高的性能，可加工性好，其规格和用途与纸面石膏板相同（图2-18）。

图 2-18　石膏纤维板

（4）纸面石膏板由石膏芯材与牢固结合在一起的护面纸组成，可分为普通型、耐水型和耐火型三种。其中，以建筑石膏及适量纤维类增强材料和外加剂为芯材，与具有一定强度的护面纸组成的石膏板为普通纸面石膏板；若在芯材配料中加入防水、防潮外加剂，并用耐水护面纸，即可制成耐水纸面石膏板；若在配料中加入无机耐火纤维和阻燃剂等，即可制成耐火纸面石膏板。

纸面石膏板常用规格如下：

长度：1 800 mm、2 100 mm、2 400 mm、2 700 mm、3 000 mm、3 300 mm 和 3 600 mm；

宽度：900 mm 和 1 200 mm；

厚度：普通纸面石膏板为 9 mm、12 mm、15 mm 和 18 mm，耐水纸面石膏板为 9 mm、12 mm 和 15 mm，耐火纸面石膏板为 9 mm、12 mm、15 mm、18 mm、21 mm 和 25 mm。

纸面石膏板的体积密度为 800 ～ 950 kg/m^3，导热系数约为 0.20 W/（m·K），隔声指数为 35 ～ 50 dB，抗折载荷为 400 ～ 800 N，表面平整、尺寸稳定。其具有自重小、隔热、隔声、防火、抗震，以及可调节室内湿度、加工性好、施工简便等优点，但其用纸量较大、成本较高。

普通纸面石膏板可作室内隔墙板、复合外墙板的内壁板、顶棚等。耐水纸面石膏板可用于相对湿度较大的环境，如厕所、盥洗室等。耐火纸面石膏纸主要用于对防火要求较高的房屋建筑中。

2. 水泥类墙板

水泥类的墙用板材具有较好的力学性能和耐久性，生产技术成熟，产品质量可靠，可用于承重墙、外墙和复合墙板的外层面。其主要缺点是体积密度大，抗拉强度低（大板在起吊过程中易受损）。可用来制作预应力空心板材，以降低自重和改善隔声、隔热性能，也可制作以纤维等增强的薄型板材，还可将其制作成具有装饰效果的表面层（如花纹线条装饰、露骨料装饰、着色装饰等）放在水泥类板材上。

（1）水泥木丝板。水泥木丝板是以木材下脚料经机械刨切成均匀木丝，加入水泥、水玻璃等经成型、冷压、养护、干燥而成的薄型建筑平板。它具有自重小、强度高、防火、防水、防蛀、保温、隔毒等性能，可进行锯、钻、钉、装饰等加工，主要用于建筑物的内外墙板、顶棚、壁橱板等。

（2）水泥刨花板。水泥刨花板以水泥和木板加工的下脚料刨花为主要原料，加入适量水和化学助剂，经搅拌、成型、加压、养护而成。其性能和用途同水泥木丝板。

（3）玻璃纤维增强低碱度水泥轻质板。玻璃纤维增强低碱度水泥轻质板是以低碱水泥为胶结料，耐碱玻璃纤维或其网格布为增强材料，膨胀珍珠岩为骨料（也可用炉渣、粉煤灰等），并配以发泡剂和防水剂等，经配料、搅拌、浇筑、振动成型、脱水、养护而成。其可用于工业和民用建筑的内隔墙及复合墙体的外墙面。

（4）纤维增强低碱度水泥建筑平板。纤维增强低碱度水泥建筑平板是以低碱水泥、耐碱玻璃纤维为主要原料，加水混合成浆，经制浆、抄取、制坯、压制、蒸养而成的薄型平板。其中，掺入石棉纤维的称为 TK 板，不掺的称为 NTK 板。其重量小、强度高、防潮、防火、不易变形、可加工性（锯、钻、钉及表面装饰等）好，适用于各类建筑物的复合外墙和内隔墙，特别是高层建筑有防火、防潮要求的隔墙。

（5）轻骨料混凝土配筋板。轻骨料混凝土配筋板可用于非承重外墙板、内墙板、楼板、屋面板和阳台板等。

3．复合墙板

常用的复合墙板（图 2-19）主要由承受（或传递）外力的结构层（多为普通混凝土或金属板）、保温层（矿棉、泡沫塑料、加气混凝土等）及面层（各类具有可装饰性的轻质薄板）组成。其优点是承重材料和轻质保温材料的功能都得到合理利用，可以做到物尽其用，开拓材料来源。下面以泰柏板为例进行介绍。

图 2-19　复合墙板

泰柏板是以钢丝焊接成的三维钢丝网骨架与高热阻自熄性聚苯乙烯泡沫塑料组成的芯材板，两面喷（抹）涂水泥砂浆而成。

泰柏板的标准规格为 1 220 mm×2 440 mm，标准厚度为 100 mm。由于所用钢丝网骨架构造及夹芯层材料、厚度的差别等，该类板材有多种名称，如 GY 板（夹芯为岩棉毡）、三维板、3D 板、钢丝网节能板等，但它们的性能和基本结构均相似。

泰柏板具有质量小、强度高、隔热、隔声、防火、防潮、抗震、耐久性好、易加工、施工方便等特性，适用于制作自承重外墙、内隔墙、屋面板、3 m 跨内的楼板等。

砖的施工工艺

一、普通砖铺贴工艺

（一）技术准备

制订施工方案，了解各类烧结砖的性能与强度，根据铺装现场的实际情况进行图上放样，要注意烧结材料的边角调节问题及道路交接处的过渡问题，最终确定各种烧结砖的数量及种类与规格。

（二）主要施工机具

平铁锹、木杆、木质锤、橡胶键、手推测距仪、水平尺、钢卷尺、扫把、夯土机、夯实机等。

（三）工艺流程

工艺流程：垫层→找标高→铺设→检查灌缝→清理→成品保护→验收。

从结构类型区分，砖铺装主要受两个因素的影响，即是否有砂浆砌缝和基础层的类型。有砂浆砌缝的铺装被称为刚性铺装系统，所有的刚性铺装系统都必须配套使用刚性混凝土基础；无砂浆砌缝的铺装被称为柔性铺装系统。在柔性铺装系统中，砖块是用手工拼合在一起的，所以可以被水流渗透。柔性铺装系统可以与多种基础配套使用，而基础类型取决于寿命、稳定性和强度要求。

对于高密度交通条件下的交通设施，宜使用柔性铺装加上刚性（混凝土）基础；对于住宅区步行路面，柔性铺装加上骨料和砂建造的基础就能够满足要求；介于这两者之间的情况，一般使用半刚性（沥青混凝土）基础。四种砖铺装都必须在砖铺装层和基础层之间铺设找平层。刚性铺装不能与柔性或半刚性基础配套使用。

刚性铺装系统功能的前提是创造了防渗水的膜。其表面所有流水都由沟渠排走，或汇集到地形低洼的沼泽或盆地中。

在砂浆砌缝被破坏前，刚性系统可以很好地工作。而在砂浆砌缝被破坏之后，水会渗过面层并积存下来，其冻融变化会对整个铺装系统的整体性造成毁灭性的打击。

使用在不当地点的以及会存留积水的刚性铺装同样容易损坏。刚性路面是作为一个整体膨胀和收缩的，所以必须仔细计算相关数据并采取相应措施，以应对系统内部的胀缩变化以及和其他刚性结构的相互影响，如建筑、墙或路缘石。

柔性铺装的砖块之间没有砂浆或其他任何胶结材料，每个砖块可以单独移动，柔性铺装路面上的水流能够渗透到铺装层下面并被排走。

对于柔性铺装和不透水基础的组合，排水过程必须在地面和不透水基础层表面同时进行，从而最大限度地减少水的滞留。柔性铺装与柔性基础的组合具有独特的优点，有利于水流直接穿过整个系统汇入地下。承载车型交通的柔性铺装很容易产生位移，尤其是沿着砖块长边方向的、连续的接缝，以及沿车行方向的接缝，所以应将连续的接缝垂直于交通方向。

对于露台、园路等只需承担人行交通的铺装，接缝方向就不是主要影响因素了。脚踩产生的压力不足以引起砖块的显著位移，所以在这种情况下，影响选择的主要因素是视觉特性和美观程度。

通常，砖铺装的样式有直形、人字形、整齐排列形、芦席花形等。人字形铺装中连续接缝的长度都没有超过一块砖的长度加上一块砖的宽度，砖块互相咬合得很紧，铺装的稳定性较好；整齐排列形铺装的稳定性最差，砖块之间的咬合度也最弱，因为两个方向上都是贯通的连续接缝；而芦席花形铺装只是整齐排列形的一个变种。

在实际使用时，可以将各种样式的砖块旋转45°，这样既可以增加视觉趣味，还能避免接缝方向与交通方向平行。但是，因为要对铺装四周的砖块进行切割，会增加工作量，还浪费材料。

二、陶土烧结砖的施工工艺

开箱时，认准产品规格、尺码、色号等，将相同的产品铺贴在一起，勿将不同的产品混在一起铺贴。在铺贴前，首先在地面上试铺，并处理好砖体或地面，根据铺贴形式确定排砖方式，砖面如有花纹或方向性图案，应将产品按图示方向铺贴，以求最佳效果；将色号、尺码不同的广场砖分好类，加以标号标明，当在使用完同一色号或尺码后，才可以使用邻近的色号与尺码。

预铺时，在处理好的地面拉两根相互垂直的线，并使用水平尺校水平。

将现场清理干净，先洒适量的水以利于施工，建议将42.5级水泥与砂按1∶3的比例混合成砂浆。

烧结砖按设计规格画好线，画线时需要预留灰缝，灰缝一般以5～12 mm为宜。

铺贴应在基层凝实后进行，在铺贴过程中应用手轻轻推放，使砖底与铺贴面平衡，便于排出气泡，然后用木质锤轻敲砖面，让砖底能全面吃浆，以免产生空鼓现象；再用木槌把砖面敲至平整；同时，用水平尺测量，确保广场砖铺贴水平。

边铺贴，边勾缝，用水泥砂浆勾缝，也可根据需求加入彩色添加剂勾缝。一般间缝宽度为 6 ~ 15 mm，深度为 2 mm，坚实的基层和饱满的勾缝能让广场砖更经久耐用，避免在使用过程中脱落及破裂。

在施工过程中，及时将木糠均匀地洒在铺贴面上，用扫帚清扫，将留在砖面的水泥或其他污物抹擦干净，以免表面藏污时间过长，难以清理。

铺贴 12 h 后，应敲击砖面进行检查，若听到"咚咚"的声音，说明有空鼓，应重新铺贴。

待铺贴完成 24 h 后方可行走、擦洗。用清水混合清洁剂，彻底将广场砖清洗干净。

一般只在低温冬季的初期施工，严寒时期不能施工。气温低于 5 ℃时，如需要施工，应在砂浆中加防冻液，施工后砖面铺上草帘保温，以促进水泥的硬化。

施工注意事项如下：

在铺装过程中避免与水泥砂浆和白灰接触，一旦水泥砂浆或白灰接触到烧结砖，砖的面层被污染，则很难将污渍清洗下来，施工后无法清理。如果污染的是砖的正面，则会影响其美观，甚至使其报废。当然，被污损的砖还可以切开作补角、填缝使用。

接缝、铺砖时应确保相邻的每片砖至少留出 3 ~ 5 mm 的空隙，从而避免在压紧路面过程中或车辆行驶时将砖的边缘压碎。砖片相邻的空隙可用干燥的细砂填补，这样做一方面是为了使砖片有缓冲地紧靠在一起；另一方面是为了有效地将强度均衡分布到相邻的砖片或砖片底下的垫层基层。选用的细砂最好是符合规定的 F 级细砂，将它们散布在砖片的表面上，然后在压紧步骤开始前将细砂填入空隙里。

烧结砖作墙面使用时，适合用低碱水泥铺贴，在铺贴过程中不要使水泥污染砖面，否则会影响墙面的整体效果；勾缝采用干硬砂浆，在砂浆充分凝固前不要洒水养护，防止面层污染。

压紧陶土烧结材料时，将垫层和砖片之间的空隙填满细砂之后，路面需要用振动式压土机进行 2 ~ 3 次挤压，将路面压实。压土机的底盘面积至少为 0.2 m²，也必须使用一层氯丁橡胶层作为垫盘和地砖之间的缓冲，以 60 ~ 100 Hz 的振动频率来挤压路面；若有必要，可以再填补细砂，重复压紧路面的工作，将路面压实。

在铺设陶土烧结砖时，衔接样式和方向在视觉与性能表现上对铺贴地段有很大的影响。所以，在设计地面与墙面铺装形式时，最好先将其衔接或铺设样式拟订好，选择两种以上不同色泽的陶土烧结砖进行搭配铺设，既可以凸显设计，也能增添更多的变化。

三、广场砖的铺贴工艺

（一）广场砖的铺贴说明（以 200 mm×200 mm×30 mm 为例）

铺贴时，应根据设计要求，使产品达到自然和谐的装修效果；将水泥和砂按 1：3

的比例混合倒至厚度为 20 ～ 30 mm 的砂装底基层；铺贴时，让砖充分吸水约 15 min 后，在砖背面抹上约为 7 mm 厚的砂浆，用木质锤将砖轻敲至水平位置；砖的间隙一般宽度为 15 mm，深度为 4 ～ 8 mm；在砖背面抹上砂浆后，要求 30 s 内进行铺贴，避免铺贴后出现硬化或空鼓现象。

（二）公共部分地砖的铺贴说明（以 600 mm×600 mm×10 mm 为例）

铺贴前不用浸水，只需要用水泥砂浆均匀抹平铺贴面，再用木质锤将砖轻轻敲平整，排除气泡；铺贴时选用同一型号、尺码、色号的砖，以保证规格统一，色泽均匀；铺贴后如将砖缝的水泥勾深，则更为美观；铺贴 1 h 后，应将砖面的水泥抹干净，保证砖面的清洁、光亮；待稍干后，若在砖缝间隙填入白水泥，效果更佳。

四、台阶踏步的铺设

在室外景观环境中，对于倾斜度大的地面，以及庭园局部间存在高低差的地方，需要设置踏步，这样可以使地面产生立体感，还可以使景观两点间的距离缩短，从而缩短人们的行走路线。踏步阶梯可分为规则式阶梯和不规则式阶梯，砖砌踏步以红砖等按所需阶梯高度、宽度整齐砌成。台阶踏步的基础构造可用石块或混凝土砌成，踏步的表面需要考虑防滑性，踏步的宽度一般为 28 ～ 45 cm，踢面台阶垂直面的高度一般以 10 ～ 15 cm 为宜。

五、陶制路牙砖的铺设

牢固的路边加固层（陶制路牙砖）可以稳定路面结构与防止路面砖横向和纵向移动。加固层可以用水泥、石块、金属、坚硬的塑胶等材料做成。这个加固层除可以为设计的铺设样式作为美丽的修饰之用外，也可以作为良好的导水沟使用。

※ 小结

砖、砌块和板材都是人类社会发展过程中诞生的人造材料，相较于天然石材，具有很多相似的或不同的材料特性，在人类社会发展的各项建设活动中起着重要的作用。这些材料在其发展过程中也经历了某些不够环保甚至破坏环境的历程。但是总体上，人造材料还是朝着更加可持续利用、更环保的方向发展的。相关专业学习者和设计施工实践者应该充分了解这些材料的性能，并根据设计和施工的需要合理对它们进行选择，让它们实现价值最大化。

※ 实训

1. 实训目的

让学生实地走访调查所处城市主要的公园、广场、建材市场，统计砖、砌块和板材的应用情况，通过具体实例来识别各种常用景观砖、砌块、板材等的规格、种类、使用要求及适用范围等。

2. 实训方式

（1）城市公园和广场的调查分析。

1）学生分组：以 5 ～ 7 人为一组，自主到公园和广场进行调查分析。

2）重点调查：各种景观砖、砌块、板材的特点和应用情况。

3）调查方法：收集材料现场使用的照片。

（2）对景观硅材、砌块、板材市场的调研。

1）学生分组：以 5 ～ 7 人为一组，主动到建材市场调研。

2）重点调研：硅材、砌块、板材的种类、规格、价格。

3）调研方法：走访、记录、咨询。

3. 实训内容及要求

（1）认真完成调研日记。

（2）填写材料调研报告。

（3）写出实训小结。

※ 课后习题

一、填空题

1. 天然石材砌体的工艺有_____、_____、_____。

2. 石材墙地面拼砌图形有_____、_____、_____、_____、_____、_____。

3. 板材拼接节点（平面）的方法有_____、_____、_____、三角缝、台阶缝、平缝加凹嵌条、平缝加凸嵌条、凹缝加压条、平缝加平嵌条、错缝。

4. 板材拼接节点（转角）的方法有_____、_____、_____、圆角、大斜角、大圆角。

二、选择题

下列板材拼接节点中属于平缝加凹嵌条的是_____。

A   B   C   D

三、实操题

　　材料询价：选取当地市场没有的若干砖材、砌块材料、板材，充分学习并了解其特点后，通过网络、电话、实地走访等方式进行询价，再结合本模块开篇的案例，列出材料价格表。

【应用小贴士】　　　　【知识小课堂】

水泥砖应用的
注意事项

砖的历史

模块三 水泥、砂浆及混凝土

知识目标

1. 了解水泥、砂浆、混凝土的种类；
2. 掌握各类水泥、砂浆、混凝土的基本特性及其在景观中的应用情况；
3. 掌握水泥、砂浆、混凝土的基本施工流程及操作要点。

能力目标

1. 能够准确识别常见石材的种类；
2. 能够根据施工项目的实际情况选用适合的石材。

素质目标

1. 树立作为工程技术和管理人员应有的职业观；
2. 培养科学、严谨的工作态度；
3. 培养环保意识和开拓精神。

2023年，××生态工程职业学院启动了校园改造项目，其中涉及多项水泥砂浆拌和任务，还有一个景观雕塑小品项目涉及混凝土材料的浇筑操作。由于以上任务均涉及水泥砂浆和混凝土材料的专业知识，环境艺术设计专业兴趣小组的成员积极参与。兴趣小组对改造的区域具体环境情况进行调研，根据实地情况选取满足不同需求的水泥砂浆材料，根据景观小品设计需要配制混凝土材料并实施浇筑翻制工作。

请学生想一想：水泥、砂浆、混凝土之间有什么关系呢？是否所有的建设项目都适合使用混凝土呢？

单元一

基础知识

一、水泥基础知识

（一）水泥的种类

1. 硅酸盐水泥

由硅酸盐水泥熟料、0～5%石灰石或粒化高炉矿渣、适量石膏磨细制成的水硬性胶凝材料称为硅酸盐水泥。其可分为两种类型，即不掺加混合材料的称为Ⅰ型硅酸盐水泥，代号P·Ⅰ；在硅酸盐水泥粉磨时掺加不超过水泥重量5%的石灰石或粒化高炉矿渣混合材料的称为Ⅱ型硅酸盐水泥，代号P·Ⅱ。另有普通硅酸盐水泥，由硅酸盐水泥熟料、5%～20%的混合材料和由适量石膏磨细制成的水硬性胶凝材料，具有强度高、水化热大，抗冻性好、干缩小，耐磨性较好、抗碳化性较好、耐腐蚀性差、不耐高温的特性，代号P·O。

2. 矿渣硅酸盐水泥、火山灰质硅酸盐水泥、粉煤灰硅酸盐水泥及复合硅酸盐水泥

凡由硅酸盐水泥熟料和粒化高炉矿渣、适量石膏磨细制成的水硬性胶凝材料，称为矿渣硅酸盐水泥（简称"矿渣水泥"，Portland Blastfumace-slag Cement），代号P·S。水泥中的粒化高炉矿渣掺加量按照质量百分比计为20%～70%。矿渣硅酸盐水泥可分为混合材料掺量大于20%且不大于50%（P·S·A）的和掺量大于50%且不大于70%（P·S·B）的两种。

凡由硅酸盐水泥熟料和火山灰质混合材料、适量石膏磨细制成的水硬性胶凝材料称为火山灰质硅酸盐水泥（简称"火山灰水泥"，Portland Pozzolana Cement），代号 P·P。水泥中火山灰质混合材料掺量按质量百分比计为大于 20％且不大于 40％。

凡由硅酸盐水泥熟料和粉煤灰、适量石膏磨细制成的水硬性胶凝材料称为粉煤灰硅酸盐水泥（简称"粉煤灰水泥"，Portland Fly-ash Cement），代号 P·F。水泥中粉煤灰的掺量按质量百分比计为大于 20％且不大于 40％。

复合硅酸盐水泥（简称"复合水泥"）是由两种及两种以上混合材料共同掺入水泥中，其混合材料掺量为大于 20％且不大于 50％。

3. 白水泥

由于水泥熟料中含氧化铁和其他着色物质（如氧化锰、氧化钛等），硅酸盐水泥大多呈灰色或灰褐色，氧化铁含量为 3％～4％。白色硅酸盐水泥氧化铁的含量一般低于水泥质量的 0.5％。另外，其他有色金属氧化物，如氧化锰、氧化铝、氧化钛的含量也不同，需要控制。

白色硅酸盐水泥（White Portland Cement，白水泥）由于原料中氧化铁的含量少，生成硅酸三钙的温度要提高到 1 550 ℃左右。因此，为了保证它的白度，煅烧时应采用重油、天然气、煤气作为燃料。粉磨时不能直接采用不锈钢板和钢球，应采用白色花岗岩或高强度陶瓷衬板，用烧结瓷球等作为研磨体。因此，白水泥的生产成本较高，售价也就较高。

白水泥按照强度可分为 32.5、42.5、52.5 三个等级。白水泥的不同龄期强度应符合表 3-1 的规定。

表 3-1　白水泥强度要求

强度等级	抗压强度 /MPa		抗折强度 /MPa	
	3 d	28 d	3 d	28 d
32.5	≥ 12.0	≥ 32.5	≥ 3.0	≥ 6.0
42.5	≥ 17.0	≥ 42.5	≥ 3.5	≥ 6.5
52.5	≥ 22.0	≥ 52.5	≥ 4.0	≥ 7.0

白度是白水泥的主要技术指标之一，白度通常以与氧化镁标准版的反射率的比值（％）来表示。白水泥的白度值不低于 87。其他技术要求与普通水泥接近。

白水泥熟料与适量的石膏和耐碱矿物颜料共同磨细，可制成彩色硅酸盐水泥，（简称"彩色水泥"，Coloured Portland Cement）。常用的颜料有二氧化锰（黑色、褐色）、氧化铁（红色、黄色、褐色、黑色）、赭石（褐色）、氧化铬（绿色）和炭黑（黑色）等。可直接将颜料与白水泥粉末混合拌匀，配制彩色水泥砂浆和混凝土。

白水泥和彩色水泥具有耐久性好、价格较低和能够使装饰工程机械化等优点，主要用来制作建筑内外装饰的砂浆和混凝土，如水刷石、水磨石、人造大理岩、斩假石等。

4. 氧化镁水泥

（1）生产。碳酸镁（$MgCO_3$）一般在 400 ℃时开始分解，600 ℃～650 ℃时分解反应剧烈进行，实际煅烧温度为 750 ℃～850 ℃。其反应式如下：

$$MgCO_3 \xrightarrow{\triangle} MgO + CO_2 \uparrow$$

（2）性能。煅烧适度的菱苦土体积密度为 3.10～3.40 g/cm^3，堆积密度为 800～900 kg/m^3。

用水拌和菱苦土时，浆体凝结缓慢，生成的氢氧化镁是一种胶凝能力较差的、松散的物质，因此，浆体硬化后的强度很低。通常采用氯化镁水溶液（$MgCl_2 \cdot 6H_2O$）代替水对其进行调拌，此时的主要水化产物是氧氯化镁复盐（$xMgO \cdot yMgCl_2 \cdot zH_2O$）和氢氧化镁。用氯化镁水溶液（卤水）拌和比用水拌和时强度高、硬化快，拌和时氯化镁和菱苦土的适宜质量比为 0.50～0.60。

轻烧氧化镁的技术要求主要有有效氧化镁含量、凝结时间、体积安定性、抗折和抗压强度等。另外，对菱苦土还有细度要求。根据这些指标将氧化镁水泥分为Ⅰ级、Ⅱ级、Ⅲ级三个质量等级。其中，轻烧氧化镁水泥试件硬化 1 d 和 3 d 的强度应符合表 3-2 中的规定。

表 3-2　轻烧氧化镁水泥试件硬化 1 d 和 3 d 的强度要求

水泥级别		Ⅰ级	Ⅱ级	Ⅲ级
抗折强度≥ /MPa	1 d	5.0	4.0	3.0
	3 d	7.0	6.0	5.0
抗压强度≥ /MPa	1 d	25.0	20.0	15.0
	3 d	30.0	25.0	20.0

（二）水泥的构成

硅酸盐水泥的原材料主要是石灰质原料和黏土质原料。石灰质原料主要提供 CaO，可以采用石灰石、石灰质凝灰岩和泥灰岩等。黏土质原料主要提供 SiO_2、Al_2O_3 及少量的 Fe_2O_3，当 Fe_2O_3 不能满足配合料的成分要求时，需要使用校正原料（铁粉或铁矿石）来提供。有时也需要使用硅质校正原料（如砂岩、粉砂岩等）补充 SiO_2。

硅酸盐水泥是以几种原材料按一定比例混合后磨细制成生料，然后将生料送入回转窑或立窑煅烧，煅烧后得到以硅酸钙为主要成分的水泥熟料，再与适量石膏一起磨细，最后得到硅酸盐水泥成品。概括地讲，硅酸盐水泥的主要生产工艺过程分为"两磨"（磨细生料、磨细水泥）和"一烧"（生料煅烧成熟料）。

硅酸盐水泥的生产工艺流程如图 3-1 所示。

图 3-1　硅酸盐水泥生产的工艺流程

　　煅烧是水泥生产的主要过程，生料要经历干燥（100 ℃～200 ℃）、预热（300 ℃～500 ℃）、分解（500 ℃～900 ℃黏土脱水分解成为 SiO_2 和 Al_2O_3，后期石灰石分解为 CaO 和 CO_2）、烧成（1 000 ℃～1 200 ℃生成铝酸三钙、铁铝酸四钙和硅酸二钙，1 300 ℃～1 450 ℃生成硅酸三钙）和冷却五个阶段。

　　水泥熟料中的主要矿物成分为硅酸三钙（$3CaO \cdot SiO_2$，简写式为 C_3S）、硅酸二钙（$2CaO \cdot SiO_2$，简写式为 C_2S）、铝酸三钙（$3CaO \cdot Al_2O_3$，简写式为 C_3A）和铁铝酸四钙（$4CaO \cdot Al_2O_3 \cdot Fe_2O_3$，简写式为 C_4AF），以及少量有害的游离氧化钙（CaO）、氧化镁（MgO）、氧化钾（K_2O）、氧化钠（Na_2O）与三氧化硫（SO_3）等成分。

　　不同矿物成分具有不同的性质，硅酸盐水泥熟料中主要矿物成分的特性见表 3-3。

表 3-3　硅酸盐水泥熟料中主要矿物成分的特性

矿物组成	$3CaO \cdot SiO_2$（C_3S）	$2CaO \cdot SiO_2$（C_2S）	$3CaO \cdot Al_2O_3$（C_3A）	$4CaO \cdot Al_2O_3 \cdot Fe_2O_3$（$C_4AF$）
水化速度	快	慢	最快	快
水化热	多	少	最多	中
抗压强度	高	早期低，后期高	低	低
收缩	中	中	大	小
耐硫酸盐腐蚀性	中	最好	差	好
含量范围 /%	37～60	15～37	7～15	10～18

　　水泥熟料中各种矿物成分的相对含量发生变化时，水泥的性质也随之改变，由此便可以生产出不同性质的水泥。例如，提高 C_3S 的含量，可制成高强度水泥；提高 C_3S 和 C_3A 的总含量，可制成快硬早强水泥；降低 C_3A 和 C_3S 的含量，则可制成低水化热的水泥（如中热水泥等）。

（三）水泥的性质

1. 体积安定性

　　（1）水泥体积安定性是指水泥在凝结硬化过程中体积的变化是否均匀的性质。如果水泥在硬化过程中产生不均匀的体积变化，说明体积安定性不良。使用体积安定性不良的水泥，水泥制品表面将鼓包、起层、产生膨胀性的龟裂等，使强度降低，甚至可能引发严重的工程质量事故。

　　（2）水泥体积安定性不良是由熟料中含有过多的游离氧化钙、游离氧化镁或掺入的石膏过量等因素造成的。

（3）熟料中所含的游离 CaO 和 MgO 均属于过烧，水化速度很慢，在已硬化的水泥石中继续与水反应，体积膨胀，引起不均匀的体积变化，在水泥石中产生膨胀应力，降低了水泥石强度，造成水泥石龟裂、弯曲、崩溃等现象。其反应式如下：

$$CaO + H_2O \Longrightarrow Ca(OH)_2$$

$$MgO + H_2O \Longrightarrow Mg(OH)_2$$

（4）若水泥生产中掺入的石膏过多，在水泥硬化以后，石膏还会继续与水化铝酸钙反应，生成水化硫铝酸钙，体积约增大 1.5 倍，同样会引起水泥石开裂。

（5）用沸煮法来检验水泥的体积安定性。测试方法为雷氏法，也可以用试饼法检验。当发生争议时，以雷氏法为准。试饼法是将标准稠度的水泥净浆做成试饼，经恒沸 3 h 以后，用肉眼观察未发现裂纹，用直尺检查没有弯曲，则体积安定性合格；反之，为不合格。雷氏法是通过测定雷氏夹中的水泥浆经沸煮 3 h 后的膨胀值来判断的，当两个试件沸煮后的膨胀值的平均值不大于 5.0 mm 时，该水泥体积安定性合格；反之，为不合格。沸煮法起加速氧化钙水化的作用，所以只能检验由于游离 CaO 过多而引起的水泥体积安定性不良。

（6）游离 MgO 的水化作用比游离 CaO 的更加缓慢，必须采用压蒸方法才能检验出它是否有危害作用。

（7）石膏的危害则需要长期浸在常温水中才能发现，因为 MgO 和石膏的危害作用不便于快速检验。水泥出厂时，硅酸盐水泥中 MgO 的含量不得超过 5.0%，如经压蒸法检验体积安定性合格，允许放宽到 6.0%。硅酸盐水泥中 SO_2 的含量不得超过 3.5%。体积安定性不合格的水泥不得在工程中使用。但某些体积安定性不良的水泥在放置一段时间后，由于其中的游离 CaO 吸收空气中的水分而水化，会变得合格。

2. 强度

（1）水泥的强度主要取决于水泥熟料矿物组成和相对含量及水泥的细度，而且，还与用水量、试验方法、养护条件、养护时间有关。

（2）水泥强度一般是指水泥胶砂试件单位面积上所能承受的最大外力，根据外力作用方式的不同，将水泥的强度分为抗压强度、抗折强度、抗拉强度等，这些强度之间既有内在的联系，又有很大的区别。水泥的抗压强度最高，一般是抗拉强度的 8 ~ 20 倍，实际建筑结构中主要是利用水泥的抗压强度。

（3）《水泥胶砂强度检验方法（ISO 法）》（GB/T 17671—2021）中规定：水泥的强度用胶砂试件检验。按质量计的一份水泥、三份中国 ISO 标准砂，用 0.5 的水灰比，以规定的方法搅拌制成标准试件（规格为 40 mm×40 mm×160 mm），在标准条件 [（20±1）℃的水中] 下养护 3 d 和 28 d，再测定两个龄期的抗折强度和抗压强度。根据测定结果，可将硅酸盐水泥分为 42.5、42.5R、52.5、52.5R、62.5、62.5R 六个强度等级，其中带 R 的为早强型水泥。各强度等级的硅酸盐水泥各龄期的强度应符合表 3-4 的规定。

表 3-4　各强度等级的硅酸盐水泥各龄期的强度　　　　　　　　　MPa

强度等级	抗压强度		抗折强度	
	3 d	28 d	3 d	28 d
42.5	≥ 17.0	≥ 42.5	≥ 3.5	≥ 6.5
42.5R	≥ 22.0		≥ 4.0	
52.5	≥ 23.0	≥ 52.5	≥ 4.0	≥ 7.0
52.5R	≥ 27.0		≥ 5.0	
62.5	≥ 28.0	≥ 62.5	≥ 5.0	≥ 8.0
62.5R	≥ 32.0		≥ 5.5	

3．凝结时间

（1）水泥的凝结时间可分为初凝时间和终凝时间。初凝时间是指从水泥加水拌和起到水泥浆开始失去塑性所需的时间；终凝时间是指从水泥加水拌和时起到水泥浆完全失去可塑性，并开始具有强度（但还没有强度）的时间。

（2）水泥初凝时，凝聚结构形成，水泥浆开始失去塑性，若在水泥初凝后还进行施工，不但由于水泥浆体塑性降低不利于施工成型，还将影响水泥内部结构的形成，降低强度。所以，为使混凝土和砂浆有足够的时间进行搅拌、运输、浇筑、振捣、成型或砌筑，水泥的初凝时间不能太短；当施工结束以后，则要求混凝土尽快硬化，并具有强度，因此水泥的终凝时间不能太长。

（3）水泥凝结时间是以标准稠度的水泥净浆，在规定的温度和湿度条件下，用凝结时间测定仪来测定的。

（4）《通用硅酸盐水泥》（GB 175—2007）中规定：硅酸盐水泥的初凝时间不小于45 min，终凝时间不大于 390 min。

4．细度

（1）细度是指粉体材料的粗细程度。通常用筛分析的方法或比表面积的方法来测定。筛分析法以 8 μm 方孔筛的筛余率表示，比表面积法以 1 kg 质量材料所具有的总表面积（m²/kg）来表示。

（2）一般认为，粒径小于 4 μm 水泥颗粒才具有较高的活性，当粒径大于 100 μm 时，则几乎接近惰性。水泥颗粒越细，其比表面积越大，与水的接触面越多，水化反应进行得越快、越充分，凝结硬化越快，早期强度越高；成本也较高，因易吸收空气中水分而受潮，不利于储存；特别是在空气中硬化收缩性加大，降低了水泥制品的抗裂性能。现行铁路标准规定硅酸盐水泥、普通硅酸盐水泥比表面积应为 300 ～ 350 m²/kg，超出范围则不合格。《通用硅酸盐水泥》（GB 175—2007）中规定：硅酸盐水泥的比表面积应不小于 300 m²/kg。

5．其他性质

（1）水化热。水泥的水化是放热反应，这个过程放出的热量称为水化热。水泥的放热过程可以持续很长时间，但大部分热量是在早期放出，放热对混凝土结构影响最大的时间也是在早期，特别是在最初的 3 ～ 7 d。硅酸盐水泥水化热很大，当用硅酸盐水泥来浇筑大型基础、桥梁墩台、水利工程等大体积混凝土构筑物时，由于混凝土本身是热的不良导体，水化热积存在混凝土内部不易发散，使混凝土内部温度急剧上升，内外温差可为 50 ℃～ 60 ℃，从而产生很大的温度应力，导致混凝土开裂，严重影响了混凝土结构的完整性和耐久性。

大体积混凝土中一般要严格控制水泥的水化热，有时还应对混凝土结构物采用相应的温控施工措施，如原材料降温，使用冰水、埋冷凝水管、测温和特殊的养护等。

水化热和放热速率与水泥矿物成分及水泥细度有关。各熟料矿物在不同龄期放出的水化热可参见表 3-5。由表 3-5 可以看出，C_3A 和 C_3S 的水化热最大，放热速度也快；C_4AF 水化热中等；C_2S 水化热最小，放热速度也最慢。由于硅酸盐水泥的水化热很大，因此不能用在大体积混凝土中。

表 3-5　各主要矿物成分不同龄期放出的水化热　　　　　　　　　　　J·g⁻¹

矿物名称	凝结硬化时间					完全水化
	3 d	7 d	28 d	90 d	180 d	
C_3S	406	460	485	519	565	669
C_2S	63	105	167	184	209	331
C_3A	590	661	874	929	1 025	1 063
C_4AF	92	251	377	414	—	569

（2）标准稠度用水量。在测定水泥的凝结时间、体积安定性等时，为避免出现误差并使结果具有可比性，必须在规定的水泥标准稠度下进行试验。所谓标准稠度，是采用按规定的方法拌制的水泥净浆，在水泥标准稠度测定仪上，当标准试杆沉入净浆并能稳定在距底板（6±1）mm 时，其拌和用水量为水泥的标准稠度用水量，按照此时水与水泥质量的百分比计。

水泥的标准稠度用水量主要与水泥的细度及其矿物成分等有关。硅酸盐水泥的标准稠度用水量一般为 21%～ 28%。

（3）碱含量。硅酸盐水泥除含有主要矿物成分外，还含有少量 Na_2O、K_2O 等。水泥中的碱含量按 $Na_2O+0.658K_2O$ 的计算值来表示。当用于混凝土中的水泥碱含量过高，同时骨料具有一定的碱活性时，会发生有害的碱 – 骨料反应。因此，《通用硅酸盐水泥》（GB 175—2007）中规定：若使用活性骨料，用户要求提供低碱水泥时，水泥中碱含量不得大于 0.60%，或由供需双方商定。

《通用硅酸盐水泥》（GB 175—2007）中规定：通用性水泥的化学指标、凝结时间、体积安定性、强度均合格，则为合格品，其中任意一项不合格的则为不合格品。

（4）不溶物和烧失量。不溶物是指水泥经酸和碱处理后，不能被溶解的残余物。它是水泥中非活性组分，主要由生料、混合材料和石膏中的杂质生成。《通用硅酸盐水泥》（GB 175—2007）中规定：Ⅰ型硅酸盐水泥中的不溶物不得超过 0.75%，Ⅱ型硅酸盐水泥不得大于 1.50%。

烧失量是指水泥经高温灼烧以后的质量损失率。Ⅰ型硅酸盐水泥中的烧失量不得大于 3.0%，Ⅱ型硅酸盐水泥不得大于 3.5%。

（四）硅酸盐水泥的水化、凝结与硬化及影响因素

1. 硅酸盐水泥的水化

当水泥颗粒与水接触后，其表面的熟料矿物成分开始发生水化反应，生成水化产物并放出一定热量。

（1）硅酸三钙（C_3S）。在常温下，C_3S 水化反应大致可用下列方程式表示：

$$2（3CaO \cdot SiO_2）+6H_2O = 3CaO \cdot 2SiO_2 \cdot 3H_2O+3Ca（OH）_2$$

产物水化硅酸钙（$3CaO \cdot 2SiO_2 \cdot 3H_2O$）中 CaO/SiO_2（称为钙硅比）的真实比例和结合水量与水化条件及水化龄期等有关。水化硅酸钙几乎不溶于水，而以胶体微粒析出，并逐渐凝聚成为凝胶，通常将这些成分不固定的水化硅酸钙称为 C—S—H 凝胶。C—S—H 凝胶体积很小，具有巨大的内比表面积，凝胶粒子之间存在范德华力和化学结合键，由它构成的网状结构具有很高的强度，所以，硅酸盐水泥的强度主要是由 C—S—H 凝胶提供的。水化生成的 $Ca（OH）_2$ 在溶液中的浓度很快便达到过饱和状态，以六方晶体的形式析出。$Ca（OH）_2$ 的强度、耐水性和耐久性都很差。

（2）硅酸二钙（C_2S）。C_2S 水化反应速度慢，放热量小，虽然水化产物与硅酸三钙相同，但数量不同，因此 C_2S 早期强度低，后期强度高。其水化反应方程式为

$$2（2CaO \cdot SiO_2）+4H_2O = 3CaO \cdot 2SiO_2 \cdot 3H_2O+Ca（OH）_2$$

（3）铝酸三钙（C_3A）。C_3A 水化反应迅速，放热量很大，生成水化铝酸三钙。其水化反应方程式为

$$3CaO \cdot Al_2O_3+6H_2O = 3CaO \cdot Al_2O_3 \cdot 6H_2O$$

水化铝酸三钙为立方晶体。当液相中氢氧化钙浓度达到饱和时，铝酸三钙还会发生如下水化反应：

$$3CaO \cdot Al_2O_3+Ca（OH）_2+12H_2O = 4CaO \cdot Al_2O_3 \cdot 13H_2O$$

水化铝酸四钙为六方片状晶体。当氢氧化钙浓度达到饱和时，其数量迅速增加，使得水泥浆体加水后迅速凝结，来不及施工。

在硅酸盐水泥生产中，通常加入浓度为 2%～3% 的石膏，来调节水泥的凝结时间。

水泥中的石膏迅速溶解，与水化铝酸三钙发生反应，生成针状晶体的高硫型水化硫铝酸钙（$3CaO \cdot Al_2O_3 \cdot 3CaSO_4 \cdot 31H_2O$，又称"钙矾石"），沉积在水泥颗粒表面，形成了保护膜，延缓了水泥的凝结时间。

当石膏耗尽时，铝酸三钙还会与钙矾石反应，生成单硫型水化硫铝酸钙（$3CaO \cdot Al_2O_3 \cdot CaSO_4 \cdot 12H_2O$）。

（4）铁铝酸四钙。C_4AF 与水反应，生成立方晶体状的水化铝酸三钙和胶体状的水

化铁酸一钙。

$$4CaO \cdot Al_2O_3 \cdot Fe_2O_3 + 7H_2O = 3CaO \cdot Al_2O_3 \cdot 6H_2O + CaO \cdot Fe_2O_3 \cdot H_2O$$

在有氢氧化钙或石膏存在时，C_4AF 将进一步水化生成水化铝酸钙和水化铁酸钙的固溶体或水化硫铝酸钙和水化硫铁酸钙的固溶体。

（5）石膏。硅酸盐水泥熟料加水拌和，由于铝酸三钙迅速水化，使水泥浆速凝，导致施工无法正常进行。在水泥生产中，加入适量石膏作为调凝剂，使水泥浆凝结时间满足施工要求。石膏参与的水化反应如下：

$$3CaO \cdot Al_2O_3 \cdot 6H_2O + 3(CaSO_4 \cdot 2H_2O) + 19H_2O =$$
$$3CaO \cdot Al_2O_3 \cdot 3CaSO_4 \cdot 31H_2O$$

高硫型水化硫铝酸钙晶体（钙矾石）

石膏消耗完后，进一步发生下列反应：

$$3CaO \cdot Al_2O_3 \cdot 3CaSO_4 \cdot 31H_2O + 2(3CaO \cdot Al_2O_3 \cdot 6H_2O) + H_2O \longrightarrow$$
$$3(3CaO \cdot Al_2O_3 \cdot CaSO_4 \cdot 12H_2O)$$

低硫型水化硫铝酸钙晶体

高硫型水化硫铝酸钙是难溶于水的针状晶体，它沉淀在熟料颗粒的周围，阻碍了水分的渗入，对水泥凝结起延缓作用。水化物中 CaO 与酸性氧化物（如 SiO_2 或 Al_2O_3）的比值称为碱度。一般情况下，硅酸盐水泥水化产生的水化物为高碱性水化物。如果忽略一些次要的和少量的成分，硅酸盐水泥与水作用后，生成的主要水化产物是水化硅酸钙和水化铁酸钙凝胶、氢氧化钙、水化铝酸钙和水化硫铝酸钙晶体。在完全水化的水泥石中，水化硅酸钙约占 50%，氢氧化钙约占 25%。

2. 硅酸盐水泥的凝结与硬化

硅酸盐水泥的凝结与硬化过程，按照水化放热曲线（或水化反应速度）和水泥浆体结构的变化特征分为以下四个阶段：

（1）初始反应期。

1）硅酸盐水泥加水拌和后，水泥颗粒分散于水中，形成水泥浆，水泥颗粒表面的熟料，特别是 C_3A 迅速水化，在石膏条件下形成钙矾石，并伴随有显著的放热现象，此为水化初始反应期，用时只有 5 ～ 10 min。

2）水化产物不是很多，它们相互之间的引力比较小，因此水泥浆体具有可塑性。

3）由于各种水化产物的溶解度很小，不断沉淀析出，导致初始阶段水化速度很快，来不及扩散，在水泥颗粒周围析出胶体和晶体（水化硫铝酸钙、水化硅酸钙和氢氧化钙等），逐渐围绕水泥颗粒形成水化物膜层。

（2）潜伏期。在此期间，水泥颗粒的水化不断进行，使包裹水泥颗粒表面的水化物膜层逐渐增厚。膜层的存在减缓了外部水分向内渗入和水化产物向外扩散的速度，因此减缓了水泥的水化，使水化反应和放热速度降低。

此段时间水化产物不多，水泥颗粒仍是分散的，水泥的流动性基本不变。这段时间一般为 30 ～ 60 min。

（3）凝结期。

1）从硅酸盐水泥的水化放热曲线看，放热速度加快，经过一定的时间后，达到最大放热峰值。膜层破裂后，周围饱和程度较低的溶液与尚未水化的水泥颗粒内核接触；再次使反应速度加快，直至形成新的膜层。

2）水泥凝胶体膜层的向外增厚及随后的破裂、扩展，使水泥颗粒之间原来被水所占的空隙逐渐减小，而包有凝胶体的颗粒，则通过凝胶体的扩展而逐渐接近，以至在某些点相接触，并以分子键相连接，构成比较疏松的空间网状的凝聚结构。有外界扰动时（如振动），凝聚结构破坏，撤去外界扰动，结构又能够恢复，这种性质称为水泥的触变性。触变性随水泥的凝聚结构的发展将丧失。凝聚结构的形成使水泥开始失去塑性，此时为水泥的初凝。初凝时间一般为 1～3 h。

3）随着水化的进行和凝聚结构的发展，固态的水化物不断增加，颗粒间的空间逐渐减小，水化物之间相互接触点数量增加，形成结晶体和凝胶体互相贯穿的凝聚–结晶结构，使水泥完全失去塑性；同时，这又是强度开始发展的起点，此时为水泥的终凝。终凝时间一般为 3～6 h。

（4）硬化期。

1）随着水化的不断进行，水泥颗粒之间的空隙逐渐缩小为毛细孔，由于水泥内核的水化，水化产物的数量逐渐增多，并向外扩展，填充在毛细孔中，凝胶体间的空隙越来越小，浆体进入硬化阶段而逐渐产生强度。在适宜的温度和湿度条件下，水泥强度可以持续增大（6 h 至若干年）。

2）水泥颗粒的水化和凝结硬化是从水泥颗粒表面开始的，随着水化的进行，水泥颗粒内部的水化越来越困难，经过长时间水化后（几年甚至几十年），多数水泥颗粒仍剩余尚未水化的内核。所以，硬化后的水泥石结构是由水泥凝胶体（胶体与晶体）、未水化的水泥内核及孔隙组成的，它们在不同时期发生的相对数量变化决定了水泥石的性质。

3）水泥石强度发展的规律是：3～7 d 内强度提升速度最快，28 d 内强度提升速度较快，超过 28 d 后，强度将继续发展，但速度非常缓慢。因此，一般将 3 d 和 28 d 作为其强度等级评定的标准龄期。

3. 影响水泥水化、凝结与硬化的因素

影响水泥水化、凝结与硬化的直接因素是矿物组成。另外，水泥的水化、凝结与硬化还与水泥的细度、拌和用水量、养护条件和养护龄期等有关。

（1）水泥细度。水泥颗粒的粗细直接影响到水泥的水化、凝结与硬化。由于水化是从水泥颗粒表面开始，逐渐深入到内部的，水泥颗粒越细，与水的接触表面积就越大，整体水化反应速度越快，凝结与硬化速度也越快。

（2）用水量。为使水泥制品能够成型，水泥浆体应具有一定的塑性和流动性，所加入的水一般要远远超过水化的理论需水量。多余的水在水泥石中形成较多的毛细孔和缺陷，影响水泥的凝结速度与硬化程度，以及水泥石强度。

（3）养护条件。保持适宜的环境温度和湿度，促使水泥性能发展的措施，称为养护。提高环境温度，可以促进水泥水化，加速其凝结与硬化，早期强度发展得比较快；但温度太高（超过400 ℃），将对后期强度产生不利的影响。当温度降低时，水化反应减慢，当日平均温度低于5 ℃时，水泥硬化速度严重降低，必须按照冬期施工条件进行蓄热养护，才能保证水泥制品强度的正常发展。当水泥结冰时，水化停止，而且由于体积膨胀，还会破坏水泥制品的结构。

潮湿环境下的水泥能够保持足够的水分进行水化、凝结和硬化，使强度不断提高。环境干燥时，水分将很快地蒸发，水泥浆体中缺乏水泥水化所需要的水分，水化不能正常进行，强度也不能正常发展。同时，如果水泥制品失水过快，可能导致其出现收缩裂缝。

（4）养护龄期。水泥的水化、凝结与硬化在一个较长时间内是一个不断进行。水泥早期水化速度快，强度发展也比较快，之后便会逐渐减慢。

（5）其他因素。能使水泥的某些性质发生显著改变的添加剂称为水泥的外加剂。其中一些外加剂能显著改变水泥的凝结与硬化性能，如缓凝剂可延缓水泥的凝结时间，速凝剂可加速水泥的凝结，早强剂可提高水泥混凝土的早期强度。一般来说，混合材料的加入使水泥的早期强度降低，但会使后期强度提高，使凝结时间稍微延长。不同品种水泥的强度发展速度不同。

二、砂浆基础知识

砌筑砂浆的技术性质如下。

（1）和易性。新拌砂浆应具有良好的和易性，砂浆的和易性包括流动性和保水性两个方面的含义。流动性是指砂浆在自重或外力作用下产生流动的性质，也称为稠度。新拌砂浆保持内部水分不泌出流失的能力称为保水性。

（2）强度和强度等级。砂浆以抗压强度作为其强度指标。标准试件规格为70.7 mm×70.7 mm×70.7 mm，每组6块，标准养护28 d，测定其抗压强度平均值（MPa）。砌筑砂浆按抗压强度划分为M20、M15、M10、M7.5、M5.0、M2.5六个强度等级。砌筑砂浆的强度等级应根据工程类别及不同砌体部位选择。在一般建筑工程中，办公室、教学楼及多层商店等工程宜用强度等级为M5.0 ～ M10的砂浆；食堂、仓库、地下室及工业厂房等多使用强度等级为M2.5 ～ M10的砂浆；检查井、雨水井、化粪池等可用M5.0的砂浆；特别重要的砌体才使用强度等级为M10以上的砂浆。

（3）粘结力。为保证砌体的强度、耐久性及抗震性等，要求砂浆与基层材料之间有足够的粘结力。一般情况下，砂浆抗压强度越高，它与基层的粘结力也越强。同时，在粗糙、洁净、湿润的基面上，砂浆的粘结力比较强。

（一）混凝土的概念

混凝土简称"砼"，是由胶凝材料将骨料胶结成整体的工程复合材料的统称，是当代最主要的土木工程材料之一。通常所讲的混凝土指的是用水泥作为胶凝材料。常见的水泥混凝土（又称"普通混凝土"）是由水泥、砂子、石子和水按比例混合且经过均匀搅拌后浇筑在预先预制好的模板里凝结形成的人造材料。混凝土中的砂石起到骨架支承作用，统称为骨料。水泥和水构成泥浆，将骨料颗粒包裹住，并填充骨料之间的空隙，在水泥被水激活后，开始将各种成分胶合在一起形成均匀的、整体的聚合体，即有一定硬度的混凝土整体（图3-2）。

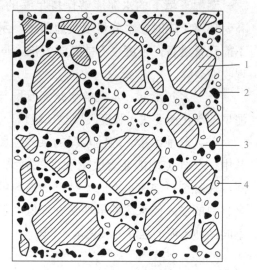

图3-2　混凝土的成分
1—石子；2—砂子；3—水泥浆；4—气孔

"混凝土"一词来源于拉丁文中的"concretus"，意为集中的、浓缩的。早在数千年前，我国和埃及就已经用石灰与砂配制成砂浆来建造房屋了。后来，罗马人又用石灰、砂及石子配制成混凝土。1824年，约瑟夫·阿斯谱丁发明波特兰水泥后便有了现代意义上的混凝土。1830年水泥混凝土问世，1850年钢筋混凝土诞生，这是混凝土技术的第一次革命；1928年预应力钢筋混凝土出现，代表了混凝土技术的第二次革命；1965年左右，混凝土中有了外加剂，如减水剂，显著提高了其工作性，引发了混凝土技术的第三次革命。目前，混凝土技术正向超高强、轻质、高耐久性、多功能和智能化的方向发展。

（二）混凝土的分类

1. 按表观密度分类

（1）重混凝土。重混凝土是指表观密度为2 900 kg/m³以上的混凝土，通常采用大密度的骨料制成，因为有重晶石和铁矿石等骨料，所以重混凝土具有阻挡X射线、γ射线的功能，就是人们常说的防辐射混凝土，它广泛应用于核工业的屏蔽结构上。

（2）普通混凝土。普通混凝土指的是表观密度为2 004～2 840 kg/m³，以水泥为胶凝材料，采用天然的普通砂石作为骨料配制而成的混凝土。普通混凝土是建筑工程中应用最广、用量最大的混凝土材料，主要用作各种建筑的承重结构。

（3）轻混凝土。轻混凝土指的是表观密度小于2 000 kg/m³的混凝土。按组成材料，其可分为轻骨料混凝土、多孔混凝土、大孔混凝土三类；按用途可分为结构用、保温用和结构兼保温用三种。

2. 按胶凝材料分类

混凝土按所用胶凝材料的不同可分为水泥混凝土、石膏混凝土、聚合物混凝土、聚合物水泥混凝土、水玻璃混凝土、沥青混凝土和硅酸盐混凝土几种。

3. 按用途分类

混凝土按用途可分为结构混凝土、防水混凝土、装饰混凝土、耐热混凝土、耐酸混凝土、防辐射混凝土、大体积混凝土、膨胀混凝土、道路混凝土和水下不分散混凝土等多种。

4. 按生产工艺和施工方法分类

混凝土按生产工艺和施工方法可分为泵送混凝土、喷射混凝土、压力灌浆混凝土、离心混凝土、真空脱水混凝土、碾压混凝土、挤压混凝土等。按配筋方式可分为素（即无筋）混凝土、钢筋混凝土、钢丝网混凝土、纤维混凝土、预应力混凝土等。

5. 按掺合料分类

混凝土按掺合料可分为粉煤灰混凝土、硅灰混凝土、碱矿混凝土和纤维混凝土等多种。

6. 按抗压强度高低分类

混凝土按抗压强度（f_{cu}）可分为低强度混凝土（$f_{cu} < 30\,MPa$）、中强度混凝土（$f_{cu} = 30 \sim 60\,MPa$）、高强度混凝土（$f_{cu} = 60 \sim 100\,MPa$）和超高强度混凝土（$f_{cu} \geqslant 100\,MPa$）等。

7. 按每立方米中的水泥用量分类

混凝土按每立方米中的水泥用量（C）可分为贫混凝土（$C \leqslant 170\,kg$）和富混凝土（$C \geqslant 230\,kg$）。

（三）混凝土的性质

由于混凝土材料具有特殊性，其性能包括两个部分：一是混凝土硬化之前的性能，即和易性；二是混凝土硬化后的性能，包括强度、变形性和耐久性等。

混凝土的和易性又称工作性，是指混凝土拌合物在一定的施工条件下，便于各种施工工序（拌和、运输、浇筑、振捣）的操作，以保证获得均匀密实的混凝土的性能。和易性是一项综合技术指标，反映出混凝土拌合物易于流动但组分间又不分离的一种特性，包括流动性（稠度）、黏聚性和保水性三个主要方面。

混凝土强度是混凝土硬化后的主要力学性能，反映出混凝土抵抗载荷的量化能力。混凝土强度包括抗压强度、抗拉强度、抗剪强度、抗弯强度及握裹强度，其中以抗压强度最大，抗拉强度最小。

混凝土的变形性能是指混凝土在硬化和使用过程中，由于受到物理、化学和力学等因素的作用，发生各种变形的性能。由物理、化学因素引起的变形称为非载荷作用下的变形，包括化学收缩、干湿变形、碳化收缩及温度变形等；由载荷作用引起的变形称为在载荷作用下的变形，其包括在短期载荷作用下的变形及在长期载荷作用下的变形。

混凝土的耐久性是指混凝土在实际使用条件下抵抗各种破坏因素的作用，长期保持强度和外观完整性的能力，包括混凝土的抗冻性、抗渗性、耐腐蚀性及抗碳化能力等。

单元二

水泥、砂浆、混凝土的应用

一、水泥的应用

（一）硅酸盐水泥的特性与应用

（1）硅酸盐水泥凝结正常，硬化快，早期强度与后期强度均高，适用于重要结构的高强度混凝土和预应力混凝土工程。

（2）耐腐蚀性差。硅酸盐水泥水化产物中，$Ca(OH)_2$ 的含量较多，耐软水腐蚀和耐化学腐蚀性较差，不适用于受流动的或有水压的软水作用的工程，也不适用于受海水及其他腐蚀介质作用的工程。

（3）耐热性差。硅酸盐水泥石受热为 200 ℃～300 ℃时，水化物开始脱水，强度开始下降；当温度为 500 ℃～600 ℃时，$Ca(OH)_2$ 便会分解，强度明显下降；当温度为 700 ℃～1 000 ℃时，强度降低更多，甚至完全破坏。因此，硅酸盐水泥不适用于耐热要求较高的工程。

（4）抗碳化性好，干缩小。水泥中的 $Ca(OH)_2$ 与空气中的 CO_2 发生的反应称为碳化。由于水泥石中 $Ca(OH)_2$ 的含量多，抗碳化性好，用硅酸盐水泥配制的混凝土对钢筋避免生锈的保护作用强。硅酸盐水泥的干缩小，不易产生干缩裂纹，适用于干燥环境。

（5）水化过程放热量大。不宜用于大体积混凝土工程。

（6）耐冻性、耐磨性好。适用于冬期施工及严寒地区遭受反复冻融的工程。

（二）建设工程中的应用

（1）硅酸盐水泥、普通水泥、矿渣水泥、火山灰水泥、粉煤灰水泥和复合水泥的应用见表 3-6。

表3-6 硅酸盐水泥、普通水泥、矿渣水泥、火山灰水泥、粉煤灰水泥和复合水泥的应用

项目		硅酸盐水泥	普通水泥	矿渣水泥	火山灰水泥	粉煤灰水泥	复合水泥
主要成分		硅酸盐水泥熟料，0%～5%混合材料，适量石膏	硅酸盐水泥熟料，>5%且≤20%混合材料，适量石膏	硅酸盐水泥熟料，20%～70%粒化高炉矿渣，适量石膏	硅酸盐水泥熟料，>20%且≤40%火山灰质混合材料，适量石膏	硅酸盐水泥熟料，>20%且≤40%粉煤灰，适量石膏	硅酸盐水泥熟料，>20%且≤50%两种及两种以上混合材料，适量石膏
性质		早期强度较高；耐冻性、耐磨性好；水化热较大；抗碳化能力强；耐热性较差；耐腐蚀及耐水性较差；干缩性小	早期强度较高；耐冻性好；水化热较大；抗碳化较好；耐热性较差；耐腐蚀及耐水性较差；干缩性较小	水化热小；对温度敏感，适合蒸汽养护；耐腐蚀性好；抗碳化性差；早期强度低，后期强度高；抗冻性较差；泌水性大、抗渗性差；耐热性较好；干缩性大	保水性好、抗渗性好；干缩大；耐磨性差	干缩小、抗裂性好；耐磨性差	与混合材料的品种及掺量有关
应用	优先使用	早期强度要求高的混凝土，有耐磨要求的混凝土，严寒地区反复遭受冻融作用的混凝土，对抗碳化性能要求高的混凝土，掺混合材料的混凝土		水下混凝土、海港混凝土，大体积混凝土，对耐腐蚀性要求较高的混凝土，在高温下养护的混凝土			
	可宜使用（高强度混凝土）	高强度混凝土		有耐热要求的混凝土	有抗渗要求的混凝土		
	可宜使用（一般工程）	普通气候环境及干燥环境中的混凝土，有耐磨要求的混凝土，受干湿循环作用的混凝土	高强度混凝土，水下混凝土，高温养护混凝土，耐热混凝土；当就地取材困难时，是多数工程最后的备选水泥	普通气候环境中的混凝土		普通气候环境中的混凝土	
	不或不宜使用	大体积混凝土	易受腐蚀的混凝土	掺混合材料的混凝土，低温或冬期施工的混凝土，对抗碳化要求高的混凝土	早期强度要求高的混凝土，抗冻性要求高的混凝土，对抗渗性要求高的混凝土	干燥环境中的混凝土，有耐磨要求的混凝土	—
		耐热混凝土，高温养护混凝土	—				—

（2）氧化镁水泥的应用。氧化镁水泥与木材及其他植物纤维有较强的粘结力，而且碱性较弱，不会腐蚀分解纤维。建筑工程中常用其制作菱苦土木丝板、木屑地面和木屑板等代替木材。菱苦土板材可用于室内隔墙、地面、顶棚、内墙，还可用于楼梯扶手、窗台、门窗框等。

氧化镁水泥吸湿性大，耐水性差，易变形、泛霜，故其制品不宜用在潮湿环境中。另外，由于其含有氯离子且碱性较低，钢筋易锈蚀，相关制品中不宜配置钢筋。

为提高氧化镁水泥制品的耐水性，可掺加适量的活性混合材料（如粉煤灰或磨细碎砖等）和改性剂；在制品中掺加适量的石英砂、滑石粉、石屑等可提高强度和耐磨性，但会降低隔热性和增大表观密度；加入泡沫剂可制成轻质多孔的氧化镁水泥保温隔热制品；在生产时加入碱性颜料可得到不同色彩的制品。

菱苦土在运输储存时应避免受潮和碳化，存期不宜过长，否则将失去胶凝性能。将白云石（$MgCO_3 \cdot CaCO_3$）经过煅烧并磨细可生产出苛性白云石，又名白云灰，其主要成分为氧化镁和碳酸钙。

苛性白云石为白色粉末，其性质与菱苦土相似，但凝结速度较慢，强度较低。强度较高的白云石的用途与菱苦土相似，强度降低的白云灰可用作建筑灰浆。

（三）水泥的储运保管

水泥包装方式主要有散装和袋装。散装水泥从出厂、运输、储存到使用，直接通过专用工具进行。散装水泥污染少，节约人力、物力，具有较好的经济和社会效益。我国水泥目前多采用 50 kg 包装袋的形式，但正大力提倡和发展散装水泥。

$$MgCO_3 \cdot CaCO_3 \xrightarrow{650\ ℃ \sim 7\ 540\ ℃} MgO + CaCO_3 + CO_2 \uparrow$$

水泥在运输和保管时，不得混入杂物。不同品种、强度等级及出厂日期的水泥，应分别储存，并加以标志，不得混杂。散装水泥应分库存放。袋装水泥在堆放时应考虑防水、防潮，堆置高度一般不超过 10 袋，每平方米可堆放 1 t 左右。使用时应考虑先存先用的原则，水泥在存放过程中会吸收空气中的水蒸气和二氧化碳，发生水化和碳化，使水泥结块，强度降低。一般情况下，袋装水泥储存 3 个月后，强度降低 10% ~ 20%；6 个月后降低 15% ~ 30%；一年后降低 25% ~ 40%。因此，水泥的存放期为 3 个月，超过 3 个月应重新检验，确定其强度。

二、砂浆的应用

常用的砂浆有水泥砂浆、混合砂浆和石灰砂浆等，在施工过程中应根据砌体种类，砌体性质及所处环境条件等选用。通常，水泥砂浆用在片石基础、砖基础、一般地下构筑物、砖平拱、钢筋砖过梁、水塔、烟囱等中；混合砂浆用在地面以上的承重和非承重的砖石砌体中；石灰砂浆只能用在平房或临时性建筑中。

1. 防水砂浆

防水砂浆是在普通水泥砂浆中掺入防水剂配制而成的，是具有防水功能的砂浆的总称，砂浆防水层又称刚性防水层，主要依靠防水砂浆本身的憎水性和砂浆的密实性实现防水目的。其特点是取材容易、成本低、施工易于掌握。一般适用于不受振动、有一定刚度的混凝土或砖、石砌体的迎水面或背水面；不适用于变形较大或可能发生不均匀沉降的部位，也不适用于有腐蚀的高温工程及反复冻融的砖砌体。

砂浆防水一般称为防水抹面，根据防水机理不同可分为两种：一种是防水砂浆为高压喷枪机械施工，以增强砂浆的密实性，达到一定的防水效果；另一种是人工进行抹压的防水砂浆，主要依靠掺加外加剂（减水剂、防水剂、聚合物等）来改善砂浆的抗裂性与提高水泥砂浆密实度。为了实现高抗渗的目的，对防水砂浆的材料组成提出如下要求：应使用级别在42.5以上的普通水泥或微膨胀水泥，适当增加水泥用量；应选用级配良好的洁净中砂，灰砂比应控制为 1：2.5 ～ 1：3.0；水胶比应保持为0.5 ～ 0.55；掺入防水剂，一般是氯化物金属盐类或金属皂类防水剂，可使砂浆密实不透水。氯化物金属盐类防水剂，主要为用氯化钙、氯化铝和水按一定比例配制成的有色液体。其配合比大致为氯化铝：氯化钙：水 =1：10：11。其掺加量一般为水泥重量的 3％～ 5％，这种防水剂掺入水泥砂浆中，能在凝结硬化过程中生成不透水的复盐，起促进结构密实性的作用，从而提高砂浆抗渗性能。一般可用在园林刚性水池或地下构筑物的抗渗防水。

金属皂类防水剂是将硬脂酸、氨水、氢氧化钾（或碳酸钠）和水按一定比例混合加热皂化而成的。这种防水剂主要起填充微细孔隙和堵塞毛细管的作用，掺加量为水泥重量的 3％左右。

2. 装饰砂浆

装饰砂浆是专门用于建筑物室内外表面装饰，以增加建筑物美观为主的砂浆。常以白水泥、彩色水泥、石膏、普通水泥、石灰等为胶凝材料，以白色、浅色或彩色的天然砂、大理石或花岗岩的石屑或特制的塑料色粒为骨料，还可利用矿物颜料调制多种色彩，再通过表面处理来达到不同要求的建筑艺术效果。

装饰砂浆饰面可分为灰浆类砂浆饰面和石渣类砂浆饰面两类。灰浆类砂浆饰面是通过水泥砂浆的着色或表面形态的艺术加工来获得一定色彩、线条、纹理质感达到装饰目的的一种方法，常用的做法有拉毛灰、甩毛灰、搓毛灰、扫毛灰、喷涂、滚涂、弹涂、拉条、假面砖、假大理岩等。石渣类砂浆饰面是在水泥砂浆中掺入各种彩色石渣作骨料，制出水泥石渣浆抹于墙体基层表面，常用的做法有水刷石、斩假石、拉假石、干贴石、水磨石等。

3. 抹面砂浆

抹面砂浆也称为抹灰砂浆，用以涂抹在建筑物或建筑构件的表面，兼有保护基层、满足使用要求和增加美观的作用。常用的抹面砂浆有石灰砂浆、水泥混合砂浆、水泥砂浆、麻刀石灰浆（以下简称"麻刀灰"）、纸筋石灰浆（以下简称"纸筋灰"）等。

抹面砂浆的主要组成材料仍是水泥、石灰或石膏、天然砂等，对这些原材料的质量要求同砌筑砂浆。但根据抹面砂浆的使用特点，对其主要技术要求不是抗压强度，而是和易性及其与基层材料的粘结力，为此常需多用一些胶结材料，并加入适量的有机聚合物以增强粘结力。另外，为减少抹面砂浆因收缩而引起的开裂，常在砂浆中加入一定量的纤维材料。

工程中配制抹面砂浆和装饰砂浆时，常在水泥砂浆中掺入占水泥质量10％左右的聚乙烯醇缩甲醛胶（俗称107胶）或聚醋酸乙烯乳液等。砂浆常用的纤维增强材料有麻刀、纸筋、稻草、玻璃纤维等。为了保证抹灰表面的平整，避免裂缝和脱落，施工应分两层或三层进行，由于各层抹灰要求不同，所用的砂浆也就不同。底层砂浆主要起与基层黏结作用。砖墙抹灰，多用石灰砂浆；有防水、防潮要求时用水泥砂浆；板条或板条顶棚的底层抹灰，多用混合砂浆或石灰砂浆；混凝土墙、梁、柱、顶板等底层抹灰多用混合砂浆。中层砂浆主要起找平作用，多用混合砂浆或石灰砂浆。面层主要起装饰作用，多采用细砂配制的混合砂浆、麻刀石灰浆或纸筋石灰浆。在容易碰撞或潮湿的地方应采用水泥砂浆；一般园林给水排水工程中的水井等处可用1 ：2.5水泥砂浆。各种抹面砂浆的配合比参考及应用范围见表3-7。

表 3-7　各种抹面砂浆的配合比参考及应用范围

材料	配合比（体积比）	应用范围
石灰：砂	1 ：2～1 ：4	用于砖石墙面（檐口、勒脚、女儿墙及潮湿房间的墙除外）
石灰：黏土：砂	1 ：4 ：4～1 ：1 ：8	用于干燥环境的墙表面
石灰：水泥：砂	1 ：0.5 ：4.5～1 ：1 ：5	用于檐口、勒脚、女儿墙外脚处及比较潮湿的部位
水泥：砂	1 ：3～1 ：2.5	用于浴室、潮湿房子的墙裙、勒脚及比较潮湿的部位
水泥：砂	1 ：2～1 ：1.5	用于地面、顶棚或墙面面层
水泥：砂	1 ：0.5～1 ：1	用于混凝土地面随时压光
水泥：白石子	1 ：2～1 ：1	用于水磨石（用1 ：2.5水泥砂浆打底）
水泥：白云灰：白石子	1 ：（0.5～1）：（1.5～2）	用于水刷石（用1 ：0.5 ：3.5水泥砂浆打底）
水泥：白石子	1 ：1.5	用于剁石（用1 ：2 ：2.5水泥砂浆打底）

🌱 三、混凝土在景观中的应用

混凝土的诸多特点使其不仅应用在各种土木工程中，在造船业、机械工业、海洋开发、地热工程等方面的应用也很广泛。在现代环境景观营造中，对混凝土材料的应用也是很普遍的，各种功能和形式的景观既需要用丰富的景观材料来表达，也需要材料能够展现和发挥其多样的形式和作用。混凝土材料在景观中除作为基础和结构外，通常还作为景观道路和广场等场地的铺装，水池、花池、景墙、文化柱等的砌筑及表面装饰使用，以及预制景观中的地砖、廊架、座椅、汀步、盖板、道牙、浮雕、栏杆等的构筑。除此之外，废弃混凝土制品及凝结块还可被再利用（图3-3～图3-5）。目前，混凝土是景观材料的重要组成部分，在景观中常用的有沥青混凝土、装饰混凝土、纤维混凝土、生态混凝土、透水混凝土和混凝土制品等。

图3-3　混凝土铺装

图3-4　混凝土构件

图3-5　混凝土景观小品

（一）沥青混凝土

沥青混凝土按所用结合料不同，可分为石油沥青混凝土和煤沥青混凝土两大类；按所用骨料品种不同，可分为碎石沥青混凝土、砾石沥青混凝土、砂质沥青混凝土、矿渣沥青混凝土等，以碎石沥青混凝土最为普遍；按混合料最大颗粒直径的不同，可分为粗粒（35～40 mm）、中粒（20～25 mm）、细粒（10～15 mm）、砂粒（5～7 mm）等；按混合料的密实程度不同，可分为密级配、半开级配和开级配等，开级配混合料也称沥青碎石。其中，热拌热铺的密级配碎石混合料经久耐用、强度高、整体性好，是修筑高级沥青路面的代表性材料（图3-6）。

图3-6　沥青混凝土路面

沥青混合料具有良好的力学性能，噪声小，良好的抗滑性、排水性、耐久性、经济性及可分期加厚路面等优点，但其也具有易老化、感温性大的缺点。

用于景观建设中的沥青混凝土可分为透水沥青混凝土和加入添加材料的沥青混凝土，如透水脱色沥青混凝土、脱色沥青混凝土、彩色热轧混凝土、改性沥青混凝土、铁丹沥青混凝土、彩色骨料沥青混凝土、软木沥青混凝土等。沥青混凝土比其他表面材料更加常用，具有经济耐用，以及易于维护和修理的优点，常被应用于居住区、公园等一级道路的铺设上。

（二）装饰混凝土

1. 压印混凝土

在景观设计中被广泛应用的一种装饰混凝土是压印混凝土，也称为压印地坪、压

图3-7　石质纹理表面

模地坪、艺术地坪或压花地坪。压印地坪是采用特殊耐磨矿物骨料，强度水泥、无机颜料及聚合物添加剂合成的彩色地坪硬化剂，通过压模、整理、密封处理等施工工艺而实现的，它拥有不同凡响的石质纹理表面和丰富的色彩（图3-7）。压印地坪是对传统混凝土表面进行彩色装饰和艺术处理后产生的新型材料，它的诞生改变了传统混凝土地坪表面装饰和表面色泽单一的缺点，对其在使用领域受限的缺陷也有很大程度的突破，赋予了城市的规划者和设计者在地面这块画布上更多的设计和遐想空间，大幅拓宽了业主和施工者在地面选材上的空间。

压印地坪是具有较强艺术性和特殊装饰要求的地面材料。它是一种即时可用的含特殊矿物骨料、无机颜料及添加剂的高强度耐磨地坪材料，优点是易施工、一次成型、使用期长、施工快捷、修复方便、不易褪色等；同时，也弥补了普通彩色道板砖的整体性差、高低不平、易松动、使用周期短等不足。彩色压印地坪具有耐磨、防滑、抗冻、不易起尘、易清洁、高强度、耐冲击、色彩和款式方面有广泛的选择性、成本低和绿色环保等特点，是目前园林、市政、停车场、公园小道、商业和文化设施领域道路材料的理想选择。压印地坪系统由六个部分组成，即彩色强化剂、彩色脱模粉、封闭剂、专业模具、专业工具和专业的施工工艺。对六个部分进行完美组合，以及对混凝土表面进行彩色装饰和艺术处理后，其表面所呈现出的色彩丰富和造型凹凸有致、纹理鲜明、天然仿真、充满质感，其艺术效果超过花岗岩、青石板等，既美化了城市地面，又节省了由于采用天然石材所带来的高成本。

2. 清水混凝土

清水混凝土是一次浇筑成型的混凝土，成型后不做任何外装饰，只是在表面涂一层或两层透明的保护剂，直接采用现浇混凝土的自然表面效果作为装饰面，其表面平整光滑、色泽均匀、棱角分明、无碰损和污染。清水混凝土天然纯朴，富有沉稳、朴实、清雅的美感和韵味，如贝聿铭在他的设计中就大量采用清水混凝土。

由于清水混凝土结构一次成型，不剔凿、不抹灰，减少了大量建筑垃圾，也不需要装饰，舍去了涂料、饰面等化工产品，还避免了抹灰开裂、空鼓甚至脱落等质量隐患，减轻了结构施工的漏浆、楼板裂缝等质量通病。随着人们对于混凝土行业节能环保和提高工程质量的呼声越来越高，清水混凝土的研究、开发和应用已引起了有关专家的广泛关注。虽然清水混凝土结构需要精工细作，工期长，在结构施工阶段投入的人力、物力多，使用成本要比使用普通混凝土高出20%左右，但由于舍去抹灰、装饰面层等环节，减少了维护费用，最终降低了工程总造价，也得到了广泛应用。我国清水混凝土施工操作多依赖人工，施工机械化、标准化程度不高，结构设计与施工技术还有待进一步的理论研究和实践应用。一般来说，清水混凝土材料大多用于建筑物，也常用于环境景观中的景墙、花池、小品等构筑物（图3-8）。

图 3-8　清水混凝土

3. 彩色混凝土

（1）彩色混凝土（又称彩色混凝土地坪）的基本知识。彩色混凝土是用彩色水泥或白水泥掺加颜料及彩色粗、细骨料和罩面涂料来实现的，可分为整体着色混凝土和表面着色混凝土两种。整体着色混凝土是用无机颜料混入混凝土拌合物中，使整个混凝土结构具有同一色彩；表面着色混凝土是将水泥、砂、无机颜料均匀拌和后干撒在新成型的混凝土表面并抹平，或用水泥、粉煤灰、颜料、水拌和成色浆，喷涂在新成型的混凝土表面（图 3-9）。

彩色混凝土地坪是一种近年来流行于世界主要发达国家并迅速推广开来的绿色环保装饰混凝土。它能在原本普通的新旧混凝土表层上，通过对色彩、色调、质感、款式、纹理、肌理和不规则线条的创意设计，以及图案与颜色的有机组合，创造出各种仿天然大理岩、花岗岩、砖、瓦、木地板等天然石材的铺设效果，具有图形美观自然、色彩真

图 3-9　彩色混凝土

实持久、质地坚固耐用等特点。彩色混凝土地坪采用的是表面处理技术，它在混凝土基层面上进行表面着色强化处理，以达到装饰混凝土的效果；同时，对着色强化处理过的地面进行渗透保护处理，以达到洁净地面与保养地面的要求。因此，彩色混凝土的构造包括混凝土基层、彩色面层、保护层，这样的构造是良好性能与经济要求的平衡结果。

（2）彩色混凝土的用途。彩色混凝土地坪广泛应用于住宅、社区、商业、市政等各种场合所需的人行道，以及公园、广场、游乐场、小区道路、停车场、庭院、地铁站台等景观营造，具有极高的安全性和耐用性。同时，它施工方便，不需要使用压实机械，颜色也较为鲜艳，并可形成各种图案。更重要的是，它不受地形限制，可任意制作。其装饰性、灵活性和表现力是彩色混凝土的独特性能体现。彩色混凝土可以通过红、绿、黄等不同的色彩与特定的图案相结合以达到不同的功能需要，如警戒、引导交通、功能分区等。

4. 露石混凝土

露石混凝土（图 3-10）也称为露骨料装饰混凝土，是指在混凝土硬化前或硬化后，通过一定工艺手段使混凝土骨料适当外露，以骨料的天然色泽、粒形、质感和排列达

到一定的装饰效果的混凝土。其制作工艺包括水洗法、缓凝法、水磨法、抛丸法和凿剁法等。

露石混凝土具有降噪、防滑、不眩光、方便操作和能够灵活施工等特点。其色彩随表层剥落的深浅和水泥、砂石的种类而异，宜选用色泽明快的水泥和骨料。因大多数骨料色泽稳定、不易受到污染，故露石混凝土的装饰耐久性好，并能够营造现代、复古、自然等多种环境氛围，是一种很有发展前景的装饰材料。在景观园林中，露石混凝土大多用于路面铺设和花池、景墙等装饰立面。

5. 天然砾石聚合物仿石地面

天然砾石聚合物仿石地面（图 3-11）是装饰性混凝土技术的突破，是目前国际上最新的高科技环保材料及铺装技术，在国外已成功得到广泛应用，其最大的特点是整体浇筑、仿石效果好、承载力高；同时，还可以在地面构图设计方面具有很大的灵活度，是一种经济的、富于创意的和环境友好的地坪技术系统。

图 3-10　露石混凝土　　　　　　　图 3-11　天然砾石聚合物仿石地面

（三）纤维混凝土

纤维混凝土是在普通混凝土中掺入乱向均匀分散的纤维而制成的复合材料，包括钢纤维混凝土、合成纤维混凝土、玻璃纤维混凝土、天然植物纤维混凝土、混杂纤维混凝土等。纤维混凝土有普通的钢筋混凝土所没有的众多优势，在抗拉强度、抗弯强度、抗裂强度和冲击韧性等方面较普通混凝土有明显改善。常用的纤维混凝土有钢纤维混凝土、玻璃纤维混凝土、石棉纤维混凝土、碳纤维混凝土与合成纤维混凝土等。

1. 钢纤维混凝土

钢纤维（图 3-12）对抑制混凝土裂缝的形成、提高混凝土抗拉强度和抗弯强度、增加韧性有良好的效果。它是用钢材制成的、能乱向均匀分布于混凝土中的短纤维，包括普通碳钢纤维、不锈钢纤维等。钢纤维混凝土适用于对混凝土抗拉强度、抗弯强度、抗剪强度、弯曲韧性和抗裂性能、抗冲击性能、抗疲劳性能，以及抗震、抗爆等性能要求较高的混凝土工程或局部部位。

2. 合成纤维混凝土

合成纤维混凝土（图3-13）适用于对混凝土早龄期收缩裂缝控制和对混凝土抗冲击、抗疲劳、弯曲韧性，以及对混凝土整体性能有一定要求的混凝土工程或其局部部位。常用于混凝土及砂浆中的有单丝聚丙烯纤维、聚丙烯膜裂纤维、聚丙烯腈纤维、聚乙烯醇缩甲醛纤维、高模量聚乙烯纤维、碳纤维等。

图 3-12　钢纤维混凝土　　　　　图 3-13　合成纤维混凝土

3. 玻璃纤维混凝土

玻璃纤维混凝土（GRC）是景观中通常用来塑造假山石、雕塑的良好材料。GRC改进工艺做出来的假山的厚度可以小于 20 mm，根据需要甚至可以做成更薄的壳体，使其自重小，其形状可通过拓取自然石的造型模具转变，也能塑造得非常逼真。近年来，由于环保意识日益增强，在景观中越来越多地使用其他材料代替木材作为景观材料，如利用 GRC 塑造石头或直接塑造假山来代替真实石头，减少对环境的破坏及运费成本；塑造木材的纹理和质感，做成仿木栏杆、仿木板材等，从而减少了木材的使用量，还比木材坚固耐用，且易于维护（图3-14）。

图 3-14　玻璃纤维混凝土

（四）生态混凝土

1. 生态混凝土的基本知识

1995 年，日本混凝土工学协会提出了生态混凝土（Environmentally Friendly Concrete）的概念，所谓生态混凝土，就是通过材料筛选、添加功能性添加剂、采用特殊工艺制造出来的具有特殊结构与功能，能减少环境负荷，提高与生态环境的相协调性，并能为环保做出贡献的混凝土。

2. 生态混凝土的功能特性

生态混凝土具有良好的透气性、良好的通水性、较大的孔隙，无论在陆地上还是水中，均适合植物的长期生长。景观应用中对其特性要求大致可分为植被重视与强度重视两大类，强调强度与孔隙率两项指标。在工程建设中有以强度重视优先、兼顾植被重视的生态护坡和以植被重视优先、兼顾强度重视的高承载植草地坪。

生态混凝土生态护坡的特点：无论是水下还是水上，护坡中的植物都可以自由生长，甚至留有动物的生存空间，生态效果好；相对于普通混凝土护坡，可以降低造价，能节省10%～30%；集中施工的流水作业可以大大缩短工期；高度的机械化作业能够有效保证工程质量。

3. 景观中生态混凝土的用途与性能

景观中常见的生态混凝土为高承载植草地坪，它是一种广泛流行于欧美等国家及地区，集地面硬化、绿化于一体的新概念、新型环保的地坪产品。通过混凝土与草坪的完美结合，既美化了城市环境，又改善了城市的空气质量和地下水储备功能，其综合性能良好。植草地坪是一种现场浇筑并制作的连续多孔质的草坪混凝土铺地系统，并可根据承重需要加以钢筋强化，具有良好的结构整体性、草坪连续性和透水透气性，可以在实现高绿化率的同时，满足各种交通承载的要求，形成真正的绿色交通通道。高承载植草地坪的性能及优点：植草地坪产品能实现地面的高承载能力，其最高承载质量可达60 t左右；其植草腔内曲面的专业设计，使得孔隙率达52%；同时，其独特的草包混凝土方式代替了传统的混凝土包草方式，使混凝土更易被草所覆盖，绿化率可达60%～100%；高承载植草地坪的所有植草孔腔都是彼此连接的，与植草孔腔彼此隔离的预制的植草砖相比，其草皮成活率可以大大提高。所以，植草地坪系统性能稳定、持久耐用、具有长期的经济性和实用性。另外，高承载植草地坪系统可以很好地解决暴雨冲刷一般植被土地所形成的水土流失问题；同时，可以解决硬化地面渗水能力差甚至不渗水的问题，可用于建设绿色生态防洪、防汛和泄洪设施，也有利于保持和恢复地下水储备。高承载植草地坪系统具有施工方便、施工周期短、成本低、绿色环保、维护简单等特点，适用于园林道路、消防通道、承载草坪、堤坝工程、绿色泄洪、排水沟渠、绿色造景等工程。

（五）透水混凝土

1. 透水混凝土的基本知识

透水混凝土是由骨料、水泥和水拌制而成的一种多孔轻质混凝土，又称多孔混凝土，也称排水混凝土，是一种新型的高渗透性路面材料（图3-15）。目前，景观工程中对于透水混凝土的运用较多，主要用于道路和地面的铺装。

2. 透水混凝土的特点

透水混凝土，又称透水混凝土地坪，能够以每分钟270 L/m²的透水速度使雨水迅速地渗入地表，还原成地下水，使地下水资源得到及时补充，保持土壤湿

图3-15　透水混凝土

度，改善城市地表植物和土壤微生物的生存条件；同时，透水性路面具有较大的孔隙率，与土壤相通，其能蓄积较多的热量，有利于调节城市空间的温度和湿度，消除热岛现象；当集中降雨时，能够减轻排水设施的负担，防止路面积水和夜间反光，提高车辆、行人的通行舒适性与安全性；大量的孔隙能够吸收车辆行驶时产生的噪声，从而营造安静、舒适的交通环境。透水混凝土地坪整体性强、使用寿命长，近似于或超出普通混凝土的使用年限；同时，也弥补了透水砖的整体性差、高低不平、易松动、使用周期短等不足。透水混凝土地坪拥有系列经典的色彩搭配方案，能够配合设计师的创意及业主的特殊要求，实现不同环境、不同风格和个性要求的装饰创意，是其他地面材料无法比拟的。透水混凝土地坪适用于市政、园林、公园、广场、人行道、非机动车道、体育场地、停车场、小区、学校、商业广场和文化设施等处。

3. 透水混凝土的分类

（1）根据景观表面效果分类。根据景观表面效果，透水混凝土可分为彩色透水混凝土和彩色露骨料透水混凝土两种。两者的区别在于，前者的色彩效果是由人工合成，后者的色彩效果是天然形成，也可以理解为后者是前者的升级品。后者的露骨料清洗剂是升级的核心，露骨料清洗剂能干净地清洗包裹在天然石材表面的水泥浆，露出天然石材的色彩和肌理，这种技术不但丰富了铺装材料的类型，提升了景观品质，而且能够展现露骨石材的天然质地和色彩的魅力。

（2）根据组成材料分类。根据组成材料，透水混凝土可分为水泥透水混凝土、高分子透水混凝土、生态透水混凝土三种。

1）水泥透水混凝土。水泥透水混凝土是以硅酸盐类水泥为胶凝材料，采用比较统一的粗骨料配制的不含砂的多孔混凝土。水泥透水混凝土一般采用较高强度的水泥及由压力成型而成的连通孔隙的混凝土。硬化后的混凝土内部通常含有大约1/4的连通孔隙，使相对应的表观密度低于普通混凝土。水泥透水混凝土的优点是成本比较低，耐久性好，制作相对简单，非常适用于用量较大的道路铺设；缺点是强度比较弱，耐磨性及抗冻性还有提高的空间。

2）高分子透水混凝土。高分子透水混凝土采用比较单一的粗骨粒，加入沥青或高分子树脂等胶凝材料制作而成。高分子透水混凝土与水泥透水混凝土相比，高分子透水混凝土强度较高，相应的成本也较高。由于有机胶凝材料的耐候性比较差，在环境因素的作用下容易老化，并且高分子透水混凝土的性质对温度变化较敏感，温度升高时，容易软化，使高分子透水混凝土的透水性受到影响。

3）生态透水混凝土。生态透水混凝土又称透水地坪，是一种多孔、轻质、无细骨料的干硬性混凝土，由粗骨料表面包覆一层胶凝材料互相胶合而形成孔穴均匀分布的蜂窝状结构，故具有透水、透气和质量小的特点。除此之外，生态透水混凝土与普通混凝土不同，即具有表观密度小、水毛细现象不显著、透水性大、胶凝材料用量少、施工简单，它是一种绿色环保型和生态型的铺装材料。透水混凝土地坪整体美观，透水效果良好，雨水收集充分，具有良好的经济效益和生态环境效益；同时，生态透水混凝土具有吸声降噪、防洪涝灾害、缓解城市热岛效应的作用，是一种有利于恢复不断遭受破坏的生态环境的创造性材料。

（六）高承载透水艺术地面

高承载透水艺术地面的透水性好、颜色艳丽、表现力非常强，还具有高透水率、高承载力、吸尘降噪、安全防滑、有效补充地下水、调解空气温度和湿度、缓解城市热岛效应等特点。

（1）高透水速度：高承载透水艺术地面不但属于环保产品，而且是目前透水铺装材料中透水速度最高的产品，其透水速度为 2.7 ～ 4.5 mm/s，这有效地缓解了某些城市大暴雨、短时雷雨等短时大量降雨对排水系统带来的压力。

（2）高承载力：高承载透水艺术地面的高承载力可以满足重型车辆的正常行驶。

（3）有效补充地下水：高承载透水艺术地面具有 15% ～ 25%（体积分数）的孔隙率，可以将雨水快速排入地下，从而最大限度地为缺水的城市补充地下水。

（4）经济实用：目前市场上满足重型车辆通行的透水材料不止高承载透水艺术地面一种，但是由于其他产品不是在施工工艺上不能满足设计需求，就是在价格方面非常高昂，而高承载透水艺术地面不但具有专业成熟的施工工艺，而且价格适中，耐久性也非常强，经济实用，因此成为人们的首选。

（5）装饰性：高承载透水艺术地面具有很强的可塑性，由于是现场铺装，可以进行曲线等异形铺设。

（6）防滑性能高：表观效果颗粒感强，而且透水率较高，故大幅提高了地面的防滑效果，且加强了车辆与行人的安全性。

（七）透光混凝土

透光混凝土是具有透光性能的混凝土材料，它由大量的光学纤维和精致混凝土组合而成（图 3-16）。它是一种可广泛使用的拥有透光性能的新型建材，可以用来构建预制块和水泥板，这种混凝土中的光学纤维含量为 4%，而混凝土能够透光的原因使混凝土两个平面之间的纤维是以矩阵的方式平行放置的。透光混凝土是由匈牙利的一名建筑师于 2001 年发明并命名的。

在 2010 年的上海世界博览会上，意大利馆就使用了透光混凝土材料，使自然光能够更多地照入，让节约建筑物内部照明电能成为可能。夜晚的室内光线也可以通过建筑表皮渗透出来，拥有不同的纹理和色彩，展现出无穷的

图 3-16　透光混凝土小品

艺术魅力。透光混凝土可以生产不同的尺寸，能修建任何载重用建筑结构，并可在其中加上隔热层。目前，透光混凝土可制成园林建筑制品、装饰板材和装饰砌块，为建筑师、景观设计师、艺术家等的艺术想象与创作提供了实现的可能性。

单元三

砂浆、混凝土的施工工艺

一、砂浆的施工工艺

（一）砌筑砂浆的配制要求

（1）水泥进场使用之前，应分批对其强度、体积安定性进行复验。检验批次宜以同一生产厂家、同一编号为一批。

在使用中若对水泥质量有怀疑或是水泥出厂超过 3 个月（快硬硅酸盐水泥超过一个月），应复查试验，并按其结果使用。

不同品种的水泥，不得混合使用。

水泥的强度及体积安定性是判定水泥是否合格的两项技术要求，因此，在水泥使用前应进行复检。

由于各种水泥成分不同，当不同水泥混合使用后，往往会发生材性变化或强度降低现象，引起工程质量问题，故不同品种的水泥不得混合使用。

（2）砂浆用砂中不得含有有害杂物，且含泥量应满足以下要求：

1）水泥砂浆和强度等级大于 M5 的水泥混合砂浆，不应超过 5%。

2）对强度等级小于 M5 的水泥混合砂浆，不应超过 10%。

3）人工砂、山砂及特细砂经试配后应能满足砌筑砂浆技术条件要求。

砂中含泥量过大，不但会增加砌筑砂浆的水泥用量，还可能导致砂浆的收缩值增大，耐久性降低，影响砌体质量。对于水泥砂浆，事实上已成为水泥黏土砂浆，但又与一般使用黏土膏配制的水泥黏土砂浆在性质上存在一定差异，难以满足某些条件下的使用要求。M5 以上的水泥混合砂浆，如砂子含泥量过大，有可能导致塑化剂掺量过多，造成砂浆强度降低。因此，砂子中的含泥量应符合规定。

对人工砂、山砂及特细砂，由于其中的含泥量一般较大，若按上述要求执行，则一些地区的施工用砂要从外地运送，不仅影响施工周期，又增加工程成本，故经试配，能满足砌筑砂浆技术条件时，含泥量可适当放宽。

（3）配制水泥石灰砂浆时，不可采用脱水硬化的石灰膏。

（4）消石灰粉不得直接使用在砌筑砂浆中。

（5）拌制砂浆用水，水质应符合《混凝土用水标准》（JGJ 63—2006）的规定。考虑到目前水源污染比较普遍，若水中含有有害物质，将会影响水泥的正常凝结，并可能对钢筋产生锈蚀作用。因此，使用饮用水搅拌砂浆时，可不对水质进行检验，否则便应对水质进行检验。

（二）砌筑砂浆配合比

（1）砌筑试配。砌筑砂浆应通过试配来确定配合比。当砌筑砂浆的组成材料有变化时，其配合比也要重新确定。

砂浆的强度对砌体的影响很大，目前不少施工单位不重视砂浆的试配，有的实验室为了省事，仅对配合比作一些计算，并未按照要求进行试配，因此不能保证砂浆的强度可以满足设计要求。

（2）砌筑砂浆配合比要求。

1）水泥砂浆及预拌砌筑砂浆的强度等级可分为 M5、M7.5、M10、M15、M20、M25、M30；水泥混合砂浆的强度等级可分为 M5、M7.5、M10、M15。

2）砌筑砂浆拌合物的表观密度宜符合表 3-8 的规定。

表 3-8　砌筑砂浆拌合物的表观密度

kg·m

种类	表观密度
水泥砂浆	≥1 900
水泥混合砂浆	≥1 800
预拌砌筑砂浆	≥1 800

3）砌筑砂浆的稠度、保水率、试配抗压强度应同时满足设计要求。

4）砌筑砂浆施工时的稠度宜按表 3-9 选用。

表 3-9　砌筑砂浆的施工稠度

mm

砌体种类	施工稠度
烧结普通砖砌体、粉煤灰砖砌体	70～90
混凝土砖砌体、普通混凝土小型空心砌块砌体、灰砂砖砌体	50～70
烧结多孔砖砌体、烧结空心砖砌体、轻骨料混凝土小型空心砌块砌体、蒸压加气混凝土砌块砌体	60～80
石砌体	30～50

5）对于有抗冻性要求的砌体工程，砌筑砂浆应进行冻融试验。

（3）具体操作时需要注意下列事项。

1）混合砂浆中的用水量不包括石灰膏或黏土膏中的水。

2）当采用细砂或粗砂时，用水量分别取上限或下限。

3）当施工稠度小于 70 mm 时，用水量可小于下限。

4）施工现场气候炎热或干燥季节，可酌量增加用水量。

（4）水泥砂浆配合比的选用。水泥砂浆材料用量可参考表 3-10。

表 3-10　每立方米水泥砂浆材料用量　　　　　　　　　　　　kg · m⁻³

强度等级	水泥	砂	用水量
M5	200 ～ 230		
M7.5	230 ～ 260		
M10	260 ～ 290		
M15	290 ～ 330	砂的堆积密度值	270 ～ 330
M20	340 ～ 400		
M25	360 ～ 410		
M30	430 ～ 480		

注：1. M15 及 M15 以下强度等级水泥砂浆，水泥强度等级为 32.5 级；M15 以上强度等级水泥砂浆，水泥强度等级为 42.5 级；

2. 当采用细砂或粗砂时，用水量分别取上限或下限；

3. 稠度小于 70 mm 时，用水量可小于下限；

4. 当施工现场气候炎热或处于干燥季节时，可酌情增加用水量；

5. 试配强度应按配合比计算中的规定

（5）配合比试配、调整与确定。

1）试配时，应采用工程中实际使用的材料，搅拌时间也应符合下列规定：

①对水泥砂浆和水泥混合砂浆，不得小于 120 s。

②预拌砌筑砂浆和掺有粉煤灰、外加剂、保水增稠剂材料等的砂浆，不得小于 180 s。

2）按计算或查表所得配合比进行试拌时，应测定其拌合物的稠度和分层度，当不能满足要求时，应调整材料用量，直到符合要求为止。然后确定为试配时的砂浆基准配合比。

3）试配时，至少应采用三个不同的配合比，其中一个为根据以上的规定得出的基准配合比，其他配合比的水泥用量应按基准配合比分别增加及减少 10%。在保证稠度、分层度合格的条件下，可将用水量或掺加料用量进行相应的调整。

对三个不同的配合比进行调整后，应按《建筑砂浆基本性能试验方法标准》（JGJ/T 70—2009）中规定的成型条件测定砂浆强度，并选定符合试配强度要求且水泥用量最低的配合比作为砂浆配合比。

二、混凝土在景观中的施工工艺

（一）主要施工机具

主要施工机具包括模板、模具、振动棒、整平滚筒、收浆抹平机、切缝机、混凝土布料机、混凝土整平机、水泥路缘成型机、冲击钻机、刻纹机、振捣机、破碎机、带电振动整平机、平铁锹、木杆、锤、手推测距仪、靠尺、钢卷尺、扫把、夯土机、夯实机等。由于混凝土材料易于塑形，模板及模具在施工工艺中起到重要的作用。模板是由木制板材或金属板材组成的临时结构，用于使混凝土成型。当混凝土硬化到足够的程度后，便可撤除模板。这些板材需要由木头或金属制成结构（脚手架或定心装置）支承。不同的形式和结构需要不同种类的模板。具有装饰效果的模板主要有三种：第一种在普通大模板上进行加工处理，将角钢、瓦楞铁、压型钢板等固定在所需的部位，或将聚氨酯粘贴在模板上，塑出凸起的线型、花纹，或在模板局部或全部粘贴橡胶衬模；第二种是用材质和纹理好的木模板制作出木纹清晰的混凝土花纹；第三种是使用定制模板上的纹理达到装饰效果。装饰混凝土工艺的优点是结构、功能与装饰相结合，减小建筑自重，省工省料，从根本上解决了粉刷脱落的问题，并显著提高了装饰工程的质量。

（二）施工工艺

1. 装饰混凝土的施工工艺

装饰混凝土的施工工艺可分为预制工艺和现浇工艺。预制工艺又分为正打成型工艺、反打成型工艺和露骨料工艺；现浇工艺则包括立模工艺等。

（1）正打成型工艺。正打成型工艺多用在大板建筑的墙板预制，它是在混凝土墙板浇筑完毕，水泥初凝前后，在混凝土表面进行压印，使之形成各种线条和花饰。根据其表面的加工工艺方法不同，可分为压印和挠刮两种方式。压印工艺一般有凸纹和凹纹两种做法。

（2）反打成型工艺。反打成型工艺主要可分为预制平模反打工艺和预制反打成型工艺两种，即在混凝土的底面模板上做出凹槽，或在底模上加垫具有一定花纹、图案的衬模，拆模后使混凝土表面具有线型或立体装饰图案。预制平模反打工艺，通过在钢模底面上做出凹槽，能形成尺寸较大的线型。预制反打成型工艺采用衬模，不仅工艺比较简单，而且制成的饰面质量也较好。

（3）露骨料工艺。露骨料工艺是指在混凝土硬化前或硬化后，通过一定的工艺手段使混凝土骨料适当外露，以骨料的天然色泽和不同的排列组合造型，使其达到一定装饰效果的工艺。露骨料混凝土的制作工艺有水洗法、缓凝剂法、酸洗法、水磨法、喷砂法、抛丸法、凿剁法、火焰喷射法和劈裂法等。

（4）立模工艺。立模工艺是一种采用现浇混凝土墙面饰面处理的工艺，即立模工艺。立模生产也可使用成组立模预制工艺。

2. 压印地坪的施工工艺

（1）按照混凝土施工流程完成支模、摊铺、振捣、提浆、找平。

（2）在混凝土初凝前用镁合金大抹刀将混凝土表面抹光抹平。

（3）用专用镁合金收边抹刀将边角按要求进行收边处理。

（4）分两次将彩色强化料均匀涂在混凝土表面。

（5）用模具交替进行压模，模具之间必须排列紧凑，压模要一次成型，避免重复压印。

（6）待压模完成三天后，均匀洗刷地坪表层。

3. 生态混凝土的施工工艺

生态混凝土的工艺流程与普通混凝土护坡浇筑的流程基本一致，只是多了一道覆土植草的工序，而且这道工序根据具体情况，有时还可以省略。根据组成结构不同，生态混凝土有孔洞型生态混凝土块体材料、多孔连续型生态混凝土块体材料、孔洞型多层结构生态混凝土块体材料三种类型。

（1）工艺系统。生态混凝土工艺系统主要可分为以下三部分：

1）供料系统：搅拌机、带运输机和其他运输设备，其作用是将多孔连续型生态混凝土运送至作业面。

2）铺装系统：使用专用的铺装机械铺装混凝土。

3）碾压系统：采用回转式碾压机经过旋转、振动碾压，使混凝土成型。

（2）施工流程。坡面平整→安装多孔混凝土砌块→配制生态混凝土基料→喷填基料→表面铺客土及播种→铺盖草帘→养护出苗及修剪。

4. 透水混凝土地坪的施工工艺

（1）物质准备。透水混凝土的搅拌采用小型卧式搅拌机。搅拌机最佳的设置方位是施工现场的中段，因透水混凝土属干料性质的混凝土，其初凝快，所以运输时间应尽量短。为防止混凝土弄脏施工场地，搅拌机下部的一定范围需要设置防护板。

施工中需用到的工具有施工机械、推车、瓦工工具、立模用的木料或型钢，三相电、普通自来水（连接到搅拌设备旁）。

（2）施工流程。立模→搅拌→运输→摊铺、浇筑成型→养护。

5. 露石混凝土的施工工艺

露石混凝土路面技术的原理是在面层水泥混凝土混合料铺筑完成后，喷洒露石剂并覆盖塑料膜养护，通过露石剂作用对水泥混凝土表面层进行化学处理，延缓表面一定厚度的水泥砂浆的凝结，当主体混凝土达到一定强度后，刷洗其表面除浆，露出均匀分布的粗骨料。其施工工艺如下所述：

（1）在现行的水泥混凝土路面的施工工序和技术规范的前提下铺筑混凝土。

（2）当用三辊滚筒、振捣梁拖平路面后（或滑模法施工抹平路面后），按一般工序用手工抹平，其后根据表面浮水蒸发情况，以不见表面水为宜，喷洒露石剂。

（3）喷洒液态 EACCP 露石水泥混凝土。喷洒 EACCP 时要使喷出的露石剂雾化。可采用小型吸水喷洒泵雾化喷洒，也可采用自行式喷洒机喷洒。喷洒量为 $225 \sim 275$ g/m^2，且要喷洒均匀。

（4）遮盖塑料膜。当露石剂均匀喷洒完成以后，稍等一段时间即可用塑料薄膜遮盖，以防止表面干燥。

（5）冲洗。以温度和时间来控制是否开始冲洗，根据试验结果，对于普通水泥，如果气温在 20 ℃左右，则在覆塑料膜养护 20 h 左右后，即可冲洗表面砂浆，使骨料露出。

6. 清水混凝土的施工工艺

（1）模板的施工工艺。

1）模板设计加工。根据清水混凝土墙的高度、长度及厚度，对墙面禅缝、明缝进行设计，墙面模板一般采用规格为 1 220 mm×2 440 mm×12 mm 的覆膜竹胶板进行拼装，因为其具有强度高、韧性好、表面光滑、幅面宽、拼缝少、容易脱模等特性。

2）模板安装。待基础混凝土浇筑完毕后，基础顶的混凝土高程要进行严格控制，以确保上墙体模板的水平。模板垂直度的控制是工序中的关键，每块模板在固定前都要严格控制。模板在脚手架上的垂直运输采用手葫芦，水平运输采用人工搬运。在模板搬运过程中要对使用面进行保护，确保不被破坏。为保证模板与模板间不漏浆，在模板的缝中贴双面胶，保证两块模板间连接紧密。安装模板前要先将其擦拭干净，在表面均匀涂上脱模剂。

3）模板对拉螺栓的布置。采用对拉螺栓加固，穿墙套筒要加定位堵头以保证穿墙孔眼的位置严密，防止漏浆，穿墙套筒的强度要足够定位模板间距，抵抗新浇筑混凝土的液态压力，从而不产生因与模板间隙过大而漏浆的现象。

（2）明缝的施工工艺。明缝是对清水混凝土整体表面进行分块处理，从而达到建筑结构与外观装饰艺术统一的建造技术。施工缝应与所设置每一道水平明缝相吻合。明缝的设计规格为 2 cm×1 cm，安装模板时将其固定在竹胶板上。明缝要求线条顺直、平整光滑，在混凝土施工时由附在模板上的嵌明缝条形成。为选择合适的嵌条材料，人们综合比较了木条、不锈钢条、塑料条等几种材料，最后决定选用质量性能较好、便于安拆的塑料条。为便于嵌条的脱离，将嵌条加工成斜角企口状，并在嵌条表面涂抹脱模剂或黄油。

（3）禅缝的施工工艺。禅缝是在清水混凝土表面精心设计的、有规则的装饰线条，可表现出规律和韵感之美，由模板拼缝形成，它比明缝更进一步在表面进行了分割及装饰，必须综合考虑模板的规格、施工安排、饰面效果等。模板拼缝不严密、模板侧边不平整、相邻模板厚度不一致等问题都会造成拼接缝处漏浆或错台，影响禅缝的观感质量。

（4）清水混凝土的浇筑。浇筑前做好计划和协调准备工作，选用硅酸盐水泥、普通硅酸盐水泥和矿渣水泥，且水泥的等级不低于 42.5 级，在整个墙体施工中水泥应为同一厂家、同一品种、同一强度等级、同一批号，才能保证混凝土表面观感一致，质感自然。必须严格控制好预拌混凝土的质量，保证混凝土性能的均一性。混凝土必须连续浇筑，施工缝须留设在明缝处，避免因产生施工冷缝而影响混凝土的观感质量。掌握好混凝土的振捣时间，以混凝土表面呈现均匀的水泥浆、不再有显著下沉和大量气泡上冒为止。为减少混凝土表面气泡，宜采用二次振捣工艺，第一次振捣在混凝土浇筑入模时进行，第二次在第二层混凝土浇筑前进行，顶层混凝土一般在 0.5 h 后进行二次振捣。

（5）清水混凝土的养护。完成后的混凝土工程在强度达到 3 MPa（冬期不小于 4 MPa）时拆模。拆模后应及时养护，以减少混凝土表面出现色差、收缩裂缝等现象。清水混凝土常采取覆盖塑料薄膜或阻燃草帘并与洒水养护相结合的方法，拆模前和养护过程均应经常洒水保持湿润，养护时间不少于 7 d。冬期施工时，若不能洒水养护，可采用涂刷养护剂与覆盖塑料薄膜、阻燃草帘相结合的养护方法，且养护时间不少于 14 d。

（6）清水混凝土的成品保护。后续工序施工时，要注意对清水混凝土的保护，不得碰撞及污染混凝土表面。在混凝土交工前，用塑料薄膜保护外墙，以防止污染对于易被碰触的阳角部位处，拆模后可钉薄木条或粘贴硬熟料条加以保护。另外，还要注意避免人为污染或损坏。

（7）清水混凝土的表面修复。一般的观感缺陷可以不予修补，确需修补时，应遵循以下原则：应针对不同部位及不同状况的缺陷采取有针对性的不同修补方法，选用腻子的颜色应与清水混凝土基本相同，修补时应及时洒水养护。

（8）对拉螺栓孔的封堵。对拉螺栓孔的封堵采用掺有外加剂和掺合料的补偿收缩水泥砂浆，砂浆的颜色与清水饰面混凝土的颜色接近，具体操作如下：

1）清理螺栓孔，并洒水润湿。

2）用特制堵头堵住墙外侧，用颜色稍深的补偿收缩水泥砂浆从墙内侧向孔里灌浆至孔深，用平头钢筋捣实。

3）再灌补偿收缩水泥砂浆至与内墙面平齐，要求孔眼平整。

4）待砂浆终凝后，开始喷水养护。

7. 沥青混凝土的施工工艺

（1）沥青混合料拌和。骨料按沥青混合料的生产要求正常烘干，骨料加热温度为 180 ℃～195 ℃；基质沥青加热温度参考沥青粘温曲线确定；烘干后的骨料进行二次筛分计量，然后添加矿粉并加入预定用量的沥青正常湿拌 35～45 s；沥青混合料拌和温度为 170 ℃～185 ℃；出料温度为 165 ℃～170 ℃。

（2）运输、摊铺、压实。

1）将拌和好的沥青混合料用自卸车（载重量最好不小于 20 t）运输到摊铺现场，运输时应注意保温，以防止沥青混合料温度在压实前过度降低。

2）摊铺温度为 160 ℃～ 170 ℃，摊铺系数一般为 1.15，摊铺速度一般为 2 ～ 3 m/min。

3）摊铺后可以紧跟摊铺机碾压，初压温度为 160 ℃～ 170 ℃，复压温度为 150 ℃～ 160 ℃，终压温度不低于 120 ℃。

4）压实时，压路机可以紧跟摊铺机，采用"紧跟、慢压、高频、低幅"的原则。

5）注意压实冷却后开放交通（开放通车温度不高于 50 ℃）。

（3）配合比检验。生产配合比一经确定，就不能随意更改。冷料配合比必须每天根据石料含水量进行调整。如果出现严重的溢料现象，必须重新取样进行配合比设计。搅拌好的沥青混合料应跟踪抽检级配、油石比等指标，发现问题及时调整生产配合比。

（4）拌和质量目测。对混合料拌和的均匀性随时进行检查，沥青混合料应无花白石子、无沥青团块、乌黑发亮，如果出现花白石子，应停机分析原因予以改进。对沥青混合料的质量实施过程进行控制和总量检验，对每个工作日或台班的平均级配、油石比、拌和温度的平均值、标准差、变异系数等，统计合格率，与试验检测的结果进行对比，从而评定混合料的质量；同时，应对外掺剂的用量进行总量检验和控制，实行沥青混合料的质量动态管理。

（5）摊铺。

1）摊铺机。改性沥青混合料应采用履带式摊铺机，每台摊铺机应配备两套长度不小于 16 m 的平衡梁和两套自动滑橇。有条件的单位可采用非接触式平衡梁和沥青混合料转运车。

2）找平。沥青混合料改性添加剂沥青面层应直接采用双侧平衡梁、滑靴自动控制平整度和高程。匝道等小半径弯道采用滑靴自动找平方式。当形状不规则地区及次要地区，自控系统不能正常工作时，允许采用人工控制方式操作。

3）摊铺方式。每个作业面应根据铺筑宽度选择摊铺机的数量，通常宜采用两台或更多台数的摊铺机前后错开 10 ～ 20 m（为了减少摊铺时的温度损失，距离还可缩短）。梯形摊铺时，上面层的纵向接缝应设置在行车道的中部，中面层和表面层的纵向接缝应与相邻层错开。

4）摊铺工艺。沥青混合料运至摊铺现场后应凭运料单接收，并检查拌和质量。不符合温度要求，或已经结成团块、已遭雨淋湿的混合料不得摊铺在道路上，混合料摊铺温度为 160 ℃～ 170 ℃。

施工过程中摊铺机前方应由运料车等候卸料，开始摊铺时在施工现场等候卸料的运料车不宜少于 5 辆，以保证连续摊铺。运料车应停在摊铺机前 10 ～ 30 cm 处，不得撞击摊铺机；卸料过程中运料车应挂空挡，靠摊铺机推动前进，以确保摊铺层的平整度。

参数选择：应根据混合料的类型、骨料尺寸、厚度等情况选择烫平板的振动频率（一般取高值，约 70 Hz）、夯锤行程（一般取低值）、夯锤频率（一般取高值，约

25 Hz），以提高路面的初始压实度；选择螺旋布料器的高度（一般在中心）、螺旋布料器与烫平板的间距（一般取中值）；选择烫平板拱度以保证横坡度；选择烫平板的工作仰角等。

摊铺速度控制在 1 ～ 3 m/min，应与拌合机供料速度协调，保持匀速不间断地摊铺，不得中途停机。螺旋布料器应保持稳定、均匀的速度旋转，摊铺料位应大于 2/3 螺旋位置。

尽量减少收斗次数，且在收斗时，摊铺机应不等收料斗内的混合料全部使用完毕就折起回收，并立刻准备接收下一台运料车卸料。

（6）碾压。

1）压实设备。每个摊铺机应配备不少于 2 台 11 ～ 13 t 的双钢轮压路机、一台轮胎压路机和一台小型振动压路机。

2）压路机组合。应选择合理的压路机组合方式及碾压步骤，以达到最佳压实效果。推荐采用 1 台双钢轮压路机初压，1 台轮胎压路机随后复压，1 台双钢轮压路机在后面终压收光，1 台小型振动压路机碾压左右路缘石或边角等地方。为了满足施工压实度满足要求，碾压中、下面层时应采用 25 t 以上胶轮压路机和钢轮压路机联合作业的方式进行，且压路机应以慢而均匀的速度推移。

3）碾压工艺。压路机应紧跟摊铺机进行碾压，做到"紧跟、有序、慢压、高频、低幅"，应尽量保证沥青混合料在高温条件下完成碾压。碾压速度要均匀，启动、停止必须减速缓慢进行，不得随意调头。

初压应在 155 ℃～ 165 ℃温度下进行，并不得出现推移、裂缝。压路机应从外侧向中心碾压。当边缘有挡板、路缘石、路肩等支挡时，应紧靠支挡碾压；当边缘无支挡时，可用耙子将边缘的混合料稍稍耙高，然后将压路机的外侧轮伸出边缘 10 cm 以上碾压。也可以边缘先空出宽 30 ～ 40 cm，待碾压完第一遍后，将压路机大部分质量位于已压实过的混合料面上再压边缘，以减少向外推移。

复压应紧接在初压后进行，为防止压路机黏附混合料，应尽可能在高温状态下碾压。采用胶轮压路机加钢轮压路机联合作业时，首先钢轮压路机前进静压后返回起振，复压采用胶轮压路机。

终压应紧接在复压后进行，终压可选用双钢轮式压路机或关闭振动的振动压路机碾压，不宜少于两遍，从而消除轮迹，提高平整度。终压温度应大于 110 ℃。

4）碾压注意事项。碾压遍数应严格按照试验路段确定程序进行，现场设专人指挥碾压，记录碾压次数。

压实后的沥青混合料应符合压实度及平整度的要求，不可过分追求平整度指标而牺牲压实度要求，也不可过压而使剩余孔隙率减小。

在碾压过程中胶轮压路机严禁洒水，为了防止粘轮宜采用植物油与水的混合液（比例为 1：1）涂抹；双钢轮压路机应严格控制洒水量，以沥青混合料不粘轮为原则。

在当天碾压的尚未冷却的沥青混合料层面上，不得停放任何机械设备或车辆，不得散落矿料、油料等杂物。

应随时观察路面早期的施工裂缝，发现因过分振动或推移产生的微裂缝应及时采取措施处理。

（7）接缝处理。

1）纵向接缝部位的施工应符合下列要求：摊铺时采用梯队作业的纵缝应采用热接缝。施工时应将已铺混合料部分留下 10～20 cm 宽暂不碾压，作为后摊铺部分的高程基准面，再做跨缝碾压以消除缝迹。

2）横向接缝应符合下列要求：相邻两幅及上下层的横向接缝均应错位 1 m 以上；搭接处应清扫干净并撒乳化沥青，可在已压实部分上面采用熨平板加热使之预热软化，以加强新旧混合料的贴合程度。

接缝处理：当施工结束后，摊铺机在接近端部前约 1 m 处将熨平板稍稍抬起驶离现场，用人工将端部混合料铲齐后再予碾压。然后用长度为 3 m 的直尺检查平整度和厚度不足部分。

接缝碾压：横向接缝的碾压应先用双钢轮压路机进行横向静压。碾压带的外侧应放置供压路机停顿的垫木，碾压时压路机应位于已压实的混合料层上，伸入新铺层的宽度为 15 cm。然后每压一遍向新铺混合料移动 15～20 cm，直至全部在新铺层上为止，再改为纵向碾压。当相邻摊铺已经成型，同时又有纵缝时，可先用双钢轮压路机沿纵缝静压一遍，碾压宽度为 15～20 cm，然后沿横缝作横向碾压，最后进行正常的纵向碾压。特别注意，要保证横接缝开始后 10 m 内的平整度。

3）修边。摊铺层的外露边缘应用凿岩机凿齐或用切割机切割到要求的线位。修边切下的材料及其他废弃，如沥青混合料，均应妥善处理，不得随意丢弃。

※ 小结

水泥、砂浆、混凝土已经成为人类现代社会中工程建设领域极为重要且普遍应用的材料。随着社会的发展，人们对这些材料提出了越来越高的要求，特别是在环保方面，于是很多新的种类的混凝土材料被开发出来了。深入研究这些新种类混凝土材料，充分利用这些材料的优势，从而进一步提高工程建设的质量成为相关领域学习者和实践者的应有责任。

※ 实训

1. 实训目的

让学生根据所学知识进行混凝土配合比实操，通过动手实践，深入了解水泥砂浆和混凝土材料的特性。

2. 实训方式

混凝土景观小品实例浇筑。

（1）学生分组：以 5～7 人为一组，自主进行混凝土配合比的控制、搅拌、浇筑。

（2）重点：准确控制混凝土配合比，规范实施混凝土浇筑流程。

3．实训内容及要求

（1）科学合理配制混凝土景观小品各成分的比例。

（2）规范实施混凝土景观小品的浇筑及拆模。

（3）写出实训小结。

※ 课后习题

一、选择题

1. 下列属于胶凝材料的是（　　）。

　　A. 水泥　　　　　　B. 沥青　　　　　　C. 胶粘剂　　　　　　D. 塑料

2. 普通混凝土由（　　）组成。

　　A. 水泥、水、砂、石　　　　　　B. 胶凝性材料、水、砂、石

　　C. 水泥、砂、水　　　　　　　　D. 胶凝性材料、水、砂

3. 砂浆由（　　）组成。

　　A. 水泥、水、掺加料　　　　　　B. 胶凝材料、细骨料、水、掺加料

　　C. 细骨料、水、水泥　　　　　　D. 胶凝材料、水、掺加料

4. 下列不属于装饰混凝土的是（　　）。

　　A. 纤维混凝土　　　B. 压印混凝土　　　C. 露石混凝土　　　D. 彩色混凝土

二、实操题

某学校后勤部计划在生态学院院内休憩区铺设一条彩色混凝土休闲小路，现在到环境设计学院征询施工方案。请学生根据所学制订一套合理的方案，要求明确施工流程和技术要点。

【应用小贴士】　　　【知识小课堂】

水泥、砂浆、混凝土应用中应注意的一些问题

砂浆发展史

模块四 石灰、石膏材料

知识目标

1. 了解石灰、石膏材料的种类；

2. 掌握各类石灰、石膏材料的基本特性及在景观中的应用情况；

3. 掌握石灰、石膏材料的基本施工流程及操作要点。

能力目标

1. 能够准确识别常见石灰和石膏材料的种类；

2. 能够根据施工项目的实际情况选用适合的石材；

3. 能够利用石膏材料进行简单的景观模型翻制操作。

素质目标

1. 培养学生善于观察、发现问题的能力；

2. 培养学生吃苦耐劳、爱岗敬业的工作精神；

3. 培养学生养成高度的责任心；

4. 培养学生的环保意识和开拓精神。

【案例导入】

2023 年，××生态工程职业学院启动了校园改造项目，其中一部分内容涉及重新涂刷石膏涂料；另一部分内容涉及石灰土的拌和施工。由于相关内容在该学院环艺专业学习范围之内，环境艺术设计专业学习兴趣小组也参与了观摩学习和实践锻炼。本次实践的重点是实际完成石膏涂料的涂刷和石灰土的施工任务。学习兴趣小组的学生在实践中得以积累宝贵经验，加深了对所学知识的理解，提高了操作能力。

请学生想一想：石灰和石膏之间有什么区别？为什么涂刷材料应选用石膏而不是石灰？

单元一

石灰、石膏基础知识

一、石灰基础知识

石灰有生石灰和熟石灰之分。生石灰的主要成分为氧化钙（CaO），为白色固体。生石灰与水发生反应（同时放出大量的热），或吸收潮湿空气中的水分，即成熟石灰，主要成分为氢氧化钙 [Ca（OH）$_2$]，又称消石灰。

（一）生石灰的分类和标记

1. 分类

按生石灰的加工情况，生石灰可分为建筑生石灰和建筑生石灰粉；按生石灰的化学成分，可分为钙质石灰和镁质石灰两类，见表 4-1。

表 4-1　建筑生石灰各等级的分类

类别	名称	代号
钙质石灰	钙质石灰 90	GL90
	钙质石灰 85	GL85
	钙质石灰 75	GL75
镁质石灰	镁质石灰 85	ML85
	镁质石灰 80	ML80

2. 标记

生石灰的识别标志由产品名称、加工情况和产品依据标准编号组成。生石灰块在代号后加 Q，生石灰粉在代号后加 QP。

（二）生石灰的化学成分

建筑生石灰的化学成分主要是氧化钙、氧化镁、二氧化碳、三氧化硫。

（三）石灰的特性和应用

（1）良好的可塑性及保水性。生石灰熟化后形成颗粒极细（粒径为 0.001 mm）、呈胶体分散状态的 $Ca(OH)_2$ 粒子，颗粒表面能吸附一层较厚的水膜，降低了颗粒间的摩擦力，具有良好的可塑性，易铺摊成均匀的薄层，即石灰膏。在水泥砂浆中加入石灰膏，可明显提高砂浆的可塑性，改善砂浆的保水性。

（2）凝结硬化慢，强度低。从石灰的凝结硬化过程可知，石灰的凝结硬化速度非常缓慢。生石灰熟化时的理论需水量较小，为了使石灰具有良好的可塑性，常常加入较多的水，多余的水分在硬化后蒸发，在石灰内部形成较多的孔隙，使硬化后的石灰强度不高，1∶3 石灰砂浆 28 d 抗压强度通常为 0.2 ～ 0.5 MPa。

（3）耐水性差。石灰是一种气硬性胶凝材料，不能在水中硬化，对于已硬化的石灰材料，若长期受到水的作用，会因 $Ca(OH)_2$ 溶解而导致损坏，所以石灰耐水性差，不宜用于潮湿环境及遭受水侵蚀的部位。

（4）体积收缩大。石灰浆体在硬化过程中要蒸发大量的水，使石灰内部毛细孔失水收缩，引起体积收缩。因此，纯石灰浆一般不单独使用，必须掺入填充材料，如掺入砂子配制成石灰砂浆，可减少收缩，而且掺入的砂，能在石灰浆内形成连通的毛细孔道，使内部水分蒸发，加快硬化。另外，还常在石灰砂浆中加入纸筋、麻刀等纤维状材料制成石灰纸筋灰、石灰麻刀灰，以减小收缩裂缝。

二、建筑石膏

石膏作为传统的气硬性胶凝材料，在建筑中已被广泛应用，其制品具有质轻、耐火、隔声、绝热等优良性能。近年来，各种建筑石膏制品发展得很快，成为一种极有发展前景的高效节能材料。另外，石膏作为重要的外加剂，被广泛应用在水泥、水泥制品及硅酸盐制品的生产中。

（一）建筑石膏的特性

1．凝结硬化快

建筑石膏加水拌和后，浆体几分钟后便开始失去可塑性，30 min 内完全失去可塑性而产生强度。这给成型带来一定的困难，因此，在使用过程中，常掺入一些缓凝剂，如亚硫酸盐、酒精废液、硼砂、柠檬酸等。其中，硼砂缓凝剂效果好，用量为石膏重量的 0.2% ～ 0.5%。

2. 体积微膨胀性

建筑石膏在硬化时体积会膨胀，膨胀率为 0.5% ～ 1%。这一性质使石膏可浇筑出纹理细致的浮雕花饰；同时，石膏制品质地洁白细腻，特别适合制作建筑装饰制品。

3. 硬化后孔隙率高

为了使石膏浆体具有施工要求的可塑性，建筑石膏在加水拌和时往往加入大量的水（占建筑石膏质量的 60% ～ 80%），而建筑石膏理论需水量仅占 18.6%，这些多余的自由水蒸发后留下许多孔隙。因此，石膏制品具有孔隙率大、表观密度小、保温隔热性能好等优点；同时，也存在强度低、吸水率大、抗渗性差等缺点。

4. 防火性好，但耐火性差

建筑石膏硬化后成为二水石膏，主要成分为 $CaSO_4 \cdot 2H_2O$，其中的结晶水在常温下是稳定的，但当遇到火灾时，结晶水会吸收大量热量，石膏中结晶水蒸发后产生的水蒸气，一方面可以延缓石膏表面温度的升高；另一方面可有效阻止火势蔓延，从而起到防火作用。但二水石膏脱水后，强度下降，因此耐火性差。

5. 环境的调节性

建筑石膏是一种无毒无味、不污染环境且对人体无害的建筑材料。由于其具有较强的吸湿性、热容量大、保温隔热性能好，故在室内小环境条件下，能在一定程度上调节室内环境的温度、湿度，使其更符合人类的生理需求，有利于人体健康。

6. 耐水性、抗冻性差

建筑石膏制品的孔隙率大，且二水石膏可微溶于水，遇水后强度大大降低，其软化系数仅有 0.2 ～ 0.3，是不耐水材料。若石膏制品吸水后受冻，会因孔隙中水分结冰膨胀而破坏。因此，石膏制品不宜用在潮湿寒冷的环境中。

（二）建筑石膏技术要求

《建筑石膏》（GB/T 9776—2022）中规定的技术指标见表 4-2。

表 4-2　建筑石膏的技术指标

等级	凝结时间 /min		强度 /MPa			
	初凝	终凝	2 h 湿强度		干强度	
			抗折	抗压	抗折	抗压
4.0	≥ 3	≤ 30	≥ 4.0	≥ 8.0	≥ 7.0	≥ 15.0
3.0			≥ 3.0	≥ 6.0	≥ 5.0	≥ 12.0
2.0			≥ 2.0	≥ 4.0	≥ 4.0	≥ 8.0

三、水玻璃

水玻璃俗称泡花碱，是一种可溶性硅酸盐，由碱金属氧化物和二氧化硅组成，如硅酸钠（$Na_2O \cdot nSiO_2$）、硅酸钾（$K_2O \cdot nSiO_2$）等。建筑中常用的种类是硅酸钠液态水玻璃，其是由固体水玻璃溶解于水而得，由于所含杂质不同而呈青灰色、黄绿色，水玻璃以无色透明的液体为佳。

（一）水玻璃的生产

水玻璃的生产方法有湿法生产和干法生产两种。湿法生产是将石英砂和氢氧化钠水溶液在压蒸锅内（$0.2 \sim 0.3$ MPa）用蒸汽加热溶解而制成水玻璃溶液；干法生产是将石英砂和碳酸钠磨细搅拌均匀，使其在 $1\,300\ ℃ \sim 1\,400\ ℃$ 温度中熔融。其反应式如下：

$$Na_2CO_3 + nSiO_2 =\!=\!= Na_2O \cdot nSiO_2 + CO_2 \uparrow$$

熔融的水玻璃冷却后得到固态水玻璃，然后在 $0.3 \sim 0.8$ MPa 的蒸压釜内加热溶解成胶状玻璃溶液。

水玻璃化学式中的 SiO_2 与碱金属氧化物的摩尔数比值 n，称为水玻璃的模数，一般为 $1.5 \sim 3.5$，水玻璃的模数与其黏度、溶解度有密切关系。n 值越大，水玻璃中的胶体组分（SiO_2）越多，黏性越大，越难溶于水。当模数为 1 时，水玻璃可溶解于常温的水中；当模数为 2 时，只能溶解于热水中；当模数大于 3 时，要在 4 个标准大气压以上的蒸汽中才能溶解。模数相同的水玻璃，密度和黏度越大，硬化速度越快，硬化后的粘结力与强度也越高。工程中常用的水玻璃模数为 $2.6 \sim 2.8$，其密度为 $1.3 \sim 1.4$ g/cm^3。

（二）水玻璃的硬化

水玻璃在空气中吸收二氧化碳，形成无定形硅酸凝胶，并逐渐由于干燥而硬化。其反应式如下：

$$Na_2O \cdot nSiO_2 + CO_2 + mH_2O =\!=\!= Na_2CO_3 + nSiO_2 \cdot mH_2O$$

由于空气中二氧化碳浓度较低，上述过程进行得非常缓慢，为了加速硬化，常在其中加入氟硅酸钠（Na_2SiF_6）作为促硬剂，促使硅酸凝胶析出。氟硅酸钠的适宜用量为水玻璃重量的 $12\% \sim 15\%$，如果用量太少，不但硬化速度慢，强度降低，而且未反应的水玻璃易溶于水，因而耐水性差。但如果用量过多，又会引起凝结过速，造成施工困难。

（三）水玻璃的技术性质

1. 粘结力强

水玻璃硬化后具有较高的黏结强度、抗拉强度和抗压强度。用水玻璃配制的水玻璃混凝土，抗压强度为 $15 \sim 40$ MPa，水玻璃胶泥的抗拉强度可达到 2.5 MPa。另外，水玻璃硬化后析出的硅酸凝胶还可堵塞毛细孔隙，以防止水分渗透。

2. 耐酸性好

硬化后的水玻璃的主要成分是硅酸凝胶，所以它能抵抗大多数无机酸和有机酸的侵蚀，尤其是在强氧化酸中仍有较高的化学稳定性，但水玻璃不耐碱性介质的侵蚀。

3．耐热性高

水玻璃硬化后形成 SiO_2 无定型硅酸凝胶，强度在高温下并不降低，甚至有所增加，因此具有良好的耐热性能。

单元二

石灰、石膏的应用

一、石灰的应用

（1）拌制灰土或三合土。灰土是用熟石灰粉和黏土按一定比例拌和均匀、夯实而成，常用的有二八灰土及三七灰土（体积比）；三合土是用熟石灰粉、黏土、骨料按一定的比例混合均匀并夯实。夯实后的灰土和三合土广泛用作建筑物的基础、路面或地面的垫层，强度比石灰和黏土都高，这是因为黏土颗粒表面的少量活性 SiO_2、Al_2O_3 与石灰发生反应生成水化硅酸钙和水化铝酸钙等不溶于水的水化产物。

（2）配制石灰砂浆和石灰乳。用水泥、石灰膏、砂配制成的混合砂浆广泛用于砌筑工程，用石灰膏与砂、纸筋、麻刀配制成的石灰砂浆、石灰纸筋灰、石灰麻刀灰广泛用作内墙、顶棚的抹面砂浆。由石灰膏稀释成石灰乳，可用作简易的粉刷涂料。

（3）生产硅酸盐制品。将磨细生石灰与砂或粒化高炉矿渣、炉渣、粉煤灰等硅质材料混合成型，再经常压或高压蒸汽养护，就可制得密实或多孔的硅酸盐制品，如灰砂砖、粉煤灰砖、加气混凝土砌块等。

（4）生产碳化石灰板。将磨细的生石灰、纤维状填料（如玻璃纤维）或轻质骨料按比例混合搅拌成型，再通入 CO_2 进行人工碳化，便可制成轻质板材，称为碳化石灰板。为提高碳化效果，减轻自重，还可将其制成空心板。该制品表观密度小，导热系数小，主要用作非承重的隔墙板、顶棚等。

（5）加固含水的软土地基。生石灰可用来加固含水的软土地基，如石灰桩，是在桩孔内灌入生石灰块，利用生石灰吸水熟化时体积膨胀的性能产生膨胀压力，从而使地基加固。

（6）利用生石灰配制无熟料水泥。用矿渣、粉煤灰、火山灰质材料与石灰共同磨细制得无熟料水泥。生石灰配制无熟料水泥是利用生石灰水化产物 $Ca（OH）_2$ 对工业废渣起碱性激发作用，生成有胶凝性、耐水性的水化硅酸钙和水化铝酸钙。这个方法在利用工业废渣生产建筑材料时被广泛采用。

生石灰在运输或储存时，应避免受潮，以防止生石灰吸收空气中的水分而自行熟化，生石灰不能与易燃、易爆及液体物质混存、混运，以免引起爆炸和发生火灾。石灰的保管期不宜超过一个月。

二、建筑石膏的应用

建筑石膏的用途广泛，主要用于室内抹灰和粉刷，生产各种石膏板及装饰制品，作为水泥原料中的缓凝剂和激发剂等。

1. 室内抹灰和粉刷

以建筑石膏为基料，加水、砂拌和成的石膏砂浆，通常用于室内抹灰。建筑石膏或建筑石膏和不溶性硬石膏两者混合后再掺入外加剂、细骨料即制成了粉刷石膏。按用途可分为面层粉刷石膏（M）、底层粉刷石膏（D）和保温层粉刷石膏（W）三类。粉刷石膏是一种新型内墙抹灰材料，该抹灰表面光滑、细腻、洁白，具有防火、吸声、施工方便、黏结牢固等特点；同时，石膏抹灰的墙面、顶棚还可以直接涂刷涂料及粘贴壁纸。

2. 建筑石膏制品

建筑石膏制品主要有纸面石膏板、装饰石膏板、吸声用穿孔石膏板等。由于石膏制品具有良好的装饰功能，而且具有不污染、不老化、对人体健康无害等优点，近年来备受青睐。

（1）纸面石膏板。纸面石膏板有普通纸面石膏板、耐水纸面石膏板、耐火纸面石膏板和纸面石膏装饰吸声板。纸面石膏板以建筑石膏为原料，掺入适量特殊功能的外加剂构成芯材，并与特制的护面纸牢固地结合在一起。

普通纸面石膏板适用于办公楼等建筑室内吊顶、墙面隔断等处的装饰；耐水纸面石膏板主要用于厨房、卫生间等潮湿场合的装饰；耐火纸面石膏板主要用于防火等级要求高的建筑物，如影剧院、体育馆、幼儿园、展览馆等。

（2）装饰石膏板。装饰石膏板是一种不带护面纸的装饰板材料，是以建筑石膏为主要原料，掺入少量短玻璃纤维增强材料和聚乙烯醇外加剂，和水一起搅拌成均匀的料浆，采用带有图案的硬质塑料模具浇筑成型，干燥而成。

装饰石膏板包括平板、孔板、浮雕板、防潮板等品种。其中，平板、孔板和浮雕板是根据板面形状命名的；防潮板是根据石膏板在特殊场合的使用功能命名的。

装饰石膏板主要用于建筑物室内墙面和吊顶装饰。

（3）吸声用穿孔石膏板。吸声用穿孔石膏板是以装饰石膏板或纸面石膏板为基础材料，由穿孔石膏板、背覆材料、吸声材料及板后空气层等组合而成的石膏板材，主要用于室内吊顶和墙体的吸声结构中，当潮湿环境中使用或对耐火性能有较高要求时，则应采用相应的防潮、耐水基板。

吸声用穿孔石膏板除具有一般石膏板的优点外，还能吸声降噪，明显改善建筑物的室内音质、音响效果，从而改善生活环境和劳动条件。

（4）石膏艺术制品。石膏艺术制品是用优质建筑石膏为原料，加入纤维增强材料等外加剂，与水一起制成料浆，再经浇筑入模，干燥硬化后而制得的一类产品。石膏艺术制品品种繁多，主要包括平板、浮雕板系列，浮雕饰线系列（阴型饰线及阳型饰线），艺术顶棚、灯圈、浮雕壁画、画框等。

建筑石膏在运输、储存过程中必须防止受潮，一般在储存 3 个月后，强度下降 30% 左右，所以储存期超过 3 个月后，应重新检验，确定等级。

三、水玻璃的应用

1. 涂刷材料的表面

将液体水玻璃直接涂刷在黏土砖、水泥混凝土等多孔材料表面，可提高材料抗风化能力和耐久性。这是因为水玻璃硬化后可形成硅酸凝胶；同时，水玻璃也与材料中的氢氧化钙作用生成硅酸钙胶体，可填充毛细孔隙，使材料致密。需要注意的是，硅酸钠水玻璃不能用来涂刷或浸渍石膏制品，因为硅酸钠与硫酸钙发生反应可生成硫酸钠，并在制品孔隙中结晶膨胀，会损坏制品。

2. 加固土壤

将水玻璃溶液和氯化钙溶液通过金属管道交替灌入地下，由于两种溶液发生化学反应生成硅酸凝胶体，这些凝胶体包裹土壤颗粒并填充其孔隙，起胶结作用。另外，硅酸凝胶体因吸收地下水经常处于膨胀状态，阻止水分的渗透，因此不仅可以提高地基的承载力，而且可以提高其不透水性。用这种方法加固的砂土地基，抗压强度可达 3.6 MPa。

3. 修补砖墙裂缝

将液态水玻璃、粒化高炉矿渣粉、砂和氟硅酸钠按表 4-3 中的比例配制成砂浆，压入砖墙裂缝，可起到黏结和增强的作用。掺入的矿渣粉不仅可以起到填充和减小砂浆收缩作用，而且还能与水玻璃反应，增加砂浆的强度。使用时先将砂和矿渣粉搅拌均匀，然后与干料共同搅拌成砂浆。氟硅酸钠有毒，操作时应戴防护口罩。

表 4-3　水玻璃矿渣砂浆的配合比

粒化高炉矿渣粉	砂	液体水玻璃	氟硅酸钠与水玻璃的质量比 /%	说明
1	2	1.5	8	模数 2.3，密度 1.52 g/cm^3 的水玻璃
		1.5	15	模数 3.36，密度 1.36 g/cm^3 的水玻璃

4. 配制防水剂

以水玻璃为基料，加入 2～4 种矾配制成的不同防水剂，称为二矾、三矾或四矾防水剂。水玻璃能促进水泥凝结，如在水泥中掺入约为水泥重量的 0.7 倍的水玻璃，初凝时间为 2 min，可直接堵漏。例如四矾防水剂是以蓝矾（硫酸铜）、明矾（钾铝矾）、红矾（重铬酸钾）和紫矾（铬矾）各 1 份，溶于 60 份沸水中，使其温度降至 50 ℃，投入 400 份水玻璃溶液中，搅拌均匀而成。这类防水剂适用于堵塞漏洞、缝隙等局部抢修工程。由于凝结速度过快，不宜调配水泥防水砂浆用作屋面或地面的刚性防水层。

5. 配制耐酸混凝土、耐热混凝土

以水玻璃作胶结料、氟硅酸钠为促硬剂，与耐酸粉料及耐酸粗骨料按一定比例配制成耐酸混凝土。水玻璃混凝土能抵抗除氢氟酸之外的各种酸类的侵蚀，特别是对硫酸、硝酸有良好的耐腐蚀性，且具有较高的强度。

水玻璃耐热混凝土是以水玻璃作胶结料，掺入氟硅酸钠作为促硬剂，与耐热粗、细骨料按一定比例配合而成，能承受一定的高温作用而强度不降低，通常用于耐热工程。

单元三

石灰土、石膏墙面抹灰施工工艺

一、石灰土施工工艺及方法

（一）施工工艺流程

下承层验收合格→施工放样→石灰集中备料、消解→洒水闷料→石灰土集中拌和→石灰土运输→石灰土卸置、摊铺→粗平整形→稳压→精平整形→碾压成型→洒水养护。

（二）主要施工方法

1. 准备

施工前，施工人员应根据设计文件提供的资料，对取土场的填料进行复查和试验。路基必须经过检验，并且报验合格。

2. 施工测量放样

（1）本项目中的石灰土厚度为 18 cm 和 20 cm，施工前，项目部测量队对施工现场和设计院提供的控制点进行复核测量，利用全站仪和水准仪完成平面控制点与水准高程测量，布设加密点并导出水准点高程，以供施工测量放线。

（2）路面基底施工放样时，首先应对路基进行复测，检测标准必须满足设计和规范要求。上土前恢复中线及边桩，边桩位置比设计路基宽度加宽 0.5 m，保证碾压质量。其次进行水准测量，即按一定距离在中桩、两侧边桩上用红油漆标出石灰土虚铺高度。

（3）对测量数据进行记录、整理，由测量员及主管技术人员签字后，送交监理工程师核查。

3. 集中备料、闷料

根据设计图纸要求，石灰土采用集中厂拌法进行施工。要求实验室对进场石灰进行检测，石灰达到Ⅲ级以上标准方可投入使用。石灰集中拌合站设在宽敞且邻近水源处，按每吨石灰消解需要用水量 500～800 kg 进行加水（采用饮用水，不得使用污水）消解、闷料，使用前 7～10 d 内充分消解，消解后的石灰应保持一定的湿度，不得产生扬尘，也不可过湿，应能手握成团，消解后的熟石灰过 10 mm 筛后应尽快使用，并测定其等级、含水量，通过试验计算其堆积密度。将消解后的石灰（存放时尽量缩短存放时间）堆放成高堆并用篷布和土覆盖，防止石灰出现水化现象，影响石灰改良的强度，并应注意排水。

4. 石灰土拌和

根据设计图纸要求，石灰土采用集中厂拌法。为了保证石灰土的拌和质量，应严格控制石灰土的石灰剂量及最佳含水量，本标段石灰土路基全部采用灰土拌合站集中厂拌。

原材料检验合格后，严格按照实验室批复的石灰土配合比生产石灰土，当原材料发生变化时，必须重新申报灰土配合比。出厂前，由工地实验室对灰土的含水量、灰剂量（采用 EDTA 消耗量的检测方法）进行自检，检验合格后向监理报检，由监理抽检合格后才能出场。

另外，拌和灰土时应根据混合料的含水量及时调整加水量，并考虑其在拌和及运输中水分损失，使之比最佳含水量高 1%～2%。搅拌好的混合料要尽快运输至施工现场摊铺，随拌随用。

5. 运输

每个作业面使用 6 辆自卸车进行覆盖运输，按照需求量、运距和生产能力合理配置车辆的数量，运输车量按既定路线进出场，禁止在作业面上急刹车、急转弯、掉头和超速行驶。

6. 摊铺

主要摊铺方法是采用推土机、平地机进行摊铺作业，必要时采用装载机、人工配合。

（1）在预定堆料的灰土路基上，在堆料前，应先清扫后洒水，使其表面干净、湿润，但不应由于过分潮湿而造成泥泞。

（2）采用渐进式摊铺法施工。上土布料前用白灰画出填料方格线，控制填料的边界，测量员现场测量高度，控制填料的摊铺厚度。压实厚度按 20 cm 控制，虚铺系数为 1.25（即虚铺厚度为 25 cm），以此计算出每个施工板块的用土量进行填料。

（3）给石灰土装车时，应控制每车料的数量基本相等。当土方运输至现场后，根据每辆车运输土方量，确定每施工板块格网内需要的车数（6 台自卸车，每车运土 22 m³，每一施工板块按 88 m^2 划分网格，刚好需 1 台车），为保证路基边缘的压实效果，布土边线要超出设计边线 30 ～ 50 cm。

（4）设专人按固定间隔、既定车型、既定的车数指挥卸料。摊铺前人工按虚铺厚度用白灰标出高程点。

（5）卸料距离应严格掌握，避免有的路段料不够或过多。

（6）灰土在路基上的堆置时间不应过长。

7. 粗平

检查现场石灰土含水量，在最佳含水量或在最佳含水量的 ±2% 时，用推土机先粗平 1 ～ 2 遍，粗平后宜用推土机在路基全宽范围内排压 1 ～ 2 遍，找出潜在不平整部位。对局部高程相差较大（一般指超出设计高程 ±50 mm）的面，用推土机整平，而当高程相差不大时（±30 mm 以内）用平地机整平。

8. 精平整形

采用平地机精平 1 ～ 2 次，然后检测高程、平整度和横坡度，对局部细骨料集中现象进行人工处理。控制高程，做到"宁高勿低，宁刮勿贴"，超高部分用平地机刮除。对局部高程稍低的灰土面严禁直接采取薄层找补，应先使用人工或机械松耕 100 m 左右再进行找补。

9. 碾压

压路机应遵循先轻后重、先稳后振、先低后高、先外后内、先慢后快的原则进行碾压。碾压顺序自右向左进行，每一往返压路机重叠 1/3，碾压速度不大于 4 km/h。每层的段落接头要错开 2 m 以上的间隔。在碾压过程中，实验人员从振压第三遍开始检验压实度；同时，还要进行标高测量，并记录数据。

碾压方式：土体平整后用 22 t 振动压路机静压一遍，然后用 22 t 振动压路机低挡弱振第一遍→再用 22 t 压路机低挡强振第二遍→ 22 t 压路机低挡强振第三遍→检测压实度和标高（比较压实度提高幅度）→ 22 t 压路机低挡强振第四遍→检测压实度和标高→ 22 t 压路机高挡强振第五遍→检测压实度和标高→ 22 t 压路机高挡强振第六遍→检测压实度和标高→如压实度达不到 97% 标准，继续碾压→检测压实度和标高→如压实度达到 97% 标准，则进行静压。

10. 养护方法及交通管制

（1）待施工路段碾压成型、压实度检验合格后立即开始洒水养护，封闭施工现场，非施工人员及车辆不得进入养护路段。

（2）严禁压路机和重型车辆在已成型的路段上行驶，洒水车等不得在成型的灰土路基上调头或急刹车，保持匀速行驶。

（3）洒水、保湿、养护 7 天以上，此项工作应由专人负责，配备 8 m^3 专用洒水车 1 台，以随时保持灰土路基表面潮湿状态。

11. 强度控制

路面基底灰土 7 d 无侧限抗压强度不小于 0.8 MPa。

（一）施工工艺流程

结构验收（合格）→施工准备（材料、机具、作业条件）→基层处理→墙面浇水→墙面喷浆→吊垂直抹灰饼→做护角→抹底层灰→抹中层灰→抹罩面灰。其操作要点如下：

（1）施工准备。

1）必须经过有关部门进行结构工程的验收，合格后方可进行抹灰工程。

2）抹灰前应检查门窗洞口位置是否正确。

3）将剪力墙表面凸出部分混凝土剔平，对蜂窝、麻面部位用1：（2～2.5）水泥砂浆找平；用 C_2O 细石混凝土将脚手架洞眼堵严；窗台混凝土应补齐。

4）管道穿越楼板洞应及时安放套管，并用提高一个强度等级的细石混凝土（掺微膨胀剂）填嵌密实；墙上割出线槽处用1：3水泥砂浆抹实、抹平，抹前将线槽部位用水湿润并应刷素水泥浆一道（内掺混凝土界面剂），抹好后在线槽上钉好225 mm 宽镀锌钢丝网（网眼规格为13 mm×13 mm，钢丝直径为0.8 mm）；电线管、消火栓箱、配电箱安装完毕，并将背后露明部分钉好钢丝网；接线盒用纸堵严。砌体与混凝土（梁底、过梁、剪力墙、结构柱）的交界处钉好225 mm 宽镀锌钢丝网，烟道周围钉镀锌钢丝网并与墙连接不少于150 mm 宽。固定镀锌钢丝网时，混凝土墙面采用保温钉，砌体墙面采用钢钉。钉距为250 mm 并在交界面的两侧交错布置呈梅花形，钢钉、保温钉距钢丝网的网边为6 cm。钢丝网搭接重叠处，四角必须用钢钉、保温钉固定牢固且距钢丝网的网边为6 cm。

5）混凝土、砌体基层表面的灰尘、污垢、油渍和养护液、模板、胶带等应清除干净，并浇水湿润。

6）根据室内高度和抹灰现场的具体情况，提前准备好抹灰高凳或脚手架，架子应离开墙面及墙角200～250 mm，以便于操作。

7）在进行室内大面积施工前，先做样板间，经鉴定合格后才能大面积施工。

8）当屋面防水工程完工前进行室内抹灰时，必须采取防护措施。

（2）基层处理。在抹灰前应做好水、电、暖开关及配电箱的安装，穿墙管道的埋设，对剔墙的管槽使用1：3水泥砂浆密封；将墙体基层表面凹凸不平处提前凿平；基层表面砂浆、残浆、污垢、油漆均事先清理干净；外露钢筋头应剔除、磨平，防锈漆点涂；窗台混凝土补齐。

（3）墙面浇水。抹灰前4 d，应用胶皮管自上而下浇水。

（4）墙面喷浆。采用专用混凝土界面胶粘剂，它黏结强度高，对多种基材具有良好的附着力。抹灰前3 d，用喷壶将1：0.25水泥细砂掺入混凝土界面剂，喷涂于墙体表面。喷涂注意，要均匀、满涂，并浇水养护，待达到强度后抹灰。

（5）吊垂直抹灰饼。本工程采用中级抹灰方式，即室内墙体抹灰层的平均总厚度不得大于 20 mm。在抹灰前再将墙体浇水湿润，但在抹灰前，基层表面不得有可见水珠或水层。

根据抹灰质量等级，按基层表面平整垂直情况，吊垂直、套方、找规矩，经检查后确定抹灰厚度，但最少不应小于 7 mm。墙面凹度较大时要分层衬平（石膏砂浆每层厚度宜为 7 ～ 9 mm），操作时先抹上灰饼再抹下灰饼；抹灰饼时要根据室内抹灰的要求（分清抹踢脚板还是水泥墙裙），以确定灰饼的正确位置，用靠尺板找好垂直与平整度。灰饼宜用成品粉刷石膏砂浆抹成 5 cm 见方形状。

（6）做护角。室内墙面的阳角、柱面的阳角和门窗洞口的阳角，应用 1 ：3 水泥砂浆打底，与所抹灰饼找平，待砂浆稍干后，再用素石膏抹出棱角，每侧宽度为 5 cm。内门洞口宽度≤ 200 mm 的墙面用 1 ：3 水泥砂浆全抹，墙面两侧各伸出 5 cm。阳台门、门联窗、更衣室入卫生间门洞口阳角用 1 ：3 水泥砂浆每侧各抹 5 cm（只抹入门一侧墙面）。

（7）抹底层灰、中层灰。

1）材料搅拌及配合比。底层、中层粉刷石膏：开动搅拌机后，先加入预计用水量 80% 左右，在连续搅拌过程中加入成品粉刷石膏砂浆进行搅拌，可按实际情况补充水分，使砂浆搅拌均匀，达到所需求的稠度。

面层粉刷石膏净浆罩面：先将水注入搅拌桶内，再加入粉料搅拌，搅拌均匀，即可使用。配合比采用石膏：水 =1 ：（0.3 ～ 0.4）。

2）抹面操作。抹灰采用成品粉刷石膏砂浆，稠度一般控制为 8 ～ 12 cm，先抹 10 mm 一层，待此层砂浆初凝后（用手指按不动但有手印），再抹中层灰，控制为 8 ～ 10 mm，再用大杠垂直、水平刮找一遍，用木抹子搓毛。然后全面检查是否平整，阴阳角是否方正，管道处灰是否抹齐，墙与顶交接是否光滑顺直，并用托线板检查墙面的垂直与平整情况。抹灰后应及时将散落的砂浆清理干净。石膏砂浆应随拌随用，不能用过夜灰。

3）修抹预留孔洞、电气箱、槽、盒。当将底层、中层灰抹平后，将洞、箱、槽、盒周边抹光滑、平整。

（8）抹罩面灰。当底灰六七成干时，即可开始抹罩面灰（如底灰过干应浇水湿润）。罩面灰应两遍成活，厚度约为 2 mm，最好两人同时操作，一人先薄薄刮一遍；另一人随即抹平。按先上后下顺序进行，再赶光压实，然后用铁抹子压实一遍，随后压光，搓平。压光工作要在净浆终凝前完成，随后用毛刷蘸水将罩面灰污染处清刷干净。净浆面层还可采用石膏：细砂 =1 ：0.5 的砂浆，已经硬化的砂浆、净浆，不得再次拌和使用。石膏砂浆不得与水泥砂浆混用。

（二）材料与设备

1. 材料要求

（1）粉刷石膏：采用 F-Ⅰ型粉刷石膏，应有合格证和试验报告。

（2）水泥：42.5级普通硅酸盐水泥。应有出厂证明或复试单，当出厂超过3个月时，必须再次复试，待合格后才能使用。

（3）砂：中砂，平均粒径为0.35～0.5 mm，使用前，应将其过5 mm孔径的筛子，且不得含有杂质。

2．机具设备

砂浆搅拌机、平锹、筛子（孔径为5 mm）、窄手推车、大桶、灰槽、灰勺、2.5 m大杠、1.5 m中杠、2 m靠尺板、线坠、钢卷尺、方尺、托灰板、铁抹子、木抹子、八字靠尺、5～7 mm厚方口靠尺、阴阳角抹子、长舌铁抹子、铁水平、长毛刷、排笔、钢丝刷、笤帚、喷壶、胶皮水管、小水桶、粉线袋、小白线、钻子（尖、扁头）、锤子、钳子、钉子、托线板、工具袋等。

※ 小结

石灰、石膏材料均来自含钙的矿物质，应用历史也很悠久。随着水泥材料的发展，石灰材料逐渐淡出人们的视线，但是并没有退出历史舞台，仍然凭借其良好的可塑性及保水性优势在建筑领域发挥作用。石膏材料在景观中应用更为广泛，且因其极强的可塑性在景观艺术小品造型领域发挥着重要作用。相关学习者除研究石膏在常规建筑领域的应用外，也很有必要了解它在景观艺术品塑形方面的应用情况。

※ 实训

1．实训目的

学生在进行石灰土拌制实操和石膏翻制实操时，可以通过具体实践了解和认识相关材料的规格、种类、使用要求及适用范围等。

2．实训方式

（1）石灰土拌制。

1）学生分组：以5～7人为一组。

2）重点内容：石灰土的拌制比例及拌制流程。

（2）石膏翻制。

1）学生分组：以5～7人为一组。

2）重点内容：石膏与水的混合比例及翻制流程。

3．实训内容及要求

（1）认真完成实操记录。

（2）完成石灰土拌制和石膏翻制的任务。

（3）写出实训小结。

一、选择题

1. 在室内自然干燥条件下，石膏（   ）完全可以硬化。

   A. 3 d   B. 7 d   C. 5 d   D. 10 d

2. 建筑石膏是指（   ）。

   A. $CaSO_4$ B. $\beta-CaSO_4 \cdot 0.5H_2O$

   C. $\alpha-CaSO_4 \cdot 0.5H_2O$ D. $CaSO_4 \cdot 2H_2O$

二、填空题

1. 建筑生石灰的化学成分主要有_____、_____、_____、三氧化硫。

2. 石灰的硬化过程包括_____和_____，它们同时进行。

三、实操题

学生利用石膏的特性翻制一个景观小品。请选取合适的模具，设计出石膏的翻制步骤，如可以以小组为单位翻制一个景观小品石膏模型。

【应用小贴士】　　　　【知识小课堂】

石灰、石膏应用中的注意事项

石灰、石膏的应用历史

模块五 木材景观材料

1. 了解木材的种类、加工方法及用途；
2. 熟悉木材的构造及基本性质；
3. 掌握防腐木材和新型木材的特性，以及它们在景观中的应用；
4. 掌握防腐木材的施工工艺及施工注意事项。

1. 能够正确了解木材在景观中的主要用途及其综合利用途径；
2. 能够了解木材的腐朽原理及防腐途径；
3. 能够了解木材在景观中的优势；
4. 能够根据施工项目的实际情况选用适合的木材。

1. 培养学生树立低碳、和谐、共生的理念；
2. 培养学生在工作中养成讲逻辑、讲方法、讲效率的习惯；
3. 培养学生爱岗敬业、吃苦耐劳、诚信、守时的品质；
4. 培养学生的团队协作能力。

2023 年，××生态工程职业学院启动了校园改造项目，其中一项任务的内容是对校园内雷锋园中的木质景观亭进行更新改造。此项任务前期调研工作将委托给环境设计学院环艺专业 A 班级。需要对现有木材进行调查统计，掌握需要改造的木质景观亭所需材料的情况。调研后设计任务也由该班级完成。工作小组需要根据雷锋园的周边环境及木质景观亭的设计方案选取木材，以满足需求，并需要向校方阐明相关木材的特点，以及提供木材的报价情况。

请学生想一想：室内与室外使用的木材有什么区别呢？木材经过怎样的处理才能适应特殊的需求呢？木材是否可以被其他材料完全替代呢？

木材与土、石一样，是人类最早用于构建房屋、园林和修路砌桥的材料，是最古老的建筑材料之一，它广泛分布于地球各个区域并普遍为人们所使用。中国古人对于木材的丰富的、极具创造性的应用在世界上也独树一帜。中国的建筑领域对于木材的应用有着悠久的历史，也有着独特的构筑手法和建造传统。

直至今天，木材在环境景观设计中仍然有着举足轻重的地位，它质朴和极具亲和力的天然特质仍然是其他材料所不能比拟的。木材材料也因此始终受到环境艺术设计人员的关注和喜爱。景观设计施工中所用的木材主要取自树木的树干部分，即树的躯干。景观中木栈道、木桥、休憩平台的木质铺装，以及木长廊、景亭等景观小品的制作，都少不了木材。

单元一

木材基本知识

一、木材的种类

木材泛指用于建筑的木质材料，常被统分为软木材和硬木材。工程中所用的木材主要取自树木的树干部分，木材因取材和加工容易，自古以来就是一种主要的建筑材料。木材的树种很多，按树叶的不同，可分为针叶树和阔叶树两大类。针叶树多为常绿树，树叶细长如针，树干通直高大，纹理平顺，木质均匀且较软，易于加工，故又称软木材。针叶树木材强度较高，体积密度大，胀缩和变形较小，树脂含量高，耐腐蚀性较强。针叶树木材广泛用于各种构件、装修和装饰部件，以及室外防腐木料。常用的针叶树树种有红松、云杉、冷杉、柏木等。阔叶树大多为落叶树，树叶宽大，叶脉呈网状，树干通直部分一般较短。大部分树种体积密度大，质地较坚硬，难加工，故又称硬木材，这种木材胀缩和翘曲变形大，易开裂，在建筑上常用于制作规格较小的构件，一些硬木材经加工后出现美丽的纹理，适用于室内装修、制作家具等。常用的阔叶树树种有樟树、榉树、水曲柳、榆树及少数质地稍软的桦树、椴树等。

二、木材的加工和用途

木材按加工程度和用途的不同，可分为原木、原条、板方材等（图 5-1）。

图 5-1　板方材、原木

（1）原木是指生长的树木被伐倒后，经修枝（除去皮、根、树梢）并截成规定长度的木材。

（2）原条是指只经过修枝、剥皮，没有加工的木料。

（3）板方材是指按一定规格锯解、加工成的板材和方材。截面宽度为厚度的 3 倍或 3 倍以上的称为板材；截面宽度不足厚度 3 倍的称为方材。

三、木材的构造

木材属于天然建筑材料，由于树种和生长环境不同，各种木材的构造特征有显著差别。木材的性质与其构造有关，木材的构造决定着木材的实用性和装饰性。由于针叶树和阔叶树的构造不完全相同，它们的性质也有很大差异。用肉眼所能看到的木材组织，如生长轮或年轮、边材和心材、髓心、髓线等，也可以作为识别时的辅助依据。为便于了解木材的构造，通常将木材横切（垂直于树轴的切面）。

在宏观下，木材可分为树皮、木质部和髓心三个部分。其中，木质部是建筑材料使用的主要部分，在实际使用过程中，木材的切割方式除依据所需木材的规格外，木材的结构也是一个很重要的依据。

如图 5-2 所示，许多树种的木质部接近树干中心颜色较深的部分，水分含量较少，称为心材；靠近横切面外部颜色较浅的部分，水分含量较多，称为边材。在树木横切面上深浅相同的同心环，称为年轮。年轮由春材（早材）和夏材（晚材）两部分组成。春材颜色较浅，组织疏松，材质较软；夏材颜色较深，组织致密，材质较硬。

相同的树种，夏材所占比例越多，木材的强度越高，年轮越密而均匀，木材的质量就越好。树干中心的部分称为髓心，髓心的质地松软、强度低、易腐朽、易开裂。对材质要求高的木材不得带有髓心。

从髓心向外的呈放射状横穿过年轮的辐射线叫作髓线。髓线与周围的连接较差，木材干燥时易沿髓线开裂。木材的切割方式如图 5-3 所示。

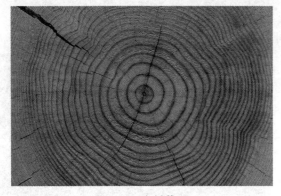

图 5-2　木材截面

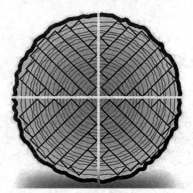

图 5-3　木材的切割方式

四、木材的基本性质

（一）木材的含水率

木材中的水分可分为三部分：存在于木材细胞壁内纤维之间的水分，称为吸附水；存在于细胞腔和细胞间隙之间的水分，称为自由水（游离水）。另外，还有一种结合水，在木材中含量极少。木材的含水率受很多因素的影响，如树种、采伐时间及保存方式等。树种不同，含水率也不同。一般来说，边材的含水率高于心材；而且含水率在树干垂直分布，一般梢端水分含量较高；根据含水率，木材可分为生材、湿材、气干材、炉干材和绝干材。生材是指刚伐倒的木材；湿材是指长期处于水中的木材，含水率一般较大，高过了生材；气干材是指放置于大气中的生材或湿材，水分逐渐蒸发，最后同大气湿度达到平衡，它的含水率为 12% ~ 18%，平均约为 15%；炉干材是指经人工干燥处理（一般用蒸汽、真空、太阳能、微波进行干燥后）后的木材，含水率为 4% ~ 12%，是装饰中使用最多的木材；绝干材是指在 100 ℃ ~ 105 ℃的温度下干燥而成的木材，含水率最低，接近零，多用于试验。

平衡含水率是指木材在大气中吸收或蒸发水分，与周围空气的相对湿度和温度相适应而达到木材水分相对恒定的含水率。如果木材的含水率低于平衡含水率，就会发生吸湿作用；大于平衡含水率，就会发生蒸发作用。木材的平衡含水率随树种、地区、季节和气候等因素而变化，一般为12%～18%，北方地区约为12%，南方地区约为18%，长江流域则约为15%。含水率是木材进行干燥时的重要指标，直接影响着木材的物理力学性质。因此，要采取适当的措施阻止木材吸湿。

（二）木材的收缩和膨胀

木材具有显著的湿胀干缩性。当木材从潮湿状态干燥至纤维饱和点时，其尺寸并不改变。继续干燥，当干燥至纤维饱和点以下时，细胞壁中的吸附水开始蒸发，木材发生收缩；反之，当木材的含水率在纤维饱和点以下时，如果细胞壁吸收空气中的水分，随着含水率的增大，木材体积会产生膨胀，直到含水率达到纤维饱和点。此后，即使木材的含水率继续增大，体积也不会再膨胀。

木材的湿胀干缩对木材的使用有严重影响，干缩会使木材产生裂缝或翘曲变形以致引起木结构的内部松弛，装修部件损坏等；湿胀则造成凸起。因此，木材在使用前应进行干燥，将其干燥至平衡含水率，使其含水率与使用时所处环境的湿度相适应。理论上，湿胀率和干缩率相等，但实际干缩率大于湿胀率。

（三）木材的密度

木材的密度是指天然木材单位体积的质量，单位一般用 g/cm^3 表示。木材的密度与木材的孔隙率、含水率和树种等有关。木材的孔隙率小，则密度大，反之则小；木材的含水率大，其密度也就大，反之则小；树种不同，其密度也不同。根据木材的密度，可将其分为轻、中、重三种木质。一般来说，密度低于 $0.4\ g/cm^3$ 者为轻木材，高于 $0.8\ g/cm^3$ 者为重木材，密度为 $0.4～0.8\ g/cm^3$ 者为中木材。在常用的木材中，密度较大的为 $0.98\ g/cm^3$，较小的为 $0.28\ g/cm^3$，例如，台湾的轻木是最轻的木材，密度仅为 $0.186\ g/cm^3$，广西的蚬木是最重的木材，密度为 $1.128\ g/cm^3$。但是即使是同一树种，因产地、生长条件、树龄的不同，木材的密度也会随之不同。家具用材一般要求密度适中，而雕刻工艺用材则要求密度大。

（四）木材的强度

工程中，使用的木材的强度主要有抗压强度、抗拉强度、抗弯强度和抗剪强度，并且有顺纹与横纹之分。作用力方向与纤维方向平行时，称为顺纹；作用力方向与纤维方向垂直时，称为横纹。每种强度在不同的纹理方向上均不同，木材的顺纹强度与横纹强度差别很大。理论上，顺纹抗拉强度最大，顺纹抗弯强度和顺纹抗压强度次之，横纹抗拉强度最小。但实际上，顺纹抗压强度最大，这是因为木材在自然生长期间受到环境不利因素的影响，产生木节、斜纹、虫蛀、腐朽等缺陷，从而很大程度上影响了抗拉强度，使抗拉强度反而低于抗压强度。木材的强度还因树种而异，在实际应用中应根据木材的生长及相关特征合理布局，充分利用其强度特性。

另外，木材的强度不仅与木材的构造、受力方向有关，还受含水率、载荷持续时间及木材本身缺陷等因素的影响。当木材的含水率在纤维饱和点以上时，含水率发生变化，但木材的强度不变。当木材的含水率在纤维饱和点以下时，随着含水率的降低，细胞内的吸附水减少，细胞壁趋于紧密，木材的强度就增大；反之强度减小。木材的含水率对各种强度的影响程度也不同，对抗拉强度的影响最小，对顺纹抗剪强度的影响次之，对顺纹抗压和抗弯强度的影响最大。

木材在长期载荷下不致引起破坏的最大强度称为木材的持久强度。木材的持久强度是木结构设计的重要指标和计算依据。它要比木材的极限强度小得多，一般为极限强度的 50% ~ 60%。木材受热后，纤维中的胶结物质处于软化状态，导致强度下降，因此当环境温度长期超过 50 ℃时，不宜采用木结构。

五、木材的缺陷

木材缺陷是指在木材上可以观察到的，能降低木材质量，影响木材使用的各种缺点。

（一）木材缺陷产生的原因

1. 生理原因

因生理原因而产生的木材缺陷是指树木在生长时期发育不良形成的缺陷。这种木材缺陷的形成和发展与树木的生长活动有着密切关系，是先天性的，如节子、树干形状缺陷、木材构造缺陷等。

2. 病理原因

因病理原因而产生的木材缺陷是指树木在生长过程中，由于受生物因子，如菌害、虫害等危害而形成的木材缺陷。这类木材缺陷是后天性的，若采取适当的保护方法，可以减轻此类木材缺陷对材质的影响，如变色、虫眼、腐朽、裂纹和伤疤等。

3. 人为原因

因人为原因而产生的木材缺陷是指立木伐倒后在生产、加工、保管过程中，由于受到不良的人为处理所形成的木材缺陷。此种木材缺陷也是后天性的，通过提高加工技术、改善经营管理方式，也可以减轻或避免这类缺陷。

（二）木材缺陷对木材产品质量的影响

树木在生长期间不可避免地要遭受各种病害及损伤，任何一种木材缺陷对木材产品等级都有一定的影响。因此，将木材缺陷对材质的影响控制在最小范围内，合理利用木材，提高木材的使用价值，是最经济的生产方式。

（三）木材的十大缺陷

1．节子

（1）定义。节子是指包含在树干或主枝木质部中的枝条部分，是在树木生长期间形成的。当树干分出树枝后，树枝内的形成层和树干的形成层相同，逐年分生，由于枝丫和树干的生长条件不同，形成层分生结果也不同。

节子在树干纵向和横断面上的分布情况是不均匀的。一般情况下，树干梢部节子比较密集，大部分为外部节；在树干干部分布比较均匀，大多数为隐生节；在树干下部，材质优良，节子几乎没有，或少数内含节。

（2）分类。

1）按节子的质地与周围木材连生的程度分为活节和死节。

①活节：由树木的活枝条形成，与周围木材紧密连生，质地坚硬，构造正常，如图 5-4 所示。

②死节：由树木的枯死枝条形成，与周围木材大部分或全部脱离，质地松软或坚硬，如图 5-5 所示。

图 5-4　活节

图 5-5　死节

2）按材质，节子可分为健全节、腐朽节、漏节（图 5-6）。

①健全节：是指节子材质完好，无腐朽现象。

②腐朽节：是指节子本身已腐朽，但未深入树干内部，节子周围材质仍完好。

③漏节：是指节子本身已腐朽，而且深入树干内部，引起木材内部腐朽。漏节的边界一般模糊不清，向内凹陷或形成空洞，这也是木材内部腐朽的外部特征。

图 5-6　健全节、腐朽节、漏节

（3）对材质的影响。

1）节子破坏了木材的完整性和均匀性，降低了木材的力学强度，不利于木材的有效利用。

2）节子影响加工出材率和成品的质量，木材的质量主要取决于其上所分布的节子。

3）给加工造成了困难。

综上所述，节子对木材质量的影响主要取决于节子类型、规格、密集程度、分布位置和木材的用途。就节子的类型来说，活节影响最小，死节次之，漏节影响最大。

（4）合理利用。根据原木标准，在生产原木时，应把节子密集或节子尺寸最大部分加工成对节子没有限制的可直接使用原木、造纸用材等。选锯切用原木时，应根据节子尺寸大小、个数多少、密集程度将节子分散在两段原木上或集中在一段原木上，尽量降低节子的缺陷程度，提高木材的等级。

2. 变色

（1）定义。凡木材的正常颜色发生改变，均称为变色。

（2）分类。变色可分为化学变色和真菌变色。

1）化学变色。树木伐倒后，由于化学和生物化学的反应过程而使木材产生浅棕红色、褐色等不正常颜色的变色称为化学变色。化学变色一般较均匀，而且仅限于木材表层，它对木材的物理性质、力学性质无影响，只是某些变色会损害木材的外观。一般情况下，对变色不加以限制。

2）真菌变色。由于真菌侵入而引起的变色称为真菌变色。真菌变色分为霉菌变色、变色菌变色和腐朽菌变色。

①霉菌变色：是指处于潮湿环境中的木材，其边材表面因霉菌的菌丝体和孢子体的侵染所形成的变色。霉菌只出现在木材表面，干燥后易于清除，有时在木材表面会残留污斑，因此有损木材外观，但不改变木材的强度及其他力学性质。

②变色菌变色：是指树木伐倒后，其边材在变色菌的作用下出现的变色。变色菌所产生的变色最常见的是青变，人们在习惯上称其为青皮。另外，边材的色斑呈橙黄色、粉红或浅紫色、棕褐色等。变色菌的变色一般不影响木材的物理、力学性能。但严重的青变将使木材的抗冲击强度有所降低，并增大其吸水性，损害木材外观。通常这种变色不会形成腐朽。

③腐朽菌变色：是指当腐朽菌侵入木材初期时所引起的木材变色。腐朽菌引起的最常见的变色是红斑，有的呈紫红色、棕褐色或浅红褐色；有的呈浅淡黄白色和粉红褐色等。腐朽菌初期引起变色的木材，仍保持原有的构造和硬度，其物理、力学性能基本没有变化。但有的抗冲击强度稍降低，吸水性能略增强，并损害外观。在不干燥或保管不善的情况下，会导致木材腐朽。

（3）对材质的影响。变色对木材的均匀性、完整性和力学性能均无影响，只能使木材的颜色发生变化，有损木材的外观。

3. 腐朽

（1）定义。木材受木腐菌侵蚀后，不但颜色发生了改变，其物理、力学性能也都发生了改变，最后使木材结构变得松软、易碎，呈筛孔状或粉末状等形态，这种现象便称为腐朽。

（2）分类。

1）按腐朽类型和性质，腐朽可分为白腐和褐腐。

①白腐是由于各种白腐菌破坏木素和纤维素所形成的。白腐使木材显露出纤维状结构，其外观多似蜂窝状，如筛状。其颜色多呈白色、浅淡黄白色、红色、暗褐色，并有大量浅色或白色斑点的腐朽症状。白腐也称筛孔状腐朽或腐蚀性腐朽。白腐后期，木材材质变得松软，容易剥落。

②褐腐是由于各种褐腐菌破坏木材纤维素所形成的。褐腐使木材颜色呈现棕褐色或红褐色，并且木材中间有纵横交错的块状裂隙，褐腐也称粉末状腐朽或破坏性腐朽。褐腐后期，木材易被捻成粉末。

2）按树干内、外部，腐朽可分为心材腐朽（简称心腐）和边材腐朽（简称边腐）。

①心材腐朽是指立木受木腐菌侵害所形成的心材部分腐朽，也称内部腐朽。一般情况下，心材腐朽在树木伐倒后，不会继续发展，如图5-7所示。

②边材腐朽是指树木伐倒后受木腐菌的侵害所形成的边材部分的腐朽，也称外部腐朽。其中导致边材腐朽的主要原因是木材保管不善，枯立木、伐倒木也容易出现边材腐朽。边材腐朽如遇适合条件会继续发展，并蔓延至心材。

图5-7　心材腐朽

3）按树干上、下部，腐朽可分为干部腐朽和根部腐朽。

①干部腐朽是指木腐菌自树枝折断处或树干外伤处侵入所形成的腐朽。干部腐朽一般上下蔓延，形似雪茄形。

②根部腐朽是指木腐菌自根部外伤处侵入所形成的腐朽。根部腐朽沿树干向上蔓延，越向上，腐朽越小，形似楔形。

（3）对材质的影响。腐朽严重地影响木材的物理性质、力学性质，使木材质量减小，吸水性增强，强度和硬度降低。通常在褐腐后期，木材的强度基本丧失。一般情况下，完全丧失强度的腐朽材，其使用价值也随之消失。

（4）合理利用。

1）心腐是一种常见的缺陷，尤其是根部心腐。通过调查可知，根部心腐占心腐比例的42.4%，是影响产品质量和经济效益的关键。对于具有根部心腐的木材，应尽量将其作为锯切用原木使用。

2）边腐木材的腐朽处一般显露在外，只要让过腐朽部分，就可截住腐朽。

3）根部心腐蔓延深度较长的，可根据次加工和薪材规定作2 m或2 m以上长度使用；根部心腐蔓延深度较短的（如小于1.5 m），必须进行墩腐，墩腐的长度可根据木材材质而定，合乎几等就墩出几等，起到保优的作用。

4）树干心腐，应将腐朽部分放在一节原木上，若腐朽蔓延较长，在提高原木等级的前提下，可灵活地造两节或几节允许存在这种缺陷的原木。

5）材质为三等或三等以上标准的，应视各段等级造长材或短材。

4. 蛀孔

（1）定义。蛀孔是指昆虫或海生钻孔动物蛀蚀木材的孔道。虫害主要针对的对象是新采伐的木材、枯立木、病腐木和带皮的原木。因此，采伐后不应将木材留在林内过夏，夏季采伐的木材应随时运出林区，以防虫害。蛀孔在各种木材中都有可能出现。最常见的虫害有小蠹虫、白蚁、天牛、吉丁虫和树蜂等。不同的害虫给木材带来的危害是不同的。

（2）分类。蛀孔可分为虫眼（虫孔）和蜂窝状孔洞两大类。

1）虫眼（虫孔）。虫眼（虫孔）是指木材害虫蛀蚀木材的孔眼、坑道或隧道。虫眼按深度可分为表面虫眼及虫沟、深虫眼。

①表面虫眼及虫沟是指昆虫蛀蚀圆材的径向深度不足 10 mm 的虫眼和虫沟。

②深虫眼是指昆虫蛀蚀圆材的径向深度为 10 mm 以上的虫眼。深虫眼按虫眼孔径又可分为针孔虫眼、小虫眼、大虫眼。针孔虫眼是指虫眼孔径小于 1 mm 的虫眼；小虫眼是指虫孔最小直径大于 1 mm 且小于 3 mm 的虫眼；大虫眼是指虫孔最小直径大于 3 mm 的虫眼。

2）蜂窝状孔洞。蜂窝状孔洞是指粉白蚁、蠹类、食菌小蠹或海生钻孔动物密集蛀蚀木材破坏成蜂窝状或筛孔状者。

（3）对材质的影响。

1）表面虫眼及虫沟通常可随板皮锯除，对木材的利用基本没有影响，分散的小虫眼对木材的影响也不大。

2）深度为 10 mm 以上的大虫眼、深而密的小虫眼及蜂窝状的孔洞，破坏了木材的完整性，降低了木材强度和耐久性，是引起木材变色和腐朽的主要原因。

（4）合理利用。对带有虫害缺陷的木材进行合理利用是十分必要的。尤其是在追求环保的当下，木材资源作为宝贵的自然资源，应物尽其用。

5. 裂纹

（1）定义。裂纹是指木材的正常纹理发生变化的现象。

（2）分类。

1）按裂纹的类型和特点可分为径裂、轮裂、冻裂、劈裂、干裂、炸裂和贯通裂七种。前三种裂纹一般是树木在生长过程中，因环境或生长应力等因素作用形成的；后四种是木材在生产和干燥过程中形成的。

①径裂：是指在心材内部，从髓心沿半径方向开裂的裂纹。一般产生在立木中，伐倒后在干燥过程中将会继续扩展。径裂可分为单径裂和复径裂两种，如图 5-8 所示。

②轮裂：是指沿年轮方向开裂的裂纹（图 5-9），一般产生在立木中，当其被伐倒后，在干燥过程中会继续扩展。轮裂可分为环裂和弧裂两种。

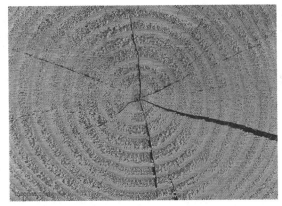

图 5-8　径裂　　　　　　　　　　　　　图 5-9　轮裂

③冻裂：是指在严寒低温环境下，立木从边材到心材径向开裂的裂纹。一般在树干外部纵长方向的裂口周围常肿起或呈棱角状。松木中常伴有树脂层（即油线）。

④劈裂：是指木材在生产过程中，由于工人操作不妥导致木材产生的裂纹。

⑤干裂：是指木材在干燥过程中，端面和材身由于干燥不均所产生的裂纹。

⑥炸裂：是指因应力的作用原木断面径向开裂成三块或三块以上，其裂口宽度超过 10 mm，多见于阔叶树。

⑦贯通裂：是指原木相对面或相邻面相互贯通的裂纹。

2）按裂纹在木材的部位可分为纵裂和端面裂。

①纵裂：是指呈现在原木或锯材侧面顺材方向的裂纹。

②端面裂：是指呈现在原木或锯材端面的裂纹。

（3）对材质的影响。裂纹，尤其是贯通裂不仅破坏了木材的完整性，还降低了木材的强度，严重影响木材的利用和装饰价值。同时，若保管不善，木腐菌易由裂缝侵入木材，引起木材的变色和腐朽。

（4）合理利用。带有裂纹的木材可以考虑作为直接使用原木，如坑木等。若裂纹满足一、二等材的要求，可尽量作长材使用，否则将裂纹集中在一根短原木上。在不影响下节原木等级时，可将裂纹的长度适当分散在不同原木上，并尽量缩小裂纹的影响，使其形成较短的裂纹。

6. 树干形状缺陷

（1）定义。树木在生长过程中受到环境条件的影响，出现不正常或不规则的形状，称为树干形状缺陷。

（2）分类。树干形状缺陷主要可分为弯曲、尖削、大兜、凹兜和树瘤。

（3）对材质的影响。

1）弯曲降低了木材的强度，会影响木材的出材率，尤其是多向弯曲，无论是对木材强度还是对木材出材率的影响，都比单向弯曲要大。

2）尖削降低木材的强度，影响木材的质量，降低木材出材率。当尖削的原木，尖削度不太大时，一般可作直接使用的原木材种。

（4）合理利用。弯曲对木材的出材率有很大的影响，因此，对带有弯曲的木材进行合理利用，可以大大提高木材的经济价值。在生产过程中，对于弯曲的木材，常采用见弯取直，变大弯为小弯的方法，降低弯曲对木材的影响。

7. 木材构造缺陷

（1）定义。凡是树干由于不正常构造所形成的各种缺陷，称为木材构造缺陷。

（2）分类。木材构造缺陷包括扭转纹、应压木、应拉木、双心（包括三心）、树脂囊、伪心材、内含边材等。

1）扭转纹。木材中纤维的排列与纵轴方向不一致所出现的倾斜纹理，称为斜纹。在圆材中斜纹呈螺旋状扭转，称为扭转纹。

2）应压木。应压木也称偏宽年轮，是指针叶树在倾斜或弯曲的树干和枝条下方受压部位的断面上，一部分年轮和晚材特别宽的现象。

3）应拉木。应拉木是指阔叶树在倾斜或弯曲树干和枝条的上方受拉部位的断面上，一部分年轮出现的明显偏宽的现象。应拉木材色较浅或浅淡，髓心偏向一边或偏离不大，如图 5-10 所示。

4）双心（包括三心）。其在木材同一断面上同时存在两个年轮系统和两个髓心，而且外围环绕着共同年轮的现象，如图 5-11 所示。

图 5-10　木材偏心　　　　　　　图 5-11　木材双心

5）树脂囊。树脂囊也称油眼，是指在针叶树种年轮中间充满树脂的条状槽沟。在圆材横断面上表现为充满树脂的弧形裂隙，在径切面上表现为短小的缝隙，在弦切面上表现为充满树脂的椭圆形浅沟槽。

6）伪心材。有些阔叶树心材、边材区别不明显，其心材部分颜色变深，且不均匀，形状也不规则，这部分木材称为伪心材。

伪心材在横断面上的形状有圆形、星状、椭圆形或铲状等。其颜色呈暗褐色或红褐色，有时伴有紫色或深绿色。伪心材与边材之间也常由深色或彩色的界线分开，在纵切面上呈现出带状。

7）内含边材。有些阔叶树在心材部分接连几圈年轮，其颜色和性质与边材相似者，称为内含边材。在横切面上出现单环状或不同宽度的几个环带状，颜色较周围木材浅，在纵切面呈相同颜色的条状。

（3）对材质的影响。

1）扭转纹对成材有许多不利的影响，比如降低了木材的强度，对顺纹抗拉、抗弯、抗冲击等强度的影响较大等。

2）具有应压木缺陷的木材密度、硬度、顺纹抗压和抗弯强度都比正常木材大，特别是纵向干缩显著增大，因此翘曲和开裂严重，但吸水性降低，抗拉和冲击韧性强度比正常木材小，并会损害木材外观。

3）应拉木提高了木材顺纹抗拉和冲击韧性强度，但降低顺纹抗压和抗弯强度，并增大各方向的干缩，特别是顺纹干缩，导致木材多翘曲和开裂，给加工带来了困难，形成毛茸和毛刺的粗糙材面。

4）双心多出现在双梗材分梗处，增加了木材构造的不均匀性和加工的困难性，双心一般不加以限制，不作检查。

5）树脂囊是因为形成层的正常活动受到破坏（如树木在生长时被风吹摇晃产生的应力）而形成的。树脂囊影响木制产品表面的上漆效果和美观性，并使木材难以胶合。

6）伪心材降低了木材顺纹抗拉强度并为其增加了脆性，损害木材的外观，而且渗透性不良，但与边材相比，伪心材的耐腐蚀性能好。

7）内含边材力学性质与心材基本相同，但对液体的渗透性较高，耐腐蚀性能较差。

（4）合理利用。对带有扭转纹木材的使用，尽可能作直接使用原木材种或允许此种缺陷限度内的原木。为了减小扭转纹对木材等级的影响，应在扭转纹正常部位或扭转程度较小的部位下锯，以提高锯切用原木的经济价值，使扭转纹木材得到合理利用。

8. 伤疤

（1）定义。伤疤也称损伤，是指受机械、火烧、鸟害和兽害等而形成的伤痕。

（2）分类。伤疤主要包括机械损伤、烧伤、鸟害和兽害、夹皮、偏枯、树包、风折木和树脂漏等。

1）机械损伤。机械损伤是指在采伐、造材、运输等过程中，木材因各种工具或机械所造成的损伤。其可分为采脂伤、砍伤、锯伤、锯口偏斜、抽心、磨损等。

2）烧伤、鸟害和兽害。烧伤是指木材表层因火烧焦所造成的损伤；鸟害和兽害是指立木因鸟类啄食和兽类啃啃或抓擦所造成的损伤。

3）夹皮。树木受伤后继续生长，树皮将受伤部分全部或局部包入树干中而形成夹皮。夹皮有时伴有树脂漏或腐朽发生。夹皮可分为内夹皮和外夹皮两种。

①内夹皮是指树皮枯死部分完全被生长着的木质所包含的夹皮，即受伤部分隐藏在树干内部，在树干的横切面上呈弧状或环状裂隙。

②外夹皮是指树皮受伤部分的两边尚未完全愈合的夹皮，即受伤部分显露在树干的外部，在树干的侧面形成一道沟槽，呈条沟状。

4）偏枯。树木在生长过程中，因局部受伤而树干引起表层木质部枯死裸露称为偏枯。偏枯常常伴有树脂漏、变色或腐朽等。

5）树包。树木在生长过程中，由于枝条折断或树干局部受伤，木材组织没有正常增长而形成一定的包状物，称为树包。

树包形状一般为圆形或椭圆形，包顶扁平或尖顶形，封闭或未封闭，内部主要是腐朽节或死节。

6）风折木。树木在生长过程中受强风等气候因素的影响，某部分树木纤维折断后继续生长而愈合形成风折木。由于风折木在外观上看类似竹节，又称为竹节木。

7）树脂漏。树脂漏又称明子，是指针叶树木受伤后，树脂大量聚集并透入其周围的木质部分而形成的。因此，树脂漏在原木中大多数出现在伤疤附近。树脂漏部分的材色较周围正常材色深得多，在薄材中呈透明状。

（3）对材质的影响。

1）机械损伤破坏木材完整性，增加废材量，增加木腐菌感染机会，损害木材外观。同时，锯口偏斜减小圆材的实际长度，使木材难于按要求加工使用。

2）烧伤、鸟害和兽害对材质的影响与机械损伤相似。

3）夹皮对材质的影响随着夹皮的类型、大小、数量、分布位置等不同而异。夹皮破坏了木材的完整性，并使靠近夹皮处的年轮弯曲。另外，夹皮在锯材中常引起木材组织分离，从而形成裂隙。

4）偏枯破坏木材的形状和完整性，并引起年轮局部弯曲，影响木材质量。

5）树包改变了圆材的形状，破坏了木材结构的均匀性，增加了机械加工难度。带有腐朽节或成空洞的树包，经常引起木材内部腐朽，降低木材质量，影响木材的有效利用。另外，针叶树的树包常伴有很严重的流脂现象，对木材质量有很大的影响。

6）风折木因纤维局部折断而形成，对木材强度和利用都有较大的影响。

7）部分树脂漏的树脂含量多，从而降低木材的渗透性能，增加木材的密度，影响木材的胀缩；对于较小的树脂漏，对材质的影响不大。树脂漏材可以作为干储的原料，制取松焦油和松节油，或用萃取法提取松香和松节油等。

（4）合理利用。偏枯常伴有腐朽，对木材质量影响较大。对位于树干根部偏枯引起的腐朽，可根据腐朽程度截掉或量短材；位于树干中部的偏枯，尽可能将缺陷集中在一根原木上使用；未腐朽的偏枯可集中在一根原木上，以便提高其他部分木材的使用价值。

9. 加工缺陷

（1）定义。木材加工缺陷是指在锯解加工过程中所造成的木材表面损伤。

（2）分类。木材加工缺陷主要有缺棱和锯口缺陷。

1）缺棱是在整边锯材上残留的原木表面部分，缺棱可分为钝棱和锐棱。

①钝棱是锯材宽度、厚度方向的材棱未着锯的部分，如图 5-12 所示。

②锐棱是锯材材边局部长度未着锯的部分。

2）锯口缺陷是木材因锯制不当造成的材面不平整或偏斜现象。锯口缺陷可分为瓦棱状锯痕、波状纹、毛刺粗面和锯口偏斜。

①瓦棱状锯痕是锯齿或锯削工具在锯材表面上留下的深痕，导致锯口表面凹凸不平的现象。

②波状纹（水波纹、波浪纹）是指锯口不呈直线，材面（边）呈波浪状的不平整的现象。

③毛刺粗面是指木材在锯割时，纤维受到强烈撕裂或扯离而形成毛刺状，使材面（边）显得十分粗糙的现象。

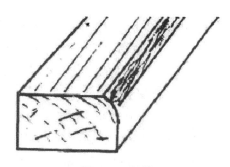

图 5-12　钝棱

④锯口偏斜是指凡相对材面不平行或相邻材面不垂直而发生的偏斜现象。

（3）对材质的影响。缺棱减小材面的实际尺寸，木材难以按要求使用，改锯将增加废材量，降低木材的有效利用率；锯口缺陷使锯材的形状和大小不规整，锯材厚薄、宽窄不均匀或材面粗糙，从而影响木材的使用，造成加工困难，降低利用率。

10. 变形

（1）定义。变形是指锯材在干燥、保管过程中所产生的形状的改变。

（2）分类。变形可分为翘曲和扭曲两种。

1）翘曲是指锯材在锯割、干燥和保管过程中所产生的弯曲现象。按弯曲方向的不同可分为顺弯、横弯和翘弯。

①顺弯是指材面沿材长方向成弓形的弯曲。

②横弯是指在与材面平行的平面上，材边沿材长方向成横向的弯曲。

③翘弯是指锯材沿材宽方向成瓦形的弯曲。

2）扭曲是指沿材长方向呈螺旋状的弯曲，成材面的一角向对角方向翘起，即四角不在一个平面上。

（3）对材质的影响。变形改变了木材的形状，降低了锯材质量，使其不能按要求使用或加工。

单元二

木材在景观中的使用

一、景观中常用的原木

常用的木材来自针叶树和阔叶树。针叶树的材质一般较软，在生产上称为软木材，如北欧赤松、美国南方松及柳杉等各类杉木。阔叶树种类繁多，材质轻硬，则称为硬木材，如菠萝格、柚木、紫檀等。另外，树的不同部分的木材质量也是不同的。例如，心材源于树的中心，较耐腐蚀；而边材靠近树皮一边，多孔，能更有效吸收防腐剂和其他的化学物质。

目前，专用户外木材的主要类型有针叶树类（北欧赤松、红松、俄罗斯樟子松等），这种材料性能稳定，防腐剂能进入木材内部细胞组织中；阔叶树类（柚木、紫檀、菠萝格等），这种材料不能从根本上进行防腐处理，需要经常维护保养，且生长慢，费用较高。

每种木材都有各自的特点，如紫檀气味芳香，纹理细致，色彩丰富，质地坚硬；紫杉有清晰的纹理。同时要注意，堆放木材时建议至少离地 300 mm。如果把木材储存在户外，还要用防水帆布或塑料覆盖来保护。

二、防腐木材

（一）防腐木材基本知识

木材是一种易腐、易燃、易被虫蛀的天然有机材料，如果保存和使用不当，或未进行妥善处理，在半年至两年内就会发生腐朽和虫蛀，影响美观，严重者则丧失使用价值。

随着人们环保意识的加强和亲近自然及个性设计的需求，防腐木材应运而生。要保持木材的美观和使用价值，最行之有效的方法就是对木材进行防腐处理。目前，防腐木材在别墅、园林景观、家具装饰、古建筑等领域得到广泛应用。防腐木材适用于建筑外墙、景观小品、亲水平台、凉亭、护栏、花架、屏风、秋千、花坛、栈桥、雨篷、垃圾箱、木梁等的室外装饰，如图 5-13 所示。外墙木板常用的厚度为 12 ～ 20 mm，为防止木板太宽导致开裂，宽度一般控制在 200 mm 以下，长度一般控制在 5 m 以下。用于室外地板时，木板的厚度一般为 20 ～ 40 mm。防腐木材是经过防腐工艺处理的天然木材，经常被运用在建筑与景观环境设施中，是现代景观重要的材料之一。防腐木材选用世界各地的优质木材，经过处理的防腐木材在室外条件下，正常使用的寿命可达到 20 年甚至 40 年之久。经过防腐处理的木料不会受到昆虫和真菌的侵蚀，性能稳定、密度高、强度高、纹理清晰，极具装饰效果。另外，防腐木材的防腐剂与细胞极强的结合性能够抑制木料含水率的变化，从而降低木料变形开裂的程度。

图 5-13　防腐木廊架

木材的防腐剂本身具有一定的毒性，但进入木材后，即与木材纤维发生化学反应，牢固结合，不仅不易被雨水等冲刷掉，而且外在的毒性消失，即使人、畜直接接触也无影响。传统方法（如给木材涂覆油漆等则只能将木材和外界隔开）并不能杀灭这些微生物，无法实现长效保护作用而使用现代工艺进行过防腐处理的木材，较之则有本质不同，其寿命可延长几十年。

通过设计师的精心设计和巧妙应用，木材可以给园林景观和居住环境带来意想不到的效果，木材经过防腐处理后，更能体现出色泽自然、美观大方、防虫害、防真菌、防腐烂的优点。在当今中国，随着人们对防腐木材认识的加深，防腐木材在居住环境及园林景观里的应用已经逐渐普遍。

中国古代木材防腐工艺在东晋时期葛洪所著的《抱朴子》一书中已有记载，近代木材防腐技术是随着化学工业的发展而发展起来的。自1705年法国人发现升汞（氯化汞）有杀菌防腐的作用以来，历经几百年发展完善，木材防腐工艺已经有了巨大的发展进步，防腐施工方法由简易的涂抹法、浸泡法、冷热槽浸透法发展到工厂化的加压蒸煮法。近20年来还发展了双真空法和就地注射法，并改进了辅助防腐工艺。在木材防腐工艺中建立起来的木材防腐学，是木材加工工艺学科的一个组成部分，对防腐工艺起着指导和提高的作用。

防止木材腐朽的措施通常有很多种，而破坏真菌生存条件是最常用、最直接的措施。对于木材制品进行防腐剂处理的方法很多，一般常见的有表面涂刷法、表面喷涂法、冷热槽浸透法、压力渗透法和常压浸渍法等。其中，表面涂刷法和表面喷涂法施工最为简单，但防腐剂不能渗入木材的内部，故防腐效果较差。冷热槽浸透法是将木材首先浸入热防腐剂中（＞90℃）数小时，再迅速移入冷防腐剂中，以获得更好的防腐效果。压力渗透法是将木材放入密闭罐中，抽部分真空，再将防腐剂加压充满罐中，经一定时间浸泡后，防腐剂可以充满木材内部，取得更好的防腐效果。常压浸渍法是将木材浸入防腐剂中一定时间后取出使用，使防腐剂渗入木材内一定深度，以提高木材的防腐能力。目前，国际上通行的对木材进行防腐处理的主要方法是压力渗透法，即采用一种不易溶解的水性防腐剂，在密闭的真空罐内对木材施压的同时，将防腐剂打入木材纤维。经过压力处理后的木材，稳定性更强，防腐剂可以有效防止真菌和昆虫对木材的侵害，从而使经过处理的木材具有在户外恶劣环境下长期使用的、卓越的防腐性能。防腐处理程序并不改变木材的基本特征，相反可以提高木建筑材料在恶劣的使用条件下的使用寿命（图5-14）。

防腐工艺的流程：真空泵排除罐中的空气→使防腐剂充满罐体→加压以使防腐

图5-14 木材的防腐处理

剂充分渗透进入→抽真空以排除多余防腐剂。

在处理厂，木材先被装入处理容器。容器应先抽真空，以便去除木材细胞内的空气，为添加防腐剂做好准备。真空罐内装满防腐剂，在高压下，防腐剂被压入木材细胞。然后，从处理容器中取出木材，放入固化室中。固化程序是防腐木材加工程序里最重要的一个环节，它是改变防腐剂化学结构的过程，能有效地把防腐剂与木材细胞黏结起来，从而阻止防腐剂从木材中渗漏，延长产品的使用寿命。处理后的木材表面美观，可以防止真菌和昆虫造成的腐蚀与腐烂。

（二）防腐木材的种类

1. 俄罗斯樟子松木材

俄罗斯樟子松木材（图5-15）能直接采用压力渗透法做全断面防腐处理，其优秀的力学性能及美丽的纹理深受设计师与工程师所推崇。俄罗斯樟子松防腐板材应用范围极广，木栈道、亭院平台、亭台楼阁、水榭回廊、花架围篱、步道码头、儿童游戏区、花台、垃圾箱、户外家具及室外环境、亲水环境与室内外结构等项目均可使用。由于其独特的防腐工艺，所构建的建筑作品都可以长期保存。

图5-15　俄罗斯樟子松木材

2. 北欧赤松木材

质量上乘的北欧赤松木材（图5-16）经过特殊防腐处理后，具有防腐烂、防虫害、防真菌的功效。它专门用于户外环境，并且可以直接用于与水体、土壤接触的环境中，是户外园林景观中木制地板、围栏、桥体、栈道及其他木制小品的首选材料。

图5-16　北欧赤松木材

3. 西部红雪松木材

西部红雪松木材（图5-17）是北美等级最高的防腐木材。它卓越的防腐能力来源于自然生长的一种醇类物质。红雪松中可被萃取的一种酸性物质确保了木材不被昆虫侵蚀，无须再做人工防腐和压力处理。红雪松稳定性极佳，使用寿命长，不易变形。另外，它也适用于高湿度的环

图5-17　西部红雪松木材

境，如桑拿房、浴室和厨房，用于制作橱柜、衣柜等，可防虫害。红雪松由于未做化学处理及其纯天然特性，在全球市场深受欢迎。

4. 黄松（南方松）木材

黄松（南方松）木材（图5-18）的强度和相对容度大，具有优异的握钉力，是强度最高的西部软木，经过防腐和压力处理的黄松，防腐剂可直达木芯。黄松在安装过程中可以任意切割，断面不用再刷防腐涂料。黄松板材可以用在海水或河水中，不容易腐蚀。

图5-18 黄松（南方松）木材

5. 铁杉木材

铁杉木材（图5-19）是目前北美市场上最雅致、用途最广泛的树种，在强度方面略低于黄松，比较适合做防腐处理。经过加压防腐处理的铁杉木材既美观又结实，堪与天然耐用的北美红雪松媲美。铁杉可以保持稳定的形态和大小，不会出现收缩、膨胀、翘曲或扭曲，还能抗晒黑。大部分木材经过长期日晒后会变黑，但铁杉可以在常年日晒后仍保持新锯开时的色泽。铁杉具有很强的握钉力和优异的黏结性能，可以接受各种表面涂料，而且非常耐磨，是适合户外各种用途的经济型木材。

图5-19 铁杉木材

6. 柳桉木木材

柳桉木木材（图5-20）通常可分为白柳桉和红柳桉两种。白柳桉，常绿乔木，树干高而直，木材结构粗，纹理直或斜面交错，易于干燥和加工，且着钉、油漆性能均好；红柳桉，木材结构纹理也如白柳桉，径切面花纹美丽，但干燥和加工较难。柳桉木在干燥过程中少有翘曲和开裂现象，其木质偏硬，有棕眼，纤维长，弹性大，易变形。

图5-20 柳桉木木材

7. 菠萝格木材

菠萝格木材（图 5-21）因颜色有轻微差别，可分为红菠萝、黄菠萝两种。红菠萝为大径材，树根部颜色偏红、偏深，品质较好；黄菠萝为小径材，树梢部颜色偏黄、偏浅，色泽较好；菠萝格是木地板现有材种中稳定性最佳的。

图 5-21　菠萝格木材

（三）防腐木材的规格及用途

防腐木材的常用规格及用途见表 5-1。

表 5-1　防腐木材的常用规格及用途

规格	用途
4 000 mm×21 mm×95 mm	阳台地板、凳面、栅栏板、栅栏花格、屋面等
4 000 mm×28 mm×95 mm	地板面、凳面、花架顶部横梁、花池外侧板等
4 000 mm×45 mm×95 mm	地板面（泳池、长堤）、花架（或凉亭）、主梁等
4 000 mm×45 mm×120 mm	地板面（栈道）、花架（或凉亭）、主梁等
4 000 mm×45 mm×150 mm	地板面（泳池、长堤）、花架主梁、大梁、支承结构等
4 000 mm×95 mm×95 mm	木柱、凳脚、支承结构等
4 000 mm×60 mm×60 mm	木柱、龙骨等
4 000 mm×50 mm×50 mm	龙骨
4 000 mm×40 mm×60 mm	龙骨
4 000 mm×120 mm×120 mm	木柱、支承结构等
4 000 mm×150 mm×150 mm	木柱、支承结构等
4 000 mm×60 mm×自然宽	地板面（泳池、长堤）、花架主梁、大梁、支承结构等
4 000 mm×80 mm×自然宽	地板面（泳池、长堤）、花架主梁、大梁、支承结构等
4 000 mm×60 mm×120 mm	地板面（泳池、长堤）、花架主梁、大梁、支承结构等
4 000 mm×15 mm×95 mm	阳台地板、凳面、栅栏板、栅栏花格、屋面等
4 000 mm×45 mm×120 mm	地板面（泳池、长堤）、花架主梁、大梁、支承结构等
4 000 mm×28 mm×12 mm	地板面、凳面、花架顶部横梁、花池外侧板等
4 000 mm×60 mm×150 mm	地板面（泳池、长堤）、花架主梁、大梁、支承结构等
3 000 mm×120 mm×120 mm	木柱、支承结构等
4 000 mm×70 mm×70 mm	龙骨
4 000 mm×30 mm×50 mm	龙骨
3 000 mm×95 mm×95 mm	木柱、凳脚、支承结构等

（四）防腐木材在景观中的应用

1. 木栈道及木平台

防腐木材早已广泛应用于景观中的木栈道和木平台。木平台可以做得简单大方，也可以做得复杂、高低错落，还可以加上栏杆和亭子、花架，给人们带来亲近自然的感受（图5-22）。

图5-22　木栈道、木平台

2. 木座椅

木座椅是庭院景观的重要组成部分，具有朴实自然的感觉。木质庭院制品有很多种形式，既有经过简单砍制的原木凳椅，也有工艺复杂、造型考究的各式座椅。

3. 构筑物

木屋、凉亭、拱门、木桥等都是园林景观中的主要构筑物，对于丰富景观园林、加深景观层次感、烘托主景和点题都起到了举足轻重的作用。

（1）木屋：各种样式的木屋各具特色，创造了丰富多彩的艺术形象（图5-23和图5-24）。

图5-23　木屋

图 5-24　外立面效果

（2）木桥：形体美观，周围风景被衬托得更加秀丽（图 5-25）。

图 5-25　木桥效果

三、炭化木材

　　炭化木材是将天然木材放入一个相对封闭的环境中，对其进行高温（180 ℃～230 ℃）处理而得到的一种拥有部分炭的特性的木材。炭化木材是将木材的有效营养成分炭化，通过切断真菌生存的营养链来达到防腐的目的。木材在整个处理过程中，只与水蒸气和热空气接触，不添加任何化学试剂，保持了木材的天然本质。同时，木材在炭化过程中，内外受热均匀一致，在高温的作用下颜色加深，表面具有深棕色的美观效果，并拥有防腐及抗生物侵袭的作用，其含水率低、不易吸水、材质稳定、不变形、不溢脂（完全脱脂）、隔热性能好、施工简单、涂刷方便、无特殊气味，且防腐烂、抗虫蛀、抗变形开裂、耐高温，炭化后的效果可与一些热带、亚热带的珍贵木材相比，从而提高环境整体的品味。

（一）炭化木材的加工流程

炭化木材有以下三个加工流程：

（1）升温，高温窑干。加温加热，窑内部的温度会迅速升至 100 ℃，待温度升到 130 ℃并保持稳定时，木材窑干开始，含水率几乎降到零。

（2）热处理。窑干开始，窑内部的温度为 185 ℃～215 ℃。根据炭化木材最后的用途，要维持这个温度 2 ～ 3 h 不等。

（3）冷气与湿度调节。最后的阶段是使用水喷淋系统降温；当温度为 80 ℃ ～ 90 ℃，再次开始加湿，使木材的含水率达到可用水平。

（二）炭化木材的优点

（1）深度炭化防腐木材是不含任何防腐剂或化学添加剂的完全环保的防腐、防虫木材，具有较好的防腐、防虫功能，无特殊气味，对连接件、金属件无任何副作用。

（2）深度炭化防腐木材不易吸水，含水率低，不易开裂，耐潮湿，不易变形，是优秀的防潮木材。

（3）深度炭化防腐木材的加工性能好，能克服产品表面起毛的缺陷，经完全脱脂处理后，涂布方便。

（4）深度炭化防腐木材里外颜色一致，泛柔和绢丝样亮泽，纹理变得更清晰，手感温暖。

（三）炭化木材的规格

炭化木材的规格可以定制加工，常规规格和市场上防腐木材的规格大体一致。常见的截面规格为 100×100、95×95、200×200、300×300、25×150、25×300、30×400、30×250、50×150、50×200（单位：mm）等；长度为 3 m、4 m、6 m 等。

（四）安装炭化木材结构基层的处理

安装炭化木材时，炭化木材之间需留设 0.2 ～ 0.5 cm 的缝隙。根据木材的含水率决定缝隙大小，可避免雨天积水及炭化木材的膨胀。

对于厚度大于 90 mm 的方柱，为减少开裂，可在背面开一道槽。

五金件应用不锈钢、热镀锌或铜制的连接件，安装时需预先钻孔，以避免炭化木材开裂。

设计施工中应充分保持炭化木材与地面之间的空气流通，这样可以更有效地延长木结构基层的寿命。

四、新型木材

随着木材的户外应用与日俱增，与之相关的各种技术日趋成熟，越来越多的新型木材可供选择，以下是各国研究开发的一些新型木材。

（一）防火木材

防火木材是一种不怕火的木材，即在抗火材料中添加了无机盐，并把木材先后浸入含有钡离子和磷酸离子的溶液中，使木材内部产生磷酸钡盐的无机层，然后洗净晾干。用这种抗火木材制成的家具、墙壁和天花板等，即使房间里的地毯着火，也不会被点燃。另外，该木材还能防腐朽、防虫害。

（二）超级木材

超级木材的用途和钢相同，但价格比较低。对于这种超级木材的处理方法是将圆木切成板材，再加工成长 2～3 m 的条材，然后用树脂黏结在一起，并用微波固化。其具有传统木材的弹性，且抗震性能高，还能取代钢材用于商业和民用建筑。

（三）有色木材

有色木材是先将红色和青色的盐基染料装进软管，直接注入杉树树干靠近根部的地方，待 4 个月后再采伐解板，这时木材从上到下浑然一色，而且永不褪色，制成家具后，不用再刷油漆美化。

（四）复合木材

复合木材是一种用 PVC 硬质高发泡材料制成的人造木材，主要原料为聚氯乙烯，并加入适量的阻燃剂，使其具有防火功能。其结构为单性独立发泡体，在发泡体中充满比空气重的惰性气体，使其具有不传导的特性，可发挥隔热、隔声、防火等作用。该木材可取代天然木材，用作房屋壁板、隔间板、天花板和其他装饰材料。

（五）陶瓷木材

陶瓷木材以经高温、高压加工而成的高纯度二氧化硅和石灰石为主原料，加入塑料和玻璃纤维等材料制成。该木材具有不易燃烧、不变形、不易腐烂、质量小和易加工等特点，是一种优异的建筑材料。

（六）原子木材

原子木材是将木材和塑胶混合，再经钴 60 加工处理，由于经塑胶强化后的木材的花纹和色泽比天然木材更为美观，而且更容易锯、钉和打磨，用普通木工工具就可对其进行加工。

（七）化学木材

化学木材是一种可注塑成型的木材，该木材是用环氧树脂、聚氨酯和添加剂配合而成，在液态时可注塑成型，固化后则形成制品形状。其物理、化学特性和技术指标与天然木材一样，可进行锯、刨、钉等加工，成本只有天然木材的 25%～30%。

（八）耐温木材

耐温木材是一种新的耐高温、阻燃的木材，由松木和云杉木经过特殊浸泡加工制成，处于 100 ℃高温环境中时，在半小时内既不会着火，也不会让火势蔓延。

（九）人造木材

人造木材是由一种聚苯乙烯塑料制成的，即将这种聚苯乙烯废塑料压碎、加热，再注入固化剂、胶粘剂等九种添加剂，制成仿木材制品，其外观、强度及耐用性等均可与松木媲美。

（十）特硬木材

特硬木材是一种比钢还要硬的覆盖木材，该木材是把木材纤维经特殊处理，使纤维相互交织，再把合成树脂覆盖在木材表面，然后经微波处理而成。这种新型木材不弯曲、不开裂、不缩短，可用作屋顶栋梁、门窗、车厢板等。

木材是一种可塑性很强的材料，非常容易进行造型加工。同时，木材给人以亲切、自然、舒适与和谐的总体感觉，与水体、石材乃至铁制工艺品均能够和谐共处。其独有的材质特点，正符合现代人质朴、亲近自然的审美情趣，因此，近来已逐渐成为园林和家庭户外装修的时尚，越来越多的人开始喜欢使用木材。

目前，木材的户外应用处于新旧材料、新旧技术交替的时期，随着技术成熟，专用户外木材及其园林景观制品一定会得到更广泛的应用。在低碳经济的背景下，人类积极、合理地开发、利用木材资源是必然之选。

五、木材在园林景观中的优势及缺陷

（一）木材与其他材料相比，在户外园林景观中的优势

木材来自大自然，纯天然无污染，是美观、柔韧灵活、使用广泛的环保型天然材料；生产木制品能耗低，且木材易加工，重量小，强度高，隔热性能好；可通过先进的工程手段提高木材的性能。木材的具体优点可以从视觉、触觉、听觉、调湿特性等方面体现。

1. 木材的视觉

木材在人类的视觉感受上较为舒适、和谐，是因为木材能够吸收与反射阳光中的紫外线，从而给人一种温馨与舒适的感觉。

2. 木材的触觉

人对材料表面的冷暖感觉主要由材料的传热系数的大小决定，如混凝土构件、金属等材料触摸时会有凉的触觉，这是因为这些材料的传热系数大。而人在触摸传热系数适中的木材时，会感觉温热。

3. 木材的听觉

木材在被踩踏时会产生特殊的声音，而用不同物体对木材进行敲击，则会发出不同的声音，在景观地面上铺设木材，通过行走产生声音，增添互动乐趣。

4．木材的调湿特性

木材拥有独特的调湿功能，当周围环境的湿度发生变化时（人类居住环境的相对湿度保持在 45%～60% 为适宜），木材能够根据室内的湿度吸收或排放水分，从而调节室内的空间湿度（空间湿度也是影响人类生活和工作的重要因素）。

（二）木材在景观中存在的缺陷

在自然环境中，尤其是比较潮湿的环境中，再加上自然环境的冻融变化、生物的侵蚀，木材容易产生变形、开裂、褪色（图 5-26）、霉变腐烂、虫蛀、掉漆等不良后果，这将严重影响木质景观及设施的美观性和安全性。为了延长木制品的使用寿命，对木材要进行相应的烘干、防腐、油漆等二次处理来提高木材的使用寿命，降低维修与维护成本。

图 5-26　木材的褪色与开裂

（三）景观中木材的维护

随着现代科技的发展与进步，越来越多的先进技术被应用到景观中，在工艺方面，材料与现代科技的有机结合，大大增强了材料的景观表现力，使现代园林景观更富生机与活力。

经各种后期人工处理的木材被广泛应用于室外环境景观中，克服了普通木材无法避免的不利因素，大幅延长了木材在户外的使用年限，从而避免了一些不必要的开支。

单元三

木材的施工工艺

一、常用安装工具

处理木材常用的纯手工工具如图 5-27 所示。

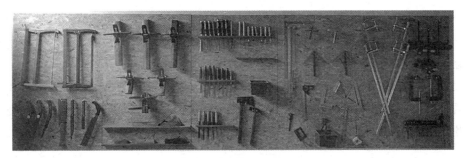

图 5-27 纯手工工具

二、防腐木材的施工工艺

（一）防腐木栈道的施工工艺

防腐木栈道多用于与亲水平台、公园廊架、森林石台等相连的位置。木栈道的施工做法、操作要点与施工的质量好坏直接决定了工程的成败，以及将来用户对景观园林绿化工程的关注度及满意度。因此，防腐木栈道的施工就显得尤为重要。

1. 施工做法

施工流程为基层处理→样板引路→木龙骨制作安装→刷木油、安装→清理、养护。操作要点如下：

（1）基层处理：清除基层表面的砂浆、油污和垃圾，用水冲洗、晾干。

（2）样板引路：防腐木材施工必须执行样板引路，做出的样板经检查达标后，方能进行大面积的施工。

（3）木龙骨制作安装：严格按照设计图纸要求，根据基础面层的平面尺寸进行找中、套方、分格、定位弹线，形成方格网，安装和固定木龙骨，龙骨基础安装必须保持水平，保证安装后整个平台的水平面高度一致。

（4）刷木油、安装：防腐木材整体面层宜用木油涂刷，达到防水、防起泡、防起皮和防紫外线的作用。防腐木材通过镀锌连接件或不锈钢连接件与木龙骨进行连接，每块木材与龙骨接触处需用两颗螺钉。

（5）清理、养护：安装完成后，及时对防腐木材表面进行清理、打扫干净，注重产品的养护。

2. 施工质量要求

（1）防腐木材的品种和质量必须符合设计要求。

（2）木结构基层的处理必须符合设计要求，应充分保持防腐木材与地面之间的空气流通，以有效延长木结构基层的寿命。

（3）制作与安装防腐木材时，木龙骨间距应符合设计要求，防腐木材面层之间需按设计要求留缝，缝隙的宽度应均匀、一致。

（4）防腐木材连接安装时须预先钻孔，以避免防腐木材开裂，安装必须牢固。所有的连接应使用镀锌连接件或不锈钢连接件及五金制品，以耐腐蚀，绝对不能使用不同的金属件，否则很快会生锈。

（5）平台安装完成后，为了保护木材表面清洁美观，宜用木油涂刷表面，而不能用常规油漆涂刷。木油可以在木材表面形成一层保护膜，从而起到防水、防起泡、防起皮和防紫外线的作用。

（二）防腐木凉亭的施工工艺

凉亭的安装在户外园林景观施工中属于较为复杂的一种，难度在栏杆、花架之上。在防腐木凉亭安装之前，首先要用混凝土对地基进行浇筑，以达到稳定及平稳的效果，然后进行防腐木立柱的固定。

图5-28　防腐木凉亭

防腐木立柱的数量取决于防腐木凉亭的款式。六角凉亭一般为大型木结构，因此，除防腐木立柱与地基之间的固定外，在每根立柱之间也应用双重横梁进行穿插固定。防腐木立柱之间的卡扣并非挖通，而是进行挖槽，挖得太深会造成卡死，连接不上，而挖得太浅又会不牢固。当所有立柱之间的横梁都固定后，再进行封檐板的加工。在上面的防腐木凉亭封顶后，再组装下面的防腐木座椅及背靠（美人靠），最后用木油上色。防腐木凉亭不仅具有观赏性，也有实用性，是良好的休憩地（图5-28）。

三、防腐木材的施工注意事项

（1）在施工现场，防腐木材应通风存放，应尽量避免太阳暴晒。

（2）在施工时，应尽可能使用加工至最终大小的防腐木材，因为防腐剂在木材中的分布，是从外到里呈梯度递减，而防腐效果需要保证一定的防腐剂量才能达到。所以应避免对防腐木材进行锯切和钻孔等机械加工，不要纵向锯切。锯切等加工会造成防腐木材相应的防腐力下降，如果实在需要将防腐木材进行锯切、钻孔、开榫、开槽等加工，应使用原防腐剂在新暴露的木材表面进行涂覆处理，以封闭新暴露的木材表面，进行补救。另外，锯切（横向）的一端要用在生物危害较小的场合，如被锯切的一端应尽量用在不与土壤和水长期接触的位置，未被锯切的一端用在与土壤和水长期接触的位置。

（3）在地面找平后，可直接将龙骨连接成框架或井字架结构，然后铺设防腐木材。

（4）在搭建露台时，应尽量使用长木板，减少接头，以求美观，板面之间留设 5～10 mm 缝隙。

（5）所有连接点必须使用热浸式镀锌紧固件或者不锈钢五金件。

（6）为了解决户外木景观的耐久性问题，应给安装后的防腐木材表面涂刷户外木材保护油（天然植物木蜡油），其强劲的渗透性，能深度渗入木材的内部，与木材纤维产生毛细作用，持久结合；能抵抗紫外线的辐射、防水、防潮、防霉；活跃的呼吸性，使防腐木材可自由呼吸，调节温度，保持延展性与高弹性，延缓防腐木材的衰老变形与开裂；持久的附着力使防腐木材不起翘、不剥落，增强防腐木材的表面硬度，更耐磨。由于天然植物木蜡油的性能更稳定，不会产生静电，所以耐久性更强，并可防微细粉尘、耐脏、易清洁。传统的桐油与油漆只是覆盖在物体表面的一层皮，关键是不透气，如果涂刷在户外木器上，很快就会起翘、剥落。

（7）表面用户外防护涂料或油基类涂料涂刷后，为了达到最佳效果，应避免人员走动或重物移动，以免破坏防腐木表面已经形成的保护膜。如果想取得更好的防脏效果，必要时应再做两道专业户外清漆处理。

（8）由于户外环境使用下的特殊性，防腐木材会出现裂纹、细微变形，这属正常现象，并不影响其防腐性能和结构强度。

（9）一般防腐木材的户外防护涂料是渗透型的，对木材纤维会形成一层保护膜，可以有效阻止水对木材的侵蚀，可用一般的洗涤剂来清洁，工具可用刷子。

（10）防腐木材需 1 年或 1.5 年做一次维护，用专业的木材水性涂料或油性涂料涂刷即可。

四、防腐木材的涂饰

（一）木材表面涂饰的目的

（1）美化表面：在赋予色彩、光泽、平滑性之际，增强木材纹理的立体感和表面的触摸感。

（2）保护作用：使木材耐湿、耐水、耐油、耐化学药品、防虫、防腐等。

（3）特殊作用：温度指示、电气绝缘、隔声、隔热等。

（二）木材涂饰对涂料的要求

底层涂料对木材具有良好的渗透性、润湿性和优越的附着力，保证涂膜的持久性。涂饰好的面层要具有良好的装饰性，保证木纹的清晰度及明显的立体感；涂饰好的涂层要具有良好的耐水、耐污染、耐酸碱的能力；为方便施工，木材的涂料也应具有良好的重涂能力。

（三）涂饰施工及注意事项

户外木油涂刷是一种最简单的施工方法，自由选择调释好的各种颜色，在干燥的防腐木材表面，清洁后直接涂刷（使用前充分搅拌），其自然的质感可凸显木材的天然纹理，在自然的格调中，尽可展现和谐的个性之美，但必须在8℃以上的温度条件下进行。

木材的涂饰施工及注意事项如下：

（1）清除木材表面的毛刺、污物，用砂布打磨光滑。

（2）待打底层腻子干后用砂布打磨光滑。

（3）按设计要求刷底漆、面漆。

（4）混色漆严禁脱皮、漏刷、斑迹、透底、流坠、皱皮，要求涂饰表面光亮、光滑，线条平直。

（5）清漆严禁脱皮、漏刷、斑迹、透底、流坠、皱皮，要求涂饰表面光亮、光滑，线条平直。

（6）应用干净的布浸桐油后挤干，揉涂在干燥的木材面上，严禁漏涂、脱皮、起皱、斑迹、透底、流坠，要求涂饰表面光亮、光滑，线条平直。

（7）木平台烫蜡、擦软蜡工程中，所使用蜡的品种、质量必须符合设计要求，严禁在施工过程中烫坏木材和损坏板面。

五、炭化木材

（一）炭化木材的施工方法

1. 固定法

用膨胀螺钉把龙骨固定在地面上，膨胀螺钉应使用尼龙材质的，此种材料抗老化性能优异，若使用铁膨胀管，应先涂刷防锈漆，再铺设炭化木材。

2. 活动铺设法

（1）用不锈钢十字螺钉将炭化木材的正面与龙骨连接。

（2）用螺钉将龙骨固定在防腐木材的反面，用几块炭化木材组合拼成一个整体，既不破坏木材结构，也可自由拆卸、清洗。

3. 悬浮铺设法

可将龙骨在地面找平，连接成框架或井字架结构，然后铺设炭化木材。

（二）炭化木材的施工维护和养护

由于炭化木材是在高温的环境下处理的，木材内的多糖（纤维素）高温分解形成单糖，单糖附着在木材表面，随着时间的延长，表面易发生腐朽，呈褐色或黑褐色。同时，炭化木材吸收结合水的能力不强，但吸收自由水的能力很强，为了延迟这些现象的出现时间，可在炭化木材的表面涂饰三层油漆。

为了延长炭化木材的使用寿命，应该尽可能使用现有的尺寸及形状，加工破损部分应涂刷防腐剂和户外防护涂料。如遇阴雨天，最好先用塑料布将木材盖住，待天晴后再刷户外防护涂料。木材在涂刷后 24 h 之内应避免淋到雨水，表面用户外耐候木漆或木油涂刷完成后，为了达到最佳效果，48 h 内避免其上有人员走动或重物移动，以免破坏炭化木材面层已形成的保护膜。若想取得更优异的防护效果，必要时可在面层上再做两道专用户外清漆处理。

由于户外环境存在的特殊性，炭化木材会出现裂纹、细微变形，属正常现象，并不影响其结构强度。一般，户外木材防护涂料是渗透型的，在木材纤维的表面会形成一层保护膜，可以有效阻止水对木材的侵蚀，可用一般洗涤剂清洁，工具可使用刷子。炭化木材需要 1 ～ 1.5 年做一次维护。

（三）炭化木材的使用注意事项

（1）炭化木材不宜用于接触土壤和水的环境。

（2）炭化木材与未经处理的木材相比，握钉力有所下降，所以推荐使用先打孔、再钉孔的安装方法来防止木材开裂。

（3）炭化木材在室外使用时，建议采用防紫外线木油，以防止木材在日晒过久后褪色。

※ 小结

木材作为中国传统园林常用材料有着悠远的历史。它与土、石一样，是人类最早用来建造房舍、修路、砌桥的材料。直到现在，由于它具有易得、灵活轻盈和朴质天然等特质，仍然是备受青睐的景观材料之一。在沿袭和继承它的同时，人们又对这样一个能够营造温馨亲切感受的景观材质进行工艺和艺术上的再加工与再处理，使其可以经受长久的风吹日晒和雨淋，更具备景观设计实施中所需的素质，从而发挥景观效用。

※ 实训

1. 实训目的

学生实地走访调查所处城市主要的公园、广场、木材市场，统计木材应用情况，通过具体实例识别各种常用景观木材的规格、种类、使用要求及适用范围等。

2. 实训方式

（1）城市广场或公园等木质景观的调查分析。

1）学生分组：以 5 ～ 7 人为一组，自主到公园和广场进行木质景观小品的调查和分析。

2）重点调查：木质景观的特点和应用情况。

3）调研方法：收集木质材料景观的图片。

（2）对木材市场的调研。

1）学生分组：以 5～7 人为一组，主动到木材市场调研。

2）重点调研：木材的种类、规格、价格。

3）调研方法：走访、记录、咨询。

3. 实训内容及要求

（1）认真完成调研日记。

（2）填写材料调研报告。

（3）写出实训小结。

※ 课后习题

一、选择题

1. 下面属于人工防腐木材料的是（　　）。

  A. 菠萝格   B. 巴劳木   C. 加拿大红雪松   D. 芬兰木

2. 下列不属于塑木优点的是（　　）。

  A. 防水、防潮   B. 可塑性强   C. 易膨胀、易变形   D. 防火性强

二、填空题

1. 按加工程度和用途，木材可分为_____、_____、板方材等。

2. 工程中使用的木材，其强度主要有_____、_____、抗弯强度和_____，而且有顺纹与横纹之分。

3. 木材中表现密度较大，材质较硬的是_____；而表现密度较小，木质较软的是_____。

三、实操题

木材询价：选取当地木材市场没有的若干木材，待充分学习并了解其特点后，通过网络、电话、实地走访等形式进行木材询价，并结合本模块开篇的案例列出木材价格表。

【应用小贴士】　　　【知识小课堂】

木材户外施工
应注意的问题

我国木材市场
发展历程概况

模块六 金属景观材料

1. 了解金属材料的分类及其应用性质；
2. 掌握常用金属材料的特点及其在景观中的应用；
3. 掌握金属材料的防护方法及防腐处理的方式；
4. 掌握不锈钢地面、栏杆的施工工艺。

能力目标

1. 能够准确识别辨认常见的金属材料；
2. 能够根据应用的环境及施工项目实际情况选用适合的金属材料；
3. 能够正确处理金属材料后期存在的问题。

素质目标

1. 培养学生良好的职业道德素养；
2. 培养学生具备讲诚信、重承诺、肯吃苦、肯奉献、勇于负责的品质；
3. 培养学生自觉学习和自我发展的能力；
4. 培养学生独立分析与解决具体问题的能力。

【案例导入】

2023年，××生态工程职业学院启动了校园改造项目，其中一项内容是对校园内文化广场的主景标志进行改造。此项任务前期调研工作委托给环境设计学院环艺专业A班级。需要对雕塑景观材料进行调查统计，掌握与设计景观雕塑相关的内容。调研后的设计任务也由该班级完成。工作小组成员需要根据实地情况选取满足不同需求的金属材料，并在向校方阐明相关金属特点的同时，也提供金属的报价情况。

请学生想一想：生活中常见的金属材料有哪些？景观中常用的金属材料有哪些？金属是否可以被其他材料完全替代？学校的景观雕塑使用什么金属材料合适？

金属景观材料是指由一种金属元素构成或由一种金属元素和其他金属或非金属元素构成的装饰材料的总称。

优点：较高的强度，良好的塑性、导电性、传热性，有金属光泽；重量更小，可以减轻载荷，并具有一定的延展性，韧性强；易于工厂化规模加工，无湿作业，机械加工精度高，在施工过程中更方便，缩短工期；回收率高，环保。

景观中最常用的金属元素是铁、铜、铝，而常用的合金则为钢、黄铜、青铜等。在景观建筑中，金属主要发挥结构作用和装饰作用，它可以用来制作公共空间中耐用的座椅、支承车辆交通的井盖、排水沟箅子、盲人行走的指示铺装——盲道及使用频率和强度都很大的公园游乐设施等。现代金属装饰艺术逐渐进入环境，与空间环境产生了不可分割的联系，已经成了环境中不可缺少的一部分。现代金属装饰体现在各种实用品上，在设计上更加人性化和大众化，既服务于人们的生活，又美化人们的心灵，直接服务于人们的生活空间，为人们创造出富有生活情趣的空间。

本模块主要介绍金属材料中钢材、铜及新型金属材料在景观中的应用。

单元一

金属材料基础知识

🎵 一、金属材料的分类

（一）按材料性质分类

按材料性质，金属材料可分为黑色金属材料、有色金属材料与复合金属材料。

（1）黑色金属景观材料是指铁和铁合金形成的金属材料，如碳钢、合金钢、铸铁、生铁等。

（2）有色金属景观材料是指铝及铝合金，铜及铜合金，还有金、银。

（3）复合金属景观材料是指不同的金属材料与其他材料结合所形成的复合材料，如塑铝板等。

（二）按材料形状分类

按材料形状，金属景观材料可分为金属板材、金属型材、金属管材等。

（1）金属板材是指以金属及金属合金材料制成的平板类金属材料，主要有钢板、不锈钢板、铝板、铝合金板、铜板等。

（2）金属型材是指金属及金属合金经热轧等工艺制成的异形断面的材料，主要有铝合金型材、型钢、铜合金型材等。

（3）金属管材是指金属及金属合金经加工工艺制成的矩形、圆形、椭圆形、方形等截面的材料，主要有铝合金方管、不锈钢方管、不锈钢圆管、钢圆管、方钢管、铜管等。

二、金属材料的应用性质

（一）抗拉性能

1．拉伸作用

拉伸是金属材料受力的主要形式，因此，抗拉性能是表示金属材料性质和选用金属材料最重要的指标。金属材料受拉直至破坏经历了以下四个阶段。

（1）弹性阶段：金属材料的应力和变形成正比，此阶段产生的变形是弹性变形。

（2）屈服阶段：随着拉力的增大，应力和应变不再是正比关系，金属材料产生了弹性变形和塑性变形。当拉力达到某一定值时，即使应力不再增大，塑性变形仍明显增强，金属材料出现了屈服现象，此点对应的应力值被称为屈服点（或称屈服强度）。

（3）强化阶段：拉力超过屈服点以后，金属材料又恢复了抵抗变形的能力，故称强化阶段。强化阶段对应的最高应力称为抗拉强度或强度极限。抗拉强度是金属材料抵抗断裂破坏能力的指标。

（4）颈缩阶段：超过抗拉强度以后，金属材料抵抗变形的能力明显降低，并在受拉试件的某处，迅速发生较大的塑性变形，出现颈缩现象，直至断裂。

2．冲击韧度

冲击韧度是指在冲击载荷的作用下，金属材料抵抗破坏的能力。金属材料的冲击韧度受下列因素影响：金属材料的化学组成与组织状态，轧制、焊接的质量，环境温度和时效。

（二）工艺性能

1. 冷弯性能

冷弯性能是指金属材料在常温下承受弯曲变形的能力。金属材料在弯曲过程中，受弯部位产生局部不均匀塑性变形，这种变形在一定程度上比伸长率更能反映金属材料的内部组织状况、内应力及杂质等缺陷。

2. 可塑性

在建筑工程中，金属材料绝大多数是采用多种方法连接的，这就要求金属材料要有良好的可塑性。

3. 水密性

金属材料的咬合方式为立边单向、双重折边并依靠机械力量自动咬合，板块咬合紧密，水密性强，能有效防止毛细雨渗入。由于不需要使用化学嵌缝胶密封来防水，便避免了胶体老化带来的污染和漏水问题。

4. 耐腐蚀性

金属材料的耐腐蚀性比较差，一般要经过防腐处理，才能提高金属材料的耐腐蚀性。

单元二

金属材料在景观中的应用

一、碳素结构钢（非合金结构钢）

碳素结构钢是常用的金属材料，它是非合金结构钢的一大类，与优质碳素结构钢的主要区别是对碳含量与性能范围的要求，以及对磷、硫和其他残余元素含量的限制较宽，一般在热轧状态后使用，价格便宜，可以大量生产。

1. 圆钢及方钢

圆钢及方钢如图 6-1 所示。圆钢的直径和方钢的边长均为 5.5 ～ 250 mm。一般它们的长度为当直径（边长）不大于 25 mm 时，4 ～ 10 m；当直径（边长）大于 25 mm 时，3 ～ 9 m。常用作钢筋、螺栓及各种机械零件。直径大于 25 mm 的圆钢，主要用作景观中的机械零件或用作无缝钢管坯。

图 6-1　圆钢及方钢

2．扁钢

扁钢（图 6-2）是指宽 12 ～ 300 mm、腰厚 4 ～ 60 mm、截面为长方形并稍带钝边的钢材。扁钢可以是成品钢材，也可以用作焊管的坯料和叠轧薄板用的薄板坯。扁钢可作为成材用作景观中的机械零件，如各种景观中的结构件、扶梯等。

3．工字钢

通常生产和使用的工字钢（图 6-3）是热轧窄翼缘、斜腿普通工字钢。其断面设计的特点是腿短，腿内侧有一定的斜度，宽高比小，腰部较厚，金属分布不太合理。此类工字钢目前已被宽缘、平行腿工字钢所代替。工字钢的型号有 34 种，规格范围（高度 × 宽度 × 腰厚）为 100 mm×68 mm×15 mm ～ 630 mm×180 mm×17 mm（高度值有 16 种，宽度值有 34 种）。工字钢主要承受高度方向的载荷，作为弯梁使用，被广泛用在各种景观的结构件上。

图 6-2　扁钢　　　　　　　　　　　图 6-3　工字钢

4．槽钢

槽钢（图 6-4）属建造用和机械用碳素结构钢，是复杂断面的钢材，其断面形状为槽形。通常，生产和使用的槽钢是热轧窄翼缘、斜腿普通槽钢。槽钢的型号有 30 种，规格范围（高度 × 宽度 × 腰厚）为 50 mm×37 mm×4.5 mm ～ 400 mm×140 mm×14.5 mm（高度值有 15 种，宽度值有 28 种）。槽钢是工业生产中经常使用的材料，常常被焊接在各类工件上，起支承、加强结构等作用。

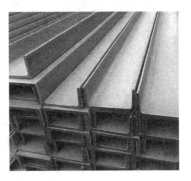

图 6-4　槽钢

5．H型钢

H型钢（图6-5）截面设计优于普通工字钢，加大了翼缘、宽度和高度，腰薄，翼缘内侧面无斜度，两翼缘平行，宽高比大。与普通工字钢相比，H型钢在不增加，甚至在减小每米长度质量的情况下，大大提高了断面系数。H型钢可承受复杂结构件的多方面载荷、抗弯、抗扭、抗压，并且稳定性良好，是钢结构工程中理想的经济型断面型钢，生产方法有热轧和焊接两种。H型钢适用于制造钢结构的柱、梁、桩、桁架等构件。H型钢桩主要用作各种景观工程中的基础钢桩。

6．角钢

角钢（图6-6）的特点是在水平和竖直轴线上都具有良好的力学性能。按截面形状的不同，角钢可分为等边角钢、不等边角钢、不等边不等厚角钢（又称L形钢）。角钢的品种和规格是热轧型钢中最多的。等边角钢的型号为2～20，有19种型号，82种规格；不等边角钢的型号为2.5/1.6～20/12.5，有19种型号，65种规格。

这2种角钢的长度按型号可分为4～12 m和6～19 m。不等边不等厚角钢的型号从└250 mm×90 mm×9 mm×13 mm到└500 mm×120 mm×13.5 mm×35 mm，有11种型号，其长度为6～12 m。大型角钢广泛应用于工业建筑、铁路、交通、桥梁等大型结构件中。中型角钢用于景观钢结构件及其他用途的结构件中。小型角钢用于支架和框架中等。

图6-5　H型钢

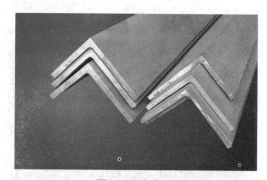

图6-6　角钢

二、钢合金

钢在景观中的用途广泛，常用作座椅和长凳的扶手、护栏和矮柱。钢筋则可以为混凝土提供抗拉强度。

钢是一种合金，而不是金属元素。它的主要成分是铁和碳。钢的含碳量比较低，强度和硬度比铁高。现在多种钢材已经被制造出来，最常见的是A36钢，这种钢在大多数大型结构中承担承重的任务。

钢合金是按照它们的成分区分的。例如，不锈钢必须含有至少10.5%（质量分数）的铬，比标准钢更耐氧化、耐腐蚀，也比标准钢材更昂贵。还有一种耐大气腐蚀钢或耐候钢，它含有一种特别配方，能产生一种稳定而有吸引力的氧化表面来代替涂料。

钢是常见的可回收金属，其循环利用过程是简单而经济的。再生钢不会在循环过程中损失强度或硬度，而且成本远远低于先从铁矿石中提取再精炼的原生钢。

（一）不锈钢的分类

（1）马氏体不锈钢（图6-7）：通过热处理可以调整其力学性能的不锈钢，通俗地说，是一类可硬化的不锈钢。其淬火后硬度较高，在不同的回火温度下具有不同的强韧性组合。根据化学成分的差异，马氏体不锈钢可分为马氏体铬钢和马氏体铬镍钢两类；根据其组织和强化机理不同，其还可分为马氏体不锈钢、马氏体和半马氏体沉淀硬化不锈钢和马氏体时效不锈钢等。

（2）铁素体不锈钢（图6-8）：在使用状态下以铁素体组织为主的不锈钢。含铬量在11%～30%，具有体心立方晶体结构。这类钢一般不含镍，有时还含有少量的钼、镍、铌等元素，这类钢具有导热系数大、膨胀系数小、抗氧化性好、耐腐蚀性好等特点，多用于制造耐大气、耐水汽及耐氧化性、耐酸腐蚀的零部件。这类钢存在塑性差、焊后塑性和耐腐蚀性明显降低等缺点，因而限制了它的应用。

（3）奥氏体不锈钢（图6-9）：在常温下具有奥氏体组织的不锈钢。包含铬（16%～25%）、镍（6%～22%），有时还含有少量的钼、铜、锰和氮（钼的添加可特别增强其耐腐蚀性）。此类不锈钢没有磁性，不能通过热处理来增强硬度，但具有较好的韧性和耐压性，冷却后很容易焊接和加工。由于奥氏体不锈钢具有全面的和良好的综合性能，在各行各业中获得了广泛的应用。

图6-7　马氏体不锈钢　　　　图6-8　铁素体不锈钢　　　　图6-9　奥氏体不锈钢

（4）奥氏体－铁素体双相不锈钢：是奥氏体和铁素体组织各约占一半的不锈钢。在含碳量较低的情况下，铬含量为18%～28%，镍含量为3%～10%。有些钢还含有钼、铜、铌、镍、钠等合金元素。该类钢兼有奥氏体不锈钢和铁素体不锈钢的特点，与铁素体不锈钢相比，其塑性、韧性更高，无室温脆性，耐晶间腐蚀性能和焊接性能均显著提高，同时，还保持有铁素体不锈钢的脆性及导热系数高、具有超塑性等特点。与奥氏体不锈钢相比，其强度高且耐晶间腐蚀性能和耐氯化物应力腐蚀性能有明显提高。双相不锈钢具有优良的耐孔腐蚀性能，属于节镍不锈钢。

（二）不锈钢的特点

不锈钢与其他所有金属装饰部件一样，具有金属的光泽和质感，特别是不锈钢不易锈蚀，因此可以较长时间地保持最初的装饰效果，同时不锈钢的强度高、硬度高，在施工过程中不易变形。

装饰用不锈钢制品主要是不锈钢薄板，且厚度多在 2 mm 以下。根据不同的设计要求，不锈钢饰面板可加工成光面不锈钢板（镜面不锈钢板）、砂面不锈钢板、拉丝面不锈钢板、腐蚀雕刻不锈钢板、凹凸不锈钢板等。

不锈钢表面的光泽度是根据其反射率来决定的，反射率达到 90% 的称为镜面不锈钢板，反射率达到 50% 的称为亚光不锈钢板。可根据设计对不锈钢板进行腐蚀处理，通常，腐蚀深度一般为 $0.015 \sim 0.5$ mm 的，装饰效果会比较好。

不锈钢是在空气中或化学腐蚀介质中能够抵抗腐蚀的一种高合金钢，由钢（铁和碳）和铬合金制成，有时添加镍、锰和钨等其他金属元素。尽管不锈钢的价格明显高于软钢，但是鉴于不锈钢的特有性能，它仍然被越来越多地应用到建筑行业中。不锈钢具有美观的表面和良好的耐腐蚀性，不必经过镀色等表面处理，具有代表性的为 13-铬钢、18-铬镍钢等高合金钢。

不锈钢的耐腐蚀性源于不锈钢含有铬而使表面形成很薄的铬膜，称为钝化膜，可以抵抗空气的腐蚀及有机酸和较弱的矿物酸的腐蚀。为了保持固有的耐腐蚀性，钢必须含有至少 10.5% 的铬。另外，它还能耐高温和强机械压力，可以进行轧制、挤压或引伸加工，在热熔状态下可以进行亚光或高光处理，甚至可以进行磨砂处理。

不锈钢的另一项优点是坚硬光滑的钝化膜表面不易附着灰尘，因此用水就可以很容易地处理掉轻微的非油脂类附着物和污渍。较顽固的污渍和油脂类附着物可以用一块浸有肥皂水或清洁剂的软布清洁。

不锈钢腐蚀的主要类型如下。

1. 均匀腐蚀

均匀腐蚀在材料的表面产生，损坏大量的材料。由于其容易被发现，危害性不是很大（图 6-10）。

2. 点腐蚀

点腐蚀是指不锈钢表面的小蚀坑，可由氯、溴、碘引起，易发生在表面缺陷处和夹杂了杂质处等表面氧化膜较薄弱处，由于应力等原因使腐蚀集中在材料表面一片不大的区域内，向深处发展，最后甚至能穿透金属（图 6-11）。

3. 缝隙腐蚀

缝隙腐蚀发生于存在电解质（如潮湿）和氧不容易到达的部位（缝隙宽度为 $0.025 \sim 0.1$ mm），可发生于金属与金属、金属与垫片、金属与塑料之间，驱动力是氧浓度的差异。解决方法：设计时排除缝隙（密封或敞开）、保持缝隙干燥、采用耐腐蚀性更好的不锈钢（图 6-12）。

图 6-10　均匀腐蚀

图 6-11　点腐蚀

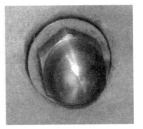
图 6-12　缝隙腐蚀

4. 微生物腐蚀

微生物腐蚀是一种由于活细菌（微生物）与材料接触所导致的直接或间接腐蚀的形式。河水和井水等未经氯气消毒的水通常含有细菌，而细菌会在不锈钢上生长，形成菌群，菌群之下还有"缝隙"，可能呈酸性，其中的氯化物含量高，导致腐蚀现象发生。解决办法：用氯气对水进行消毒灭菌处理；避免水的滞留，保持水的循环；使用更耐腐蚀的不锈钢。

5. 晶间腐蚀

晶间腐蚀是指腐蚀过程是沿着晶间进行的，危害性最大。

6. 应力腐蚀

钢在拉伸应力状态下能发生应力腐蚀被破坏的现象，称为应力腐蚀。由于它没有任何预兆，所以危害性也是比较大的。每种材料都有可能发生应力腐蚀而断裂。只有在拉伸应力作用下（在压应力作用下不会发生）、温度一般高于 60 ℃、氯化物这三个条件同时满足的情况下，才会发生这种腐蚀。

7. 电偶腐蚀

电偶腐蚀是指由于腐蚀电位不同，造成同一介质中异种金属接触处的局部腐蚀，发生于两种不同的金属（电位序上相距足够远）相互连接（或类似的接触）、存在导电电解质或面积比例不当的条件下。活泼金属（耐腐蚀性较差）为阳极（如碳钢），以较快的速度腐蚀；惰性较大的金属（如不锈钢）为阴极，腐蚀速度慢。

（三）提高不锈钢耐腐蚀性的方法

（1）在不锈钢表面形成稳定的保护膜。

（2）获取单相组织，如镍、钼等物质，形成单相奥氏体组织，这样可以提升不锈钢的耐腐蚀性。

（3）采用机械保护措施或使用覆盖层，如电镀、发兰、涂漆等方法。

（四）不锈钢在景观中的应用

1. 不锈钢在园林铺装中的应用

不锈钢可用作铺装材料（图 6-13），还可以用作划分大面积铺装的分隔材料，如将水刷石路面划分成若干块小面积，不仅可以延长路面的使用年限，还能够增强铺装的景观效果。另外，还可以用于水池或台阶的铺装。

2. 不锈钢在园林小品中的应用

不锈钢极具金属感的明快光泽，可以用来在城市公园、街道中心适当建造一些纪念物或艺术雕塑品（图6-14），能在为人们提供休闲场所的同时，也使人们获得美的享受，还提高了城市的文化内涵。

3. 不锈钢在园林设施中的应用

城市街道装饰采用不锈钢是城市走向现代化的标志之一。很多国家对街道具有独特功能的公共设施，如道路指标牌、栏杆、人行过街桥的栏杆及扶手、街灯灯柱、休息座椅、凉亭、电话亭、候车亭、书报亭、陈列橱窗、垃圾筒等均用不锈钢制作，并使之在设计和造型上与环境融合，给城市增添了现代气息（图6-15）。

图6-13 不锈钢铺装

图6-14 不锈钢小品

图6-15 不锈钢设施

三、铜

（一）铜及铜合金的基本知识

1. 铜及铜合金的分类

（1）紫铜。铜是古代就广泛使用的金属之一。一般认为人类知道的第一种金属是金，其次就是铜。铜在自然界中是以化合物的状态存在，属于易冶炼的金属。所以，古人在很早就掌握了铜的冶炼技术，开始使用铜及铜合金。铜的表面通常会形成一层紫红色的氧化铜薄膜，所以纯铜也称为紫铜（图6-16）。它的密度为 $8.92\ g/cm^3$，熔点为 1 083 ℃，沸点为 2 576 ℃，具有良好的导热性、导电性、耐腐蚀性和延展性，但强度较低，易生锈。利用其延展性及锻铜工艺，可制作锻铜雕塑及浮雕。但由于其强度较低，所以不能用作结构材料。铜加入锌则为黄铜，加入锡即成青铜。

（2）黄铜。通常人们将以锌为主要合金元素的铜合金称为黄铜（图6-17）。其中，单纯由铜和锌组成的黄铜称为普通黄铜；由两种或两种以上的元素组成的多种合金就称为特殊黄铜，如由铅、锡、镍、铅、铁组成的铜合金。特殊黄铜比普通黄铜有更强的耐磨性能，不仅强度高，并且硬度高，耐化学腐蚀性强，经过切削加工的机械性能也较为突出，景观中较多使用黄铜。

（3）青铜。青铜（图6-18）是一种合金，主要元素为铜，其他元素中最常用的是锡，而常用的有锡青铜和铝青铜等。青铜用"Q"（青）表示。

 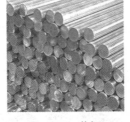 

图 6-16　紫铜　　　　　　图 6-17　黄铜　　　　　　图 6-18　青铜

2. 铜及铜合金的焊接特点

（1）难融合及易变形；

（2）容易产生热裂纹；

（3）容易产生气孔。

铜及铜合金焊接主要采用气焊、惰性气体保护焊、埋弧焊、钎焊等方法。铜及铜合金的导热性能好，所以焊接前一般应预热，并采用大线能量焊接。气焊时，紫铜采用中性焰或弱碳化焰；黄铜则采用弱氧化焰，以防止锌的蒸发。

（二）铜及铜合金在景观中的应用

铜材料的造型形态多变，不仅可以塑造华美的建筑立面、小型的雕塑，还可以塑造与众不同的互动装置。不同的造型形态蕴含着不同的信息和美感。

（1）铜及铜合金在铺装中的应用，如图6-19所示。

（2）铜及铜合金在小品中的应用，如图6-20所示。铜及铜合金用于雕塑的历史悠久，且随着技术及工艺的发展进步，铜及铜合金在小品中的应用越加广泛。

（3）铜及铜合金景观设施如图6-21所示。

图 6-19　铜及铜合金铺装　　图 6-20　铜及铜合金小品　　图 6-21　铜及铜合金景观设施

四、铝及铝合金

铝是银白色、有光泽的金属，是地球上最丰富的金属元素之一，但它却极少以纯粹的形式存在。铝具有良好的导热性、导电性和延展性，它可以耐受明显的变形而不断裂。另外，它有很强的耐腐蚀性。因此，具备较高的景观应用价值。

1. 纯铝

纯铝（图6-22）很软，强度不高，具有良好的延展性，可拉成细丝和轧成箔片，大量用于制造电线、电缆、无线电工业及包装业。它的导电能力约为铜的2/3，而密度仅为铜的1/3，且价格较铜低。所以，野外高压线多用铝制造，既节约了成本，又缓解了铜材的紧张。

图6-22 纯铝

2. 铝合金

在纯铝中加入合金元素就得到了铝合金。为克服纯铝较软的特性，可在铝中加入少量的镁、铜，将其制成坚韧的铝合金（图6-23和图6-24）。

图6-23 铝合金框

图6-24 铝合金艺术品

五、新型金属材料

（一）新型金属材料发展状况分析

我国的新型金属材料是伴随着改革开放的不断深入发展起来的，经过几十年，现在基本完成了从无到有、从小到大的发展过程，在全国范围内形成了一个新兴的行业，成为建材工业中重要的分支和新的经济增长点。

随着景观材料的不断发展，新生的设计师对传统的景观设计概念提出挑战，他们利用金属，结合现代技术，打破以往景观设计的常规，以令人激动的、充满活力的新方式，为传统的景观设计概念增添了一些新含义。

（二）新型金属材料的种类

1. 钛锌金属板

（1）定义。屋面／墙面用钛锌板是以符合欧洲质量标准 EN 1179 的高纯度金属锌（99.995%）与少量的钛和铜熔炼而成。钛的含量是 0.06%～0.20%，可以改善合金的抗蠕变性；铜的含量是 0.08%～1.00%，用以提高合金的硬度。

（2）常见规格。屋面／墙面用钛锌板的厚度为 0.5～1.0 mm，每平方米的质量为 3.5～7.5 kg，如 0.82 mm 厚的屋面用钛锌板每平方米的质量仅为 5.7 kg，是一种质量极小的屋面材料，对屋面结构基本没有任何影响。屋面用钛锌板的抗弯强度为 16 kN/mm²，延伸率为 15%～18%，弹性模量为 $1.5×10^5$ MPa。

（3）钛锌板的特点。

1）使用寿命长，金属面层具有 80～100 年的生命周期。

2）依靠本身形成的碳酸锌保护层保护，可防止面层进一步腐蚀，不同涂漆来作为保护层，具有真正的金属质感，并有划伤后自动愈合不留划痕、免维护等特点。

3）板材具有良好的延伸率和抗拉强度，可塑性好，可在现场弯制各种弧形板，充分满足业主和建筑师丰富的创作想象力与灵感要求。

4）采用暗扣式立边咬合接缝和平锁扣（斜锁扣）接缝方式，可以形成结构性的防水、防尘体系，防水效果好，能抵抗沿海地区台风、暴雨等恶劣天气。

2. 钛金属板

（1）定义。钛金属板（图 6-25）是用钛作为原料制造的金属板，钛是一种很特别的金属，质地非常轻盈，而且十分坚韧和耐腐蚀，它不像银会变黑，在常温下终身保持本身的色调。钛的熔点与铂金差不多，因此常用于制作航天、军工精密部件。钛在加上电流和化学处理后，会产生不同的颜色。

（2）特点。钛是一种纯性金属，正因为钛金属的"纯"，所以物质和它接触时，不会产生化学反应。也就是说，因为钛的耐腐蚀性、稳定性高，人和它长期接触以后也不影响其本质，所以不会造成人的过敏，它是唯一对人类植物神经和味觉没有任何影响的金属。钛又被人们称为"亲生物金属"。

钛金属板主要有表面光泽好、强度高、热膨胀系数低、耐腐蚀性优异、无环境污染、使用寿命长、机械和加工性能良好等特性。同时，还需要注意的是，钛金属板的安装方案与铝合金板的相同。

3. 金属网

金属网是一种新型建筑装饰材料，采用优质不锈钢、铝合金、黄铜、紫铜等合金材料，经特殊工艺编制而成，由于其具有金属丝和金属线条特有的柔韧性和光泽度，被广泛应用于室外小品及景墙的塑造中（图6-26）。

图 6-25　钛金属板

图 6-26　金属网小品

4. 耐候钢

耐候钢即耐大气腐蚀钢，是介于普通钢和不锈钢之间的低合金钢系列，耐候钢由普碳钢添加少量铜、镍等耐腐蚀元素而成，具有优质钢的强韧、塑延、成型、焊割、磨蚀、高温、抗疲劳等特性；耐候性为普碳钢的 2 ～ 8 倍，涂装性为普碳钢的 1.5 ～ 10 倍。同时，它具有耐锈、耐腐蚀、延长使用寿命、减薄降耗、省工节能等特点。

中国 2010 年上海世界博览会中的澳大利亚馆（图6-27）就是用红赭石色的耐候钢材料制成的。制作耐候钢的原料采自澳大利亚西部的矿山，由当地的工厂生产。馆方特意将天然的矿石绕着展馆摆放了一圈。澳大利亚馆周围的地砖，都是红色的，这些地砖原料也产自红土地带，用 10 多个集装箱漂洋过海运来上海。红色不仅代表了自然，还将"工业"和"城市"的概念展现出来了。

图 6-27　澳大利亚馆

金属紧固件和加固件

一、钉子

钉子（图6-28）是尖头状的硬金属，用途是固定物体。钉子之所以能够固定物体，是因为它可以凭借自身变形和摩擦力而勾挂物体。古时候，中国人习惯把钉子称为"洋钉"，因为中国的木匠偏爱木制的卯榫结构，传统的中国木构建筑居多，不用钉子作为衡量工匠水平的尺度。但是随着时代的进步，人们已经离不开这个重要的金属固件了。

图6-28 钉子

景观中最常用的是软木材质，并不使用橡木、樱桃木、枫木等硬木材质，这就对钉子的选择有了具体的要求，景观中用的钉子应为镀锌钉或不锈钢钉，它们是景观中最实惠、最常用的选择。

景观中用的钉子对纹路有要求，应用螺纹杆或环纹杆，不能使用平滑的钉子，这样才会更加稳固，以避免结构松动，导致钉子从被固定物体中伸出尖头而发生危险。景观中使用的钉子通常有一个宽大的钉帽，上面有网格式的纹理，这些凹凸的纹路是为了增加摩擦力，从而使其更牢固地固定物件，而且钉帽面积相比钉子的比例应较大，这样有利于配合景观中软木的材质特点来加固物件。

二、螺钉

螺钉是钉杆上有凹凸的螺旋纹的金属紧固件，上面通常有一个锥形的尖端（图6-29）。螺钉的主要功能是接合两个物体，或者是固定物体的位置。螺钉通常可随意移除或重新嵌紧，也能比钉子提供更大的力量，也可重复使用。在景观中，固定软木时，螺钉比钉子更好用。景观中最常见的螺钉是带有十字口的或方形头的，因为这类螺钉便于使用工具安装，与钉子相同的是螺钉也必须使用镀锌螺钉或不锈钢螺钉。景观中使用的螺钉不同于普通螺钉，它的螺纹十分锐利，如果每圈螺纹的间距长度不够，便会导致加固不牢，从而使物体松动。

图6-29 螺钉

三、螺栓与螺母

螺栓（图6-30）在机械结构或建筑构件中作连接或紧固之用，与螺钉的区别在于两个方面：一是形状方面，螺栓的螺柱部分严格要求为圆柱形，用于安装螺母，但螺钉的螺柱部分有时呈圆锥形甚至带有顶尖；二是使用功能方面，螺钉旋入的对象不是螺母，在很多场合中，螺栓也是独立使用的，不需要与螺母配合。此时的螺栓从功用上讲等同于螺钉。

螺母（图6-31）就是螺帽，是与螺栓或螺杆拧在一起用来起紧固作用的零件，是生产制造机械时必不可少的一种元件。根据材质的不同，螺母可分为碳钢、不锈钢、有色金属等几大类型。

图6-30　螺栓　　　　　　　　　图6-31　螺母

在景观中，螺栓和螺母紧固件是将多个物件固定在一起的最有效的方法，螺栓的螺纹设计是为了匹配相应的螺母，所以螺纹的牙数是一个关键的指标。最常见的螺栓是六角螺栓，但是它有危险性，为了保证安全，需要将六角螺栓做埋头处理，使得螺栓头部不会凸出物件以保证安全。同时，不能过度拧紧螺栓和螺母，要在螺栓头部和螺母下面加上宽大的垫圈，从此来承担压力。

四、钢筋

钢筋是指钢筋混凝土用钢材和预应力钢筋混凝土用钢材。其横截面为圆形，有时为带有圆角的方形，包括光圆钢筋、带肋钢筋、扭转钢筋。在景观中钢筋运用于现浇混凝土墙、台阶、矮柱，以及所有室外凉亭、花架、雨篷的基础等。

钢筋混凝土结构配筋按直径大小可分为钢筋和钢丝两类。直径在6 mm以上者称为钢筋；直径5 mm以内者称为钢丝。

按生产工艺，钢筋可分为热轧钢筋、余热处理钢筋、冷拉钢筋、冷拔钢筋、冷轧钢筋等多种。

工厂生产出来的钢筋均按一定规格（如9 m和12 m）的定长制作。而实际工程中使用的钢筋有长有短，形状各异，因此，使用前需要对钢筋进行处理。

连接钢筋的方法有绑扎、焊接（对焊、单面焊、双面焊、电渣压力焊）及机械连接（直螺纹连接、锥螺纹连接、套管冷挤压）等。

五、钢筋混凝土网

钢筋混凝土用焊接钢筋网（又称"钢筋混凝土网"，图 6-32）是适用于工厂制造，用冷轧带肋钢筋或冷轧光圆钢筋焊接而成的钢筋网。钢筋混凝土网是一种良好的、高效的混凝土配盘用材料，可用于钢筋混凝土结构的配筋和预应力混凝土结构的普通钢筋。钢筋混凝土网常被埋在单薄的墙中，用来加固墙体的缝隙。当钢筋混凝土网被用于现浇混凝土路面的内部时，它可用网将裂开的碎块固定在一起，从而阻止路面更进一步移动或坍塌。

图 6-32　钢筋混凝土网

单元四

金属材料的防腐

一、金属的防护及保护方法

金属为什么很容易被腐蚀？从热力学观点看，这是因为金属处于不稳定状态，有与周围介质发生作用转变成金属离子的倾向。金属的腐蚀会对金属的色泽、性质等产生直接影响，多数情况下是造成负面的影响，因此，金属的防腐蚀工作十分重要。

（一）金属的防护

可以针对原因采取适当的方法防止金属腐蚀，常用的方法有以下几种：

（1）改变金属的内部组织结构：制造各种耐腐蚀的合金，如在普通钢铁中加入铬、镍等制成不锈钢。

（2）保护层法：在金属表面覆盖保护层，使金属制品与周围腐蚀介质隔离，从而防止腐蚀。如在钢铁制件表面涂上机油、凡士林、油漆或覆盖搪瓷、塑料等耐腐蚀的非金属材料；用电镀、热镀、喷镀等方法，在钢铁表面镀上一层不易被腐蚀的金属，如锌、锡、铬、镍等，这些金属常因氧化而形成一层致密的氧化物薄膜，从而阻止水和空气等对钢铁等金属的腐蚀。

（3）化学方法：使钢铁表面生成一层致密稳定的氧化膜，如在机器零件、枪炮等钢铁制件表面形成一层致密的黑色 Fe_3O_4 薄膜等。

（4）电化学保护法：利用原电池原理进行金属的保护，设法消除引起电化学腐蚀的原电池反应。电化学保护法可分为阳极保护和阴极保护两大类，其中应用得较多的是阴极保护法。

（二）对腐蚀介质进行处理

消除腐蚀介质，如经常擦净金属器材、在精密仪器中放置干燥剂和在腐蚀介质中加入少量能减慢腐蚀速度的缓蚀剂等。

二、金属材料的防腐处理

通常，金属材料表面会附有尘埃、油污、氧化层、锈蚀层、盐分或松脱的旧漆膜。其中，氧化层是比较常见但最容易被忽略的部分。氧化层是在钢铁高温锻压成型时所产生的一层致密氧化层，通常附着比较牢固，但相比钢铁本身则较脆，并且其本身为阴极，会加速金属腐蚀。如果不清除这些物质直接涂装，势必会影响整个涂层的附着力及防腐能力。据统计，大约有70%以上的金属板生锈是因为施工时对金属表面油漆处理不适当所引起的。因此，进行合适的表面处理是十分必要的。

（一）金属材料防腐表面的清理步骤

铲除各种松脱物质→溶剂清洗，除去油脂→使用各种手工或电动工具或喷砂等方法处理表面至上漆标准。

（二）金属材料防腐表面的处理方法

1. 溶剂清洗
溶剂清洗是一种利用溶剂或乳液除去表面的油脂及其他类似的污染物的处理方法。由于各种手工或电动工具甚至喷砂处理均无法除去金属表面的油脂，因此溶剂清洗一定要在其他处理方式进行前先行处理。

2. 手工工具清洁
手工工具清洁是一种传统的清洁方法。通常使用钢丝刷刷、砂纸打磨、工具刮凿或其组合等方法，以除去钢铁及其他金属表面的疏松氧化层、旧漆膜及锈蚀物。这种方法一般速度较慢，只有在其他处理方法无法使用时才会采用。通常，这种方法处理过的金属表面的清洁程度不会非常高，仅适合轻防腐场合。

3.机动工具清洁

机动工具清洁即使用手持机动工具（如旋转钢丝刷、砂轮或砂磨机、气锤或针枪等）对工具进行清洁。使用这种方法可以除去金属表面的疏松氧化层、损伤旧漆膜及锈蚀物等。这种方法较手工工具清洁有更高的效率，但不适合重度防腐场合（图6-33）。

4.喷砂处理

为使金属表面有良好的清洁度和粗糙度，必须对金属结构表面进行除锈等预处理。防腐蚀界流传着这么一种说法，叫作"七分除锈，三分涂装"，可见除锈的重要性。鉴于金属结构的特殊性，施工环境基本为露天等，现阶段，喷砂除锈仍然使用一些常用方法（图6-34）。

图6-33　机具除锈

图6-34　喷砂除锈

喷砂除锈的流程如下：

（1）清除机械设备表面存在的杂物及放在表面的所有物体，防止由于气压大而吹掉杂物，伤害人员及设备。

（2）喷砂工艺除锈能够彻底清除表面所有锈痕，包括已腐蚀、锈蚀的设备管道及钢架、格栅板之间人工无法清除的表面、死角、旮旯、角磨机所不能清除的地方，能够彻底满足所有施工要求。

（3）使用喷砂工艺除锈后要及时进行砂石清理，保证现场无砂石等杂物，然后进行防锈处理。

（4）防锈漆粉刷要喷涂均匀，无漏痕，无死角，无漆流。

5.酸洗清洁

酸洗清洁是一种古老的车间处理方法，用于除去钢铁等金属上的氧化层。目前仍采用酸腐蚀及酸钝化的方法。酸洗清洁的一个缺点是虽将钢铁表面清洁了，但是所生成的表面没有了粗糙度，而粗糙度有助于提高重防腐油漆的附着力。

6.燃烧清洁

燃烧清洁是利用高温、高速的乙炔火焰处理金属表面，可去除所有的松散的氧化层、铁锈及其他杂质，然后以钢丝刷打磨。处理的表面必须无油污、油脂、尘埃、盐分和其他杂质。

（三）有色金属及镀锌铁的化学防腐

1. 铝材

对于铝材，溶剂清洗、蒸汽清洗及认可的化学预处理均为可接受的表面处理方法，上漆前打磨表面并选用合适的底漆。

2. 镀锌铁

选用相对活泼的金属，使得原来作为阳极的钢铁转变为阴极，从而控制其腐蚀。在此种情况下，作为阳极的活泼金属不可避免地会被腐蚀，因此，这方法也称为牺牲阳极防腐控制法。富锌涂层或镀锌铁均采用这种机理进行防腐控制。对于新镀锌钢铁表面，在上漆前必需使用溶剂清洗以除去表面污染物；同时，也可使用腐蚀性底漆或富锌底漆进行预处理，镀锌后立即进行纯化处理的镀锌铁必须先老化数月，然后才可用腐蚀性底漆或富锌底漆进行预处理。

3. 铜和铅

对于铜和铅，采用溶剂清洗及手工打磨，或非常小心地喷砂处理（使用低压力及非金属磨料），均可获得满意的表面处理结果。

三、金属防锈颜料的作用

（一）金属防锈颜料的常见防腐作用

（1）与成膜剂发生反应，形成致密的防腐涂层。
（2）由于颜料是碱性物质，溶于水则形成碱性环境。
（3）水溶性的成分到达金属表面，使其表面钝化。
（4）与酸性物质反应，使其失去腐蚀能力。
（5）水溶性成分或与成膜剂反应的生成物在水中溶解变为防腐成分等。

（二）防锈颜料的其他防腐作用

防锈颜料的上述防腐作用通常是同时存在的，其防腐作用包括物理、化学、电化学三个方面。

（1）物理防腐作用。适当配以与油性成膜剂起反应的颜料，可以得到致密的防腐涂层，使物理的防腐作用加强。例如，含铅类颜料与油性成膜剂反应形成铅皂，使防腐涂层致密，从而减少了水、氧和有害物质的渗透。磷酸盐类颜料水解后形成难溶的碱式酸盐，具有堵塞防腐涂层中孔隙的效果。而铁的氧化物或具有鳞片状的云母粉、铝粉、玻璃薄片等颜料、填料均可以使防腐涂层的渗透性降低，起到物理防腐作用。

（2）化学防腐作用。当有害的酸性、碱性物质渗入防腐涂层时，能起中和作用，使其变为无害的物质，这也是有效的防腐方法。尤其是巧妙地采用氧化锌、氢氧化铝、氢氧化钡等两性化合物，可以很容易地实现中和酸性或碱性的有害物质而起防腐作用，或者能与水、酸反应，生成碱性物质。这些碱性物质吸附在钢铁表面，使其保持碱性，使钢铁在碱性环境下不易生锈。

（3）电化学防腐作用。从涂层的针孔渗入的水分和氧通过防腐涂层时，与分散在防腐涂层中的防锈颜料反应，形成防腐离子。这种含有防腐离子的湿气到达金属表面后，可使钢铁表面钝化（使电位上升），防止铁离子的溶出，铬酸盐类颜料就具有这种特性。或者利用电极电位比钢铁低的金属来保护钢铁，例如，富锌涂料就是由于锌的电极电位比钢铁低，起到牺牲阳极的作用而使钢铁不易被腐蚀。

四、常用防腐材料

常用防腐材料包括高氯化聚乙烯防腐漆、环氧防腐漆、氯化橡胶漆、氟碳树脂漆、氨基树脂漆、醇酸树脂漆。

单元五

金属装饰材料的施工工艺

一、金属装饰材料的施工机具

常用的施工机具有金属材料切割机、台钻、手提曲线锯、角磨机、电锤、手枪钻、抛光机、冲击钻、电动修边机、液压拉铆枪、拉铆枪。

二、不锈钢地面的施工工艺

1. 基层处理

清理基层，地面扫水泥浆，在高效界面剂中加入 5%～8% 的防水剂，找平高度约为 20 mm，待完工 24 h 后浇水养护。地面钻孔，预埋不锈钢螺栓，安装不锈钢钢板，钢板拼缝焊接（等离子焊接）。

2. 施焊前的准备工作

（1）根据图纸要求。用机械加工的方法在接头处去除不锈钢复合层，对于接焊缝，需开出合适的坡口。

（2）在焊缝两侧各 10～20 mm 宽度范围内做好清理工作，用钢丝刷刷或打磨的方法去除氧化物、锈、油、水分等影响焊接质量的物质。

（3）按产品图纸进行装配，在碳钢侧用 CJ422、ϕ3.2 mm 焊条进行定位焊，定位焊焊工应具有有效的岗位操作证书，为保证定位焊的质量，其有效长度应为 25～30 mm。

3．焊接过程

（1）不锈钢复合钢板对接缝的焊接工艺。

1）基层碳钢焊接。采用埋弧自动焊的方法，正面焊一层，翻身后反面先用碳弧气刨方法清根，再封底焊接一层。焊接后清渣，并打磨。焊接后用 X 射线抽样检查，抽样比例为 10%～20%，也可用 UT 探伤检查。

2）过渡层焊接。采用二氧化碳半自动气体保护焊的方法，焊接一层。

3）复层焊接。采用二氧化碳半自动气体保护焊的方法，焊接一层。

4）焊接后清理焊渣，并打磨光滑，然后进行外观检查。

（2）不锈钢复合钢板角接缝焊接工艺。

1）基层碳钢焊接。按图纸要求的焊脚大小，采用二氧化碳半自动气体保护焊的方法，进行角接缝焊接。焊接后对焊缝进行清理，去除飞溅物和焊渣，并对不锈钢两侧的焊缝进行打磨。

2）过渡层焊接。采用二氧化碳半自动气体保护焊的方法，焊接一层。焊接后应做好清理工作，去除飞溅物和焊渣，并检查焊缝。

3）注意事项。不锈钢复合钢板角接缝焊接时，基准面为不锈钢复层面，防止错边过大，影响复层焊接质量。在装配、焊接过程中，严防机械碰伤、电弧烧伤不锈钢复层面。严防碳钢焊丝焊接在复层上或过渡层焊接丝焊接在复层上。碳钢焊接时的飞溅物落在复层面上时，要仔细清除。焊接过渡层时，为了减小稀释率，在保证焊透的情况下，应尽可能采用规范要求中的较小的焊接数值。凡是参与焊接的电焊工，均须持有效的合格上岗证书，并经过相应机械考核认可，方可上岗操作。所用焊接材料均须有有效的材质认可证书。

4）工艺流程。清理基层→地面找平→钻孔、植筋→不锈钢板开孔→安装不锈钢板地面→拼缝焊接→焊缝抛光打磨→竣工验收。

三、不锈钢栏杆的施工工艺

（一）施工准备

1．材料及主要机具

（1）不锈钢管：面管用 ϕ70 mm 管，其他按设计要求选用，必须有质量证明书。

（2）不锈钢焊条（或焊丝）：其型号按设计要求选用，必须有质量证明书。

（3）主要机具：氩弧电焊机、切割砂轮机、冲击电钻、角磨机、不锈钢细毛刷、小锤等。

2．作业条件

（1）熟悉图纸，做不锈钢栏杆施工工艺技术交底。

（2）原有的铁管栏杆已拆除，护栏小方砖镶贴已经施工完毕。

（3）施工前，应检查电焊工上岗合格证的有效期限，应证明电焊工能承担焊接工作。

（4）现场供电应符合焊接用电的要求。

（5）施工环境已能满足不锈钢栏杆施工条件的需要。

（二）操作工艺

1．工艺流程

施工准备→放样→下料→焊接安装→打磨→焊缝检查→抛光。

2．主要施工方法

（1）施工前应先进行现场放样，并精确计算出各种杆件的长度。

（2）按照各种杆件的长度准确进行下料，其构件下料的长度允许的数值偏差为1 mm。

（3）选择合适的焊接工艺、焊条直径、焊接电流、焊接速度等。

（4）脱脂去污处理：焊前检查坡口、组装间隙是否符合要求，定位焊是否牢固，焊缝周围不得有油污，否则应选择使用三氯乙烯、苯、汽油、中性洗涤剂或其他化学药品，用不锈钢细毛刷刷洗，必要时可用角磨机打磨，待磨出金属表面后再进行焊接。

（5）焊接时应选用较细的不锈钢焊条（或焊丝）和较小的焊接电流。焊接时构件之间的焊点应牢固，焊缝应饱满，焊缝金属表面的焊波应均匀，不得有裂纹、掉渣、焊瘤、烧穿、弧坑和针状气孔等缺陷，焊接区不得有飞溅物。

（6）杆件焊接组装完成后，对于无明显凹痕或凸出较大焊珠的焊缝，可直接进行抛光。对于有凹凸焊渣或较大焊珠的焊缝，则应用角磨机进行打磨，待磨平后再进行抛光。抛光后必须使外观光洁、平顺，无明显的焊接痕迹。

（三）质量标准

（1）所有构件下料应保证准确，构件下料的长度允许的数值偏差为1 mm。

（2）构件下料前必须检查是否平直，否则必须校直。

（3）焊接时焊条或焊丝应选用适用于所焊接的材料的品种，且应有出厂合格证。

（4）焊接时构件放置的位置必须准确。

（5）待焊接完成后，应将焊渣敲净。

（6）待构件焊接组装完成后，应适当用手持机具磨平和抛光，使外观平顺、光洁。

（四）应注意的质量问题

（1）规格超出允许偏差：对焊缝长度、宽度、厚度不足，中心线偏移，弯折等偏差，应严格控制焊接部位的相对位置规格，合格后方准焊接，焊接时精心操作。

（2）焊缝裂纹：为防止裂纹产生，应选择适合的焊接工艺参数和焊接程序，避免使用大电流，不要突然熄火，焊缝接头应搭接 10 ～ 15 mm，焊接中不允许搬动、敲击焊件。

（3）表面气孔：必须将焊接部位刷洗干净，在焊接过程中选择适当的焊接电流，降低焊接速度，使熔池中的气体完全逸出。

※ 小结

随着金属加工、防腐工艺的发展及结构技术的进步，金属材料在景观中的应用也越来越广泛。金属材料制作的栏杆、灯柱及小品设施等，展现出了人工美与自然美的对比及交融。金属材料造型丰富、特点鲜明、耐磨耐用、维护简易，且与土、木、石、水泥等材料都能和谐搭配，被广泛应用在景观之中，并为现代景观设计带来形式上的创新。

※ 实训

1. 实训目的

学生实地走访调查所处城市主要的公园、广场、金属材料市场，统计金属材料的应用情况，通过具体实例识别各种常用景观金属材料的规格、种类、使用要求及适用范围等。

2. 实训方式

（1）城市广场或公园等金属景观的调查和分析。

1）学生分组：以 5 ～ 7 人为一组，自主到公园和广场进行金属景观小品的调查和分析。

2）重点调查：金属材料景观的特点和应用情况。

3）调研方法：收集金属材料景观的图片。

（2）对金属材料市场的调研。

1）学生分组：以 5 ～ 7 人为一组，主动到金属材料市场调研。

2）重点调研：金属的种类、规格、价格。

3）调研方法：走访、记录、咨询。

3. 实训内容及要求

（1）认真完成调研日记。

（2）填写材料调研报告。

（3）写出实训小结。

※ 课后习题

一、选择题

下列属于无机金属材料的是（　　）。

A. 陶瓷　　　　　B. 石膏　　　　　C. 铝材　　　　　D. 琉璃制品

二、填空题

1. 金属材料可分为_____、_____和复合金属材料。

2. 金属丝网是把金属进行编织所形成的网状材料，具有不同于_____的朦胧透视感，并反射出一种_____的光泽。

3. 铜在其自然氧化的过程中会随时间推移呈现不同色彩变化，从_____到_____，再到_____，直至最终的水绿色，铜的独特色彩语言赋予建筑更为直观可触的历史感。

4. 穿孔金属板是以各种金属板材为原料，使用冲孔机械将板材局部打出各种孔洞，形成特殊的_____和_____。在景观设计上可用来制作特色小品及室外设备的装饰挡板。

三、实操题

金属材料询价：选取若干当地金属材料市场没有的金属材料，待充分学习并了解其特点后，通过网络、电话、实地走访等方式进行询价，并结合本模块开篇的案例列出金属材料价格表。

【应用小贴士】　　　　　【知识小课堂】

金属材料在应用中存在的主要问题与解决方法

金属材料的历史

模块七 防水类材料

知识目标

1. 了解防水材料的种类、基本性能和适应范围；
2. 掌握防水材料的特点；
3. 掌握常用防水材料及施工步骤。

能力目标

1. 能够准确识别常见的防水类材料；
2. 能够正确选用各种防水类材料。

素质目标

1. 培养学生爱岗敬业的工作态度；
2. 培养学生自觉学习和自我发展的能力；
3. 培养学生独立分析与解决问题的能力。

【案例导入】

2023 年，××生态工程职业学院启动了校园改造项目，其中一项内容是对教学楼、实训楼等进行屋面工程的升级。此项任务前期调研工作将委托给环境设计学院环艺专业 A 班级，需要对使用的防水材料进行调查统计，掌握防水类材料的内容。调研后的项目任务也由该班级完成。工作小组需要根据实地情况选取可以满足需求的防水类材料，并在向校方阐明相关防水类材料特点的同时提供防水类材料的报价情况。

请学生想一想：生活中常见的防水材料有哪些？室内、室外的防水材料一样吗？学校屋面防水用什么材料合适？

单元一

防水材料基础知识

防水材料是指具有防止房屋建筑遭受雨水、地下水、生活用水侵蚀的材料。其包括防水卷材、防水涂料、密封性防水材料。

一、沥青

沥青（图 7-1）的主要组分是油分、树脂和沥青质，属于憎水性材料，它不透水，也几乎不溶于水、丙酮、乙醚、稀乙醇，能够溶于汽油、苯、二硫化碳、四氯化碳和三氯甲烷等有机溶液中。沥青具有良好的黏结性、塑性、不透水性和耐化学腐蚀性，并具有一定的耐老化功能。

在土木工程及景观工程中，沥青是应用广泛的防水材料和防腐材料，主要应用于屋面、地面、地下结构的防水，木材、钢材的防腐。在建筑防水工程中，主要应用于制造防水涂料、卷材、油膏、胶粘剂和防锈、防腐涂料等。一般石油沥青和煤沥青应用得最多。另外，沥青还是道路工程中应用广泛的路面结构胶结材料，它与组分不同的矿质材料按比例配合后可以建成不同结构的沥青路面，在高速公路上应用得较为广泛。

（一）沥青的种类

1. 天然沥青

石油原油渗透到地面，其中轻质组分被蒸发，进而在日光照射下被空气中的氧气氧化，再经聚合而成为沥青矿物。按形成的环境可分为岩沥青、湖沥青、海底沥青等。岩沥青是由石油不断从地壳中冒出，存在于山体、岩石裂隙中长期蒸发凝固而形成的天然沥青。其主要组分有树脂、沥青质等胶质。

2. 煤沥青

煤沥青是焦炭炼制或制煤气时的副产品，在对木材等有机物干馏时所得到的挥发物，经冷凝而成的黏稠液体再经蒸馏加工制成的沥青。根据不同的黏度残留物，其可分为软煤沥青和硬煤沥青。

3. 石油沥青

石油沥青是石油原油或石油衍生物经蒸馏提炼出轻质油后的残留物再经过加工得到的产品。

沥青脂胶中绝大部分属于中性树脂。其能够赋予石油沥青良好的黏性和塑性。中性树脂的含量越高，石油沥青的品质越好。

根据《建筑石油沥青》（GB/T 494—2010）中的规定，建筑石油沥青可分为 10、30 和 40 三个牌号。这些沥青黏度较高，主要用于建筑工程的防水、防潮、防腐材料、胶结材料等。

一般情况下，道路石油沥青可分为 200、180、140、100、60 五个牌号。它们的黏度较小，黑色，固体，具有良好的流变性、持久的黏附性、抗车辙性、抗推挤变形能力，延度为 40 ～ 100 cm。

图 7-1　沥青

建筑石油沥青的黏性较高，主要用于建筑工程。道路石油沥青的黏性较低，主要用于路面工程，其中 60 号沥青也可与建筑沥青掺和，应用于屋面工程。

（二）主要特性

1. 抗老化、抗高温

天然岩沥青本身的软化点超过 300 ℃，加入基质沥青后，其便具有了良好的抗高温和抗老化性。

2. 抗碾压

岩沥青改性剂可以有效提高沥青路面的抗车辙能力，推迟路面车辙产生的时间，从而降低车辙深度和疲劳剪切裂纹的出现频率。

3. 耐抗性

在青川岩沥青中，氮元素以官能团的形式存在，这种存在使岩沥青具有很强的浸润性和对自由氧化基的高抵抗性，特别是与骨料的黏附性及抗剥离性得到了明显的提高。

（三）改性沥青

改性沥青是掺加橡胶、树脂、高分子聚合物、磨细的橡胶粉或其他填料等外掺剂

（改性剂），或采取对沥青轻度氧化加工等措施，使沥青或沥青混合料的性能得以改善制成的沥青结合料。

1. 使用 APP 改性沥青

APP（无规聚丙烯）是生产等规聚丙烯的副产物。聚丙烯具有优越的耐弯曲疲劳性、良好的化学稳定性，对极性有机溶性很稳定，这些都有利于 APP 的改性，可显著提高沥青的软化点，改善沥青的感温性，使感温区域变宽；同时，还可以改善沥青的低温性，提高抗老化性。

2. 使用 SBS 树脂改性沥青

SBS 树脂是目前用量最大、使用最普遍和技术经济性能最好的沥青用高聚物。SBS 树脂改性沥青是以基质沥青为原料，加入一定比例的 SBS 改性剂，通过剪切、搅拌等方法使 SBS 均匀地分散于沥青中；同时，还要加入一定比例的专属稳定剂，形成 SBS 共混材料，利用 SBS 良好的物理性能对沥青作改性处理。

SBS 树脂改性沥青的主要特性：耐高温、抗低温；弹性和韧性好，抗碾压能力强；不需要硫化，既节能又能够改进加工条件；具备较好的相容性，加入沥青中不会使沥青的黏度有很大的增加；对路面的抗滑和承载能力有显著增强作用；减少由于紫外线辐射而导致路面沥青老化的现象；减少由于车辆渗漏柴油、机油和汽油而造成的路面沥青损坏现象。

（四）沥青密封材料

1. 性能

沥青密封材料直接决定它的技术性能，其具有以下一些性能：

（1）耐水性。在水的作用下和被水浸润后其基本性能不变，在压力水作用下具有不透水性。常用不透水性、吸水性指标表示。

（2）耐候性。耐候性是在人工老化试验机中进行的，老化试验机是人工模拟大自然的恶劣环境条件，加速老化的进程，用老化系数表示。老化系数是用沥青密封材料在老化前后延伸率的变化表示的。

（3）耐寒性。我国各地对沥青密封材料的耐寒性要求不一。在制定耐寒性指标时，规定沥青密封材料的耐寒温度为 –10 ℃、–20 ℃和 –30 ℃三个指标。一般对耐热度要求较高的地方，对耐寒温度的要求也比较高；对耐热度要求较低的地方，对耐寒温度的要求较低。

（4）耐热性。耐热性就是沥青密封材料的感温性，其感温性很强，随着温度的升高而软化，强度降低，永久伸长率得到增大，以致发生流淌，造成接缝漏水。其评价方法主要是耐热度，以℃来表示。主要表示了沥青密封材料对经受最高温度和温度变动及变动频率影响的适应性。我国规定沥青密封材料的耐热度标准为 70 ℃和 80 ℃，这样可以使其适应南方和北方地区不同的使用要求。

（5）保油性。对于沥青密封材料有保油性要求。保油性是表示沥青密封材料在嵌缝后，向被接触部位发生油分渗失的程度，是用滤纸上的渗油幅度和渗油张数来评价的，渗油幅度越小，渗油张数越少，保油性越好。保油性在一定程度上反映了可塑性变化的情况。油分的渗出和挥发，沥青密封材料的可塑性变小，黏着性和耐久性变差，体积收缩率加大。

（6）挥发性。挥发性越小越好。沥青密封材料含有大量的挥发物质，如软化剂、增塑剂、稀释剂等，它们都有一定的挥发性。其挥发性同周围的环境条件有关，在潮湿的条件下，挥发性很小，体积收缩率也小；随着存放时间的增长，挥发性也逐渐增大，体积收缩率也相应地增大。若收缩率大，在嵌缝后便会产生裂缝，且黏结性和耐久性降低。

（7）黏结性。黏结性是沥青密封材料的重要性能之一。它表示了沥青密封材料与其结构物的黏结能力。如果黏结不好，则易发生剥离，产生裂缝，就很难发挥防水密封的作用。同时，它的大小取决于沥青密封材料同基层之间的相互作用，包括物理吸附和化学吸附。

黏结性是用黏结水泥砂浆试块之间的沥青密封材料，经张拉后的延伸长度来评价的，单位 mm。

2. 组成

沥青材料和改性沥青材料是沥青密封材料的主要原材料。为了提高沥青材料的塑性、柔韧性和延伸性，常常加入软化剂或增塑剂、成膜剂和矿物填充剂等。

（1）石油沥青。石油沥青主要决定石油沥青密封材料的技术性能，多选用含蜡量少，树脂含量高，对成膜剂和软化剂相溶性好，针入度指数为 -2 ～ +2 的溶凝胶型沥青。

（2）煤焦油。煤焦油同样是制备沥青密封材料的主要原料之一。它是用煤进行炼焦或制造煤气时，排放出的挥发性物质经冷却而得到的副产品，为褐色至黑色的油状物。煤焦油是由极其复杂的化合物组成的，所含化合物超过一万种，主要为芳香烃化合物（图 7-2）

图 7-2　煤焦油

（3）软化剂。在沥青密封材料中所用的软化剂主要有石油系软化剂、煤焦油系软化剂、松焦系软化剂和脂肪系软化剂。

1）石油系软化剂。石油系软化剂是石油加工过程中所得到的产物，主要有机械油、变压器油、重油和石油树脂等。它是由烷烃、环烷烃和芳香烃组成的。烷烃和环烷烃对石油沥青密封材料的软化效果较芳香烃好。

2）煤焦油系软化剂。煤焦油系软化剂是由煤经干馏而制得的油状产物，主要有煤焦油、液体苯并呋喃 - 茚树脂等。液体苯并呋喃 - 茚树脂是由煤焦油在 160 ℃～185 ℃温度下馏分聚合而成的树脂。

3）松焦系软化剂。松焦系软化剂为干馏松根、松干除去松节油后的残留物，是一种高黏度的植物性焦油，属于芳香族和极性化合物，含有多种酚类、松节油、松脂等。

4）脂肪系软化剂。脂肪系软化剂包括植物和动物的油，大多为高碳直链烃，含有不饱和双键，动物油较植物油链烃饱和程度大，主要包括棉籽油、蓖麻油、菜籽油、桐油和鱼油等。

（4）增塑剂。增塑剂是增加沥青密封材料的塑性物质。它通常是沸点较高的、难挥发的液体或低熔点固体。在沥青密封材料中使用的增塑剂应同沥青材料、改性材料有较好的相溶性，增塑效果好，耐热、耐光性好，耐寒性好，挥发性小，价廉易得。在沥青密封材料中常用的增塑剂有邻苯二甲酸二丁酯、邻苯二甲酸二辛酯、磷酸酯类、脂肪酸酯类。

（5）成膜剂。在沥青密封材料中可应用的成膜剂很多，大多数为含有不饱和双键的植物油和动物油。常用的成膜剂有蓖麻油、桐油、鱼油、亚麻仁油等。

（6）矿物填充剂。矿物填充剂是沥青密封材料中常用的原材料之一。它可以增大体积、降低成本，还能提高耐热性和可塑性。常用的矿物填充剂包括粉状的大理石粉、滑石粉等，还有纤维状的石棉绒。

二、防水卷材

防水卷材是将沥青类或高分子类防水材料浸渍在胎体上制作成的防水材料产品，是一种可以卷曲的片状材料，在工程中的应用十分广泛。我国防水卷材使用量约占整个防水材料的90%。

（一）种类

在一般情况下，根据防水卷材的组成材料分类，主要可分为沥青防水卷材、高聚物改性沥青防水卷材和高合成高分子防水卷材；还可以根据胎体的不同，分为无胎体卷材、纸胎卷材、玻璃纤维胎卷材、玻璃布胎卷材和聚乙烯胎卷材。

无论是哪种分类方式，防水卷材的主要作用都是达到抵御外界雨水、地下水渗漏的目的。所以，防水卷材主要是用于建筑墙体、屋面及隧道、公路、垃圾填埋场等处，抵御外界雨水、地下水渗漏的一种可卷曲成卷状的柔性建材产品（图7-3）。

图7-3 防水卷材

（二）主要性能

为了适应各种环境（如潮湿的、干燥的、防晒的等），在制作防水卷材时，应该考虑其应具有的特性，我国的防水卷材主要有以下几个方面的性能：

（1）柔韧性。在低温条件下保持柔韧性有利于施工；同时，由于具有较好的柔韧性，其不容易断裂。常用柔度、低温弯折性等指标表示。

（2）耐水性。在水的作用下和被水浸润后，其性能基本不改变，在水压力的作用下，具有不透水性，常用不透水性、吸水性等指标表示。

（3）承载力。具有良好的延伸性，一般情况下不会变形。

（4）温度稳定性。温度稳定性是指能耐高温、低温，在高温、低温作用下不发生各种如破裂、起泡、滑动等现象，即在一定温度变化下保持原有性能的能力，常用耐热度、耐热性等指标表示。

三、涂料

建筑涂料是指用于建筑物（墙面和地面）表面涂刷的颜料，建筑涂料以其多样的品种、丰富的色彩、良好的质感可满足各种不同的要求。同时，由于建筑涂料还具有施工方便、高效且方式多样（刷涂、辊涂、喷涂、弹涂）、易于维修更新、自重小、造价低及可在各种复杂墙面作业的优点，成为建筑上一种很有发展前景的装饰材料。由于全球范围内环保意识的加强，具有环保适用性的绿色涂料将成为世界上环保型涂料的主流产品。

（一）建筑涂料的种类

建筑涂料的种类繁多，主要有以下几种分类方法：

（1）按涂膜厚度、形状与质感，涂膜厚度小于 1 mm 的建筑涂料称为薄质涂料，涂膜厚度为 1～5 mm 的建筑涂料称为厚质涂料。按涂膜形状与质感，建筑涂料可分为平壁状涂层涂料、砂壁状涂层涂料、凹凸立体花纹涂料。

（2）按在建筑上的使用部位，建筑涂料可分为内墙涂料、外墙涂料、顶棚涂料、地面涂料、门窗涂料等。

（3）按主要成膜物质的化学组成分类，可分为有机高分子涂料（包括溶剂型涂料、水溶性涂料、乳液型涂料）、无机涂料，以及无机复合涂料、有机复合涂料。

（4）按特殊功能分类，涂料可分为防火涂料、防水涂料、防腐涂料、防霉涂料、弹性涂料、变色涂料、保温涂料。

（二）常用建筑涂料

1. 聚氨酯地面涂料

聚氨酯是聚氨基甲酸酯的简称。聚氨酯地面涂料可分为薄质罩面涂料与厚质弹性地面涂料两类。前者主要用于木质地板或其他地面的罩面上光；后者则用于刷涂水泥地面，能在地面形成无缝且具有弹性的耐磨涂层，因此称为弹性地面涂料（图7-4）。

聚氨酯弹性地面涂料是以聚氨酯为基料的双组分常温固化型的橡胶类溶剂型涂料。甲组分是聚氨酯预聚体，乙组分由固化剂、颜料、填料及助剂按一定比例混合、研磨均匀制成。两组分在施工应用时按一定比例搅拌均匀后，即可在地面上涂刷。

图7-4　聚氨酯地面涂料

涂层固化是靠甲、乙组分反应、交联后而形成具有一定弹性的彩色涂层。该涂料与水泥、木材、金属、陶瓷等地面的粘结力强，整体性好，且弹性变形能力强，不会因地基开裂、裂纹而导致涂层的开裂。它色彩丰富，可涂成各种颜色，也可在地面做成各种图案；耐磨性很好，且耐油、耐水、耐酸、耐碱，是化工车间较为理想的地面材料；其重涂性好，便于维修，但施工相对较复杂。

原材料具有毒性，施工时应注意通风、防火及劳动保护。聚氨酯地面涂料固化后，具有一定的弹性，且可加入少量的发泡剂形成含有适量泡沫的涂层。因此，步感舒适，适用于高级住宅、会议室、手术室、放映厅等的地面，但价格较高。

2. 聚醋酸乙烯乳胶漆

聚醋酸乙烯乳胶漆属于合成树脂乳液型内墙涂料，是以聚醋酸乙烯乳液为主要成膜物质，加入适量着色颜料、填料和其他助剂经研磨、分散、混合均匀而制成的一种乳胶型涂料。该涂料无毒无味，不易燃烧，涂膜细腻、平滑、色彩鲜艳，涂膜透气性好、装饰效果良好，价格适中，施工方便，耐水性、耐碱性及耐候性均优于聚乙烯醇系内墙涂料，但较其他共聚乳液差，主要作为住宅、一般公用建筑等的中档内墙涂料使用。不直接用于室外，若加入石英粉、水泥等可制成地面涂料，尤其适用于水泥旧地坪的翻修。

3. 多彩内墙涂料

多彩内墙涂料（简称"多彩涂料"）是目前国内外流行的高档内墙涂料。现在的多彩涂料主要是水包油型（即水为分散介质，合成树脂为分散相），较其他三种类型（油包水型、油包油型、水包水型）储存稳定性好，应用得也最广泛。

水包油型多彩涂料分散相为多种主要成膜物质配合颜料及助剂等混合而成，分散介质为含稳定剂、乳化剂的水。两相界面稳定互不相溶，且不同基料之间也不互溶，即形成了在水中均匀分散、肉眼可见的不同颜色基料微粒的稳定悬浮体状态，涂装后便会显现出具有立体质感的多彩花纹涂层。

多彩涂料色彩丰富，图案多样，立体感强，装饰效果好，具有良好的耐水性、耐油性、耐碱性、耐洗刷性，较好的透气性，且对基层适应性强，是一种可用于建筑物内墙、顶棚的水泥混凝土、砂浆、石膏板、木材、钢板、铝板等多种基面的高档建筑涂料。

4. 彩色砂壁状外墙涂料

彩色砂壁状外墙涂料又称彩砂涂料，是以合成树脂乳液（一般为苯乙烯、丙烯酸酯共聚乳液或纯丙烯酸酯共聚乳液）为主要成膜物质，配合彩色骨料（粒径小于 2 mm 的彩色砂粒、彩色陶瓷料等）或石粉构成主体，外加增稠剂及各种助剂配制而成的粗面厚质涂料（图 7-5）。

图 7-5　彩色砂壁状外墙涂料

彩色砂壁状外墙涂料由于采用高温烧结的彩色砂粒、彩色陶瓷或天然带色石屑为骨料，涂层具有丰富的色彩和质感，同时，由于丙烯酸酯在大气中及紫外光照射下不易发生断链、分解或氧化等化学变化，因此，其保色性、耐候性比其他类型的外墙涂料有较大的提高。

当采用不同的施工工艺时，可获得仿大理岩、仿花岗岩质感与色彩的涂层，这些又被称为仿石涂料、石艺漆。彩色砂壁状外墙涂料主要用于写字楼、商场等公用建筑的外墙面，是一种良好的装饰保护性外墙涂料。

5. 沥青类防水涂料

沥青类防水涂料是以沥青为基料配制而成的水乳型或溶剂型防水涂料。乳化沥青的储存期不能过长（一般为 3 个月左右），否则容易引起凝聚分层而变质。储存温度不得低于 0 ℃，不宜在 -5 ℃以下施工，以免水结冰而破坏防水层，也不宜在夏季的烈日下施工，因为表面水分蒸发过快会形成膜，而膜内的水分蒸发不出会产生气泡。

乳化沥青主要适用于防水等级较低的建筑屋面、混凝土地下室和卫生间防水、防潮；粘贴玻璃纤维毡片（或布）作屋面防水层；拌制冷用沥青砂浆和混凝土铺筑路面等。常用的品种有石灰膏沥青防水材料、水性石棉沥青防水材料等。

6. 改性沥青类防水涂料

改性沥青类防水涂料是指以沥青为基料，用合成高分子聚合物进行改性，制成的水乳型或溶剂型防水涂料。改性沥青类防水涂料在柔韧性、抗裂性、拉伸强度、耐高低温性能、使用寿命等方面比沥青类防水涂料都有很大改善。

改性沥青类防水涂料常用的产品有氯丁橡胶沥青防水涂料、水乳型橡胶沥青防水涂料、APP 改性沥青防水涂料、SBS 改性沥青防水涂料等。这类涂料广泛应用于各级屋面和地下及卫生间等的防水工程。

7. 绿色涂料

涂料在施工和使用过程中具有能够造成室内空气质量下降及有可能含有影响人体健康的有害物质的特点，《建筑用墙面涂料中有害物质限量》（GB 18582—2020）中对VOC（挥发性有机化合物）、甲醛、总铅、可溶性重金属（镉、铬、汞）及苯、甲苯、乙苯、二甲苯的含量作了严格限制，认为合成树脂乳液水性涂料相对于有机溶剂型涂料来说，VOC含量极少，是典型的绿色涂料。

水溶性涂料由于含有未反应完全的游离甲醛在涂刷及养护过程中逐渐释放出来，会对人体造成危害，属于淘汰产品。目前，绿色涂料的研制和开发正在加快进行并初具规模，具体措施如引入纳米技术的改性内墙涂料、杀菌性建筑涂料等。

8. 其他装饰涂料

（1）清漆（图7-6）。清漆俗称凡立水，一种不含颜料的透明涂料，多用于木器家具涂饰。

（2）厚漆。厚漆又称为铅油，是采用颜料与干性油混合研磨而成，需加清油溶剂。厚漆遮覆力强，与面漆黏结性好，用于涂刷面漆前打底，也可单独作面层涂刷。

（3）清油。清油又称为熟油，是以亚麻油等干性油加部分干性植物油制成的浅黄

图7-6 清漆

色黏稠液体。一般用于厚漆和防锈漆，也可单独使用。清油能在改变木材颜色基础上保持木材原有花纹，一般主要用作木制家具底漆。

（4）防锈漆。防锈漆是对金属等物体进行防锈处理的涂料，在物体表面形成一层保护层，可分为油性防锈漆和树脂防锈漆两种。

四、坡屋面刚性防水材料

（一）混凝土瓦

混凝土瓦又称为水泥瓦，是以水泥和砂子为主要原料，经配料、模压成型、养护而成（图7-7）。其可分为波形瓦、平瓦和脊瓦等。平瓦的规格为385 mm×235 mm×14 mm；脊瓦长为469 mm，宽为175 mm；大波形瓦规格为2 800 mm×994 mm×6 mm；中波形瓦规格为1 800 mm×745 mm×6 mm；小波形瓦规格为780 mm×180 mm×2（6）mm。

波形瓦以水泥和温石棉为原料，经过加水搅拌、压滤成型、养护而成，具有防水、防腐、耐热、耐寒、绝缘等性能。

（二）黏土瓦

黏土瓦是以黏土为主要原料，加水搅拌后，经模压成型，再经干燥、焙烧而成，如图7-8所示。其原料和生产工艺与黏土砖相近，主要类型有平瓦、槽形瓦、波形瓦、鳞形瓦、小青瓦、用于屋脊处的脊瓦等。

图7-7　混凝土瓦

图7-8　黏土瓦

黏土瓦的规格为 400 mm×240 mm ～ 360 mm×220 mm，脊瓦的长度大于 300 mm，宽度大于 180 mm，高度为宽度的 1/4。常用平瓦的单片规格为 385 mm×235 mm×15 mm，每平方米挂瓦 16 片，通常每片的干质量为 3 kg。黏土瓦成本低，施工方便，防水可靠，耐久性好，是传统坡屋面的防水材料。

（三）油毡瓦

油毡瓦又称为沥青瓦，是以玻璃纤维薄毡为胎料，用改性沥青为涂敷材料而制成的一种片状屋面材料，如图 7-9 所示。其表面通过着色或散布不同色彩的矿物粒料制成彩色油毡瓦。其特点是质量小，可减小屋面自重，施工方便，具有相互黏结的功能，有很好的抗风能力，用于别墅、园林等处仿欧建筑的坡屋面防水工程。

图 7-9　油毡瓦

（四）琉璃瓦

园林建筑和仿古建筑中经常用到各种琉璃瓦或琉璃装饰制品。琉璃制品以难熔黏土为原料，经配料、成型、干燥、素烧、表面施釉，再经釉烧而制成。

常用的瓦类制品有板瓦、筒瓦、滴水、瓦底、勾头、脊筒瓦等。釉色主要有金黄、翠绿、浅棕、深棕、古铜、钻蓝等。琉璃瓦表面色泽绚丽光滑，古朴华贵。

单元二

防水材料的应用

一、防水卷材的基本要求

对于特别防水卷材（如铺贴防水卷材）的要求较为严格，必须将它的基层面（找平层）打扫干净，并洒水保证基层湿润。屋面防水找平层应符合《屋面工程质量验收规范》（GB 50207—2012）的规定，地下防水找平层应符合《地下工程防水技术规范》（GB 50108—2008）的规定。

防水卷材铺贴应采用满铺法，胶粘剂涂刷在基层面上应均匀，不露底，不堆积；涂刷胶粘剂后应随即铺贴卷材，以防止时间过长，影响黏结质量。

铺贴防水卷材不得起皱折，不得用力拉伸卷材，边铺贴边排除卷材下面的空气和多余的胶粘剂，保证卷材与基层面及各层卷材之间黏结密实。铺贴防水卷材的搭接宽度不得小于100 mm。上下两层和相邻两幅卷材接缝幅度应错开1/3。

二、卷材的固定系统

卷材是整个工程防水的第一道屏障，对整个工程起着至关重要的作用，所以了解它的固定系统至关重要。卷材的固定系统主要有以下几种。

1. 空铺压重固定屋面系统

空铺压重（松铺压重）固定屋面系统用鹅卵石、混凝土板、土砖和砂浆、铺板和支撑件重压卷材，以抵抗风载荷。其具有施工简单快捷、系统成本低、保护防水层、延缓防水层老化等特点，广泛运用于停车场屋面、地下屋顶板、上人屋面等。

2. 机械固定卷材防水屋面系统

机械固定卷材防水屋面系统可分为轻钢屋面机械固定系统和混凝土屋面机械固定系统。其具有防水性极佳、自重很小、受天气影响小、极易维修、色彩丰富、美观、环保等特点。构造简单，只有隔气层、保温板、防水卷材（复背衬）三个层次，且系统成本低，通用性广。

3. 彩色卷材屋面系统

彩色卷材屋面系统可应用在混凝土、轻钢、木质基层上。其具有防水性极佳、自重超小、施工快捷、极易维修、色彩丰富、美观、环保等特点。其结构简单，只有隔气层、保温板、防水卷材（复背衬）三个层次，可采用机械固定法、胶粘固定法施工。

4.胶粘固定卷材防水屋面系统

胶粘固定卷材防水屋面系统可分为轻钢屋面胶粘固定系统和混凝土屋面胶粘固定系统。系统采用带背胶或涂胶的高分子聚氯乙烯（PVC）或热塑性聚烯烃（TPO）防水卷材作为屋面覆盖层。系统具有防水性极佳、质轻、保温性能好、无冷桥、不破坏基层、极易维修、色彩丰富美观、环保等特点。其构造简单，只有隔气层、保温板、防水卷材（复自粘胶）三个层次。

三、沥青防水卷材的适用范围

沥青防水卷材俗称油毡，是指用原纸、纤维织物、纤维毡等胎体材料浸涂沥青，在其表面撒布粉状、粒状或片状材料，能制成可卷曲的片状防水材料。常用沥青防水卷材的特点及适用范围见表7-1。

表7-1　常用沥青防水卷材的特点及适用范围

卷材名称	特点	适用范围
石油沥青纸胎油毡	传统的防水材料，低温柔韧性差，防水层耐用年限较短，但价格较低	三毡四油、二毡三油叠层设的屋面工程
玻璃布胎沥青油毡	抗拉强度高，胎体不易腐烂，材料柔韧性好，耐久性比纸胎提高一倍以上	多用作纸胎油毡的增强附加层和突出部位的防水层
玻纤毡胎沥青油毡	具有良好的耐水性、耐腐蚀性和耐久性，柔韧性也优于纸胎沥青油毡	常用作屋面或地下防水工程
黄麻胎沥青油毡	抗拉强度高，耐水性好，但胎体材料易腐烂	常用作屋面增强附加层
铝箔胎沥青油毡	有很强的阻隔蒸汽渗透的能力，防水功能好，具有一定的抗拉强度	与带孔玻纤维配合或单独使用，宜用于隔气层

四、卷材应用类别

学习卷材性能后，可以了解其优点，而不同类型的防水卷材，又有一定的区别，以下根据情况分别介绍。

1.高分子卷材

与沥青卷材相比，高分子卷材是一种新型的防水卷材，属于高档防水卷材，采用单层防水体系，适用于一些防水等级要求较高、维修施工不便的防水工程。

高分子卷材是以合成橡胶、合成树脂或两者的共混体为基料，加入适量的化学助剂和填充剂等，采用密炼、挤出或压延等橡胶或塑料的加工工艺所制成的可卷曲片状防水材料。其中，三元乙丙橡胶防水卷材（EPDM）和聚氯乙烯的生产及应用量最大。

高分子卷材材料具有以下特性：

（1）耐老化。耐臭氧、耐紫外线、耐气候老化、耐久性等性能好，耐老化性能优异。色泽鲜艳，可冷粘贴施工，污染小，防水效果极佳。

（2）匀质性好。采用工厂机械化生产，能较好地控制产品质量。

（3）耐腐蚀性能良好。耐酸、碱、盐等化学物质的侵蚀作用，具有良好的耐腐蚀性能。

（4）耐热性好。在超过100℃的温度条件下，卷材不会流淌和产生集中性气泡。

（5）拉伸强度高。拉伸强度一般在3 MPa以上，最高的拉伸强度可达10 MPa左右，满足卷材在搬运、施工和应用的实际需要。断裂伸长率大，断裂伸长率一般超过200%，最高可达500%左右，适应结构伸缩或开裂变形的需要。

高分子卷材与沥青卷材相比具有很多的优势，但也有其不足之处，如黏结性差，对施工技术要求高，搭接缝多，若接缝黏结不佳，易产生渗漏的问题；后期收缩大，大多数合成高分子防水卷材的热收缩和后期收缩均较大，常使卷材防水层产生较大内应力加速老化，或产生防水层被拉裂、搭接缝拉脱翘边等缺陷，而且价格还高。

在高分子卷材中有一种比较特殊的系列——聚乙烯丙纶防水卷材，它除完全具有合成高分子卷材的全部优点外，其自身最突出的特点是表面的网状结构，使其具有了独特的使用性能——可用水泥黏结。同时，由于高分子复合卷材可用水泥直接黏结，在施工过程中不受基层含水率的影响，只要无明水即可施工。这是其他防水卷材所不具备的。

2．沥青卷材

沥青防水卷材是用原纸、纤维毡等胎体材料浸涂沥青，表面撒布粉状、粒状或片状材料制成可卷曲的片状防水材料，属于传统的防水卷材。其特点是成本低，但拉伸强度和延伸率低，温度稳定性差，高温易流淌，低温易脆裂；耐老化性较差，使用年限短，属于低档防水卷材。

根据沥青卷材的原料，其可分为有胎卷材和无胎卷材。有胎卷材是厚纸、石棉布、棉麻织品等胎料浸渍石油沥青制成的卷状材料，包括油纸和油毡；无胎卷材是用石棉、橡胶粉等掺入沥青材料中，经碾压制成的卷状材料。

沥青卷材作为抵御雨水、防止外界水的重要材料，对其使用的材料规格和标准有一定的要求。一般情况下，APP沥青防水卷材规格为幅宽1 000 mm；聚酯胎卷材厚度为3 mm、4 mm、5 mm，玻纤胎卷材为3 mm、4 mm，每卷面积为7.5 m²、10 m²、15 m²。

五、产品选择

（1）根据胎基识别卷材质量。一般从产品的断面上进行目测，具体方法为将选购的产品用手撕裂，观察断面上露出的胎基纤维，复合胎撕开后断面上有网格布的筋露出，此时就可断定该产品一定是复合胎卷材，是什么样的复合胎卷材需要借助物性试验——可溶物含量检验来观察其裸露后的胎基。而单纯的聚酯胎、玻纤胎的卷材撕裂后断面仅有聚酯或玻纤的纤维露出。

（2）产品名称和外包装标志。按产品标准规定，产品外包装上应标明企业名称、产品标记、生产日期或批号、生产许可证号、储存与运输注意事项，对于产品标记，应严格按标准进行，与产品名称一致，绝不能含糊其辞或标记不全及无生产标记。

（3）注意产品价格。卷材产品竞争激烈，市场上出现很多同类的产品，甚至不加主要的材料，而是用废旧材料等来替代。故选购时注意，尽量避免挑选明显低于市场售价的产品。

单元三

防水材料的施工工艺

一、防水卷材的施工工艺

下面以 SBS 改性沥青卷材为例，进行防水卷材施工工艺的介绍。

1. 施工流程

材料准备→技术准备→基层处理→涂布底油→细部处理→卷材试铺→铺贴卷材→质量检验→成品保护。

2. 基层处理

（1）找平层应以水泥砂浆抹平压光，厚度为 2～3 cm，砂浆层植入 25 mm 网孔镀锌网穿径，基层与凸出屋面的结构（如女儿墙、天窗、变形缝、烟囱、管道等）相连的阴阳角，基层与檐口、天沟、排水口、沟脊的边缘相连的转角处应抹成光滑的圆弧形。

（2）基层表面应坚实且具有一定的强度，清洁干净，表面无浮土、砂粒等污物，残留的砂浆块或凸起物应用铲刀削平。

（3）伸出屋面的管道及连接件上应安装牢固，接缝严密，若有铁锈、油污，应以钢丝刷、砂纸溶剂等予以清理干净。

3. 施工工艺

（1）涂布底胶。涂布底胶的目的是清理基层灰尘，隔绝基层潮气，增强卷材和基层的黏结能力。

用长把刷将稀释过的氯丁胶或沥青涂料均匀地涂刷在干净、干燥的基层表面上，复杂部位用油漆刷刷涂，要求不露白，涂刷均匀。干燥时间超过 4 h，至不粘脚后方可进行下一道工序。

（2）附加层。待底胶涂布作业完成后，先在水沟、女儿墙等重点部位铺贴一层附加层，附加层宽度为 30 mm。

（3）实行热熔铺贴。

1）卷材的配置应将卷材顺长方向进行配置，使卷材长方向与流水方向垂直，卷材的搭接要顺流水坡方向，不应逆向。

2）先铺设高跨屋面，后铺设下层的屋面，先铺设排水比较集中的部位（如排水、檐口、天沟等处），按标高由低向高的顺序铺设。

3）在基层上弹出基准线，将卷材试铺定位。用高压喷灯在卷材和基层的夹角处均匀加热，待卷材表面熔化后将成卷的改性卷材向前滚铺使其黏结在基层表面上。

4）卷材的搭接宽度为长边不小于 50 mm，短边不小于 50 mm，搭接缝的边缘以溢出热熔的改性沥青为宜，然后用喷灯均匀热熔卷材搭接缝并用小抹子把边抹好。

5）铺贴平面和立面的卷材防水层。在铺贴平面与立面相连的卷材时，应先铺贴平面，再由下向上铺贴，并使卷材紧贴阴角，不应空鼓。

4．质量检查与验收

（1）所选用的改性沥青防水卷材的各项技术性能指标，应符合《弹性体改性沥青防水卷材》（GB 18242—2008）中的要求。

（2）卷材与卷材的搭接缝必须黏结牢固，封闭严密。不允许有皱褶、孔洞、翘边脱层、滑移或影响渗漏水的其他外观缺陷存在。

（3）卷材与穿墙管之间黏结牢固，卷材的末端收头部位，必须封闭严密。

（4）卷材防水层不允许有渗漏水的现象存在。

（5）待以上条件确认无误，自检两遍无问题后，交现场监理验收。

二、涂料的施工工艺

下面以水泥基渗透结晶型防水材料为例，介绍涂料的施工工艺。

1．产品简介

水泥基渗透结晶型防水材料是以普通硅酸盐水泥为基料，掺入多种特殊的活性化学物质配制而成的一种灰色粉状的材料。它的防水原理是利用混凝土结构的修孔性，通过毛细管现象，并利用其亲水性的特点，使其活性化学物质以水为载体向混凝土内部渗透，一直到达混凝土内有裂缝和渗漏的地方，与毛细管道中游离的多种物质发生化学反应，促使水和尚未水化反应的水泥继续进行水化反应，形成结晶体，堵塞毛细孔，修复混凝土的缺陷和裂缝，从而将水堵住，达到防水的目的，提高混凝土结构的自防水能力。

2．产品特点

水泥基渗透结晶型防水材料适宜在潮湿的基面上施工，还能在渗水的情况下施工。它能长期抗渗及耐受强水压，属无机材料，不存在老化问题，与混凝土同寿命，施工方法简单、速度快、节省工期、施工后不需做保护层，降低综合造价；无毒、无害、环保、耐温、耐湿、耐氧化、耐碳化、耐紫外线、耐辐射；具有超强的渗透能力，在混凝土内部渗透结晶，不易被破坏，具有超凡的自我修复能力，可修复小于 0.4 m 的裂缝；能防止冻融循环，抑制骨料反应，防止化学腐蚀对混凝土结构的破坏，对钢筋起保护作用，但对混凝土无破坏作用。

3. 适用范围

（1）地面建筑：混凝土屋面、花坛、路面、桥面等。

（2）地下建筑：混凝土墙、电梯坑、地下隧道、沉井等。

（3）蓄水建筑：游泳池、水库、水坝。

4. 养护

养护过程必须用洁净水，待料初凝后用喷雾器进行喷雾养护，一定要避免涂层损坏，每天至少喷雾 3 次，连续 2～3 d，在热天或比较干燥的天气要多进行几次，以免造成涂层过早干燥影响渗透。

施工完毕后 48 h 内防雨淋、霜冻、日晒、风吹、污水及 2 ℃以下的低温，在空气流通很差的情况下，需要采用设备进行强制通风，露天施工需用湿草袋覆盖或塑料布保湿养护。

对混凝土结构罐体（如水、蓄水罐等）必须先养护 3 d 再放置 12 d 后才能灌入液体，对混凝土结构罐体需要装腐蚀性及温度较高的液体时，需放 18 d 才能罐装。

5. 施工工艺

首先将水泥基渗透结晶型防水涂料与清水按 3 ∶ 1 的体积比，用机械进行混合，搅拌均匀形成黏稠状水泥浆；然后将配制好的涂料分两遍涂刷在已经处理好并已预湿的混凝土表面上，第二遍涂刷可在第一遍涂层仍潮湿时进行；也可在第一遍涂层完全干燥后，先预湿第一遍涂层，再进行第二遍涂刷。

（1）干洒法。在底板未浇筑混凝土之前，将水泥基渗透结晶型防水涂料按平均用量均匀地洒在垫层上，一般干洒应在混凝土浇筑前 30 min 内完成。

（2）随捣随洒法。当已浇筑的混凝土初凝时，将水泥基渗透结晶型防水涂料均匀地洒在混凝土表面。

（3）喷涂法。将水泥基渗透结晶型防水涂料与清水按 3 ∶ 1 的体积比，用机械进行混合，搅拌均匀并形成黏稠状水泥浆；然后将配制好的涂料装入喷灌内，分两次均匀喷涂。

水泥基渗透结晶型防水涂料可根据不同的结构，每平方米的平均用量为 1.02 kg，厚度大于 0.8 mm。

6. 储存运输及保质期

水泥基渗透结晶型防水材料在使用中应注意以下几点：

（1）不能在雨中或环境温度低于 4 ℃时喷涂；搅拌用水要求无盐、无有害成分。

（2）不能与石膏、石灰混合使用。

（3）不能用于沥青、塑料及过于光滑的施工面。由于该材料属强碱性，应避免直接接触皮肤。

在热天露天施工时，建议在早、晚使用，以免影响渗透。对于塑料桶、纸袋、净容量为 5 kg 的桶和 25 kg 的包，必须储藏在干燥通风的环境中，且保质期为 1 年。

※ 小结

在工程中，防水材料的使用随处可见，并在各类工程中被广泛使用。水库、桥梁、日常住宅等都可以看到防水材料的"身影"。我国建筑市场上的各种防水材料有很多种类型，因此，对于不同的工程选择合适的防水材料变得至关重要。在选择防水材料的过程中，应该结合工程的实际情况，尽量选择一些防水性能良好、材料具有稳定性且易于储存、易于运输的防水材料。由每种防水材料都具有独特的性质，只有选对了材料，才能使防水材料最大限度地发挥其功能。

※ 实训

1. 实训目的

学生去建筑材料市场参观，了解防水材料等装饰材料的一些基本情况，再与教材中讲解的知识结合起来，这样可以对防水材料有更全面的认识。

2. 实训方式

对建筑材料市场进行各类防水材料的调研。

（1）学生分组：以 5～7 人为一组，自主到建筑材料市场调研。

（2）重点调研：防水材料的种类、规格、价格。

（3）调研方法：走访、记录、咨询。

3. 实训内容及要求

（1）认真完成调研日记。

（2）填写材料调研报告。

（3）写出实训小结。

※ 课后习题

一、填空题

1.沥青的种类包括_____、_____和_____。

2.卷材的固定系统主要有_____、_____和_____、胶粘固定卷材防水屋面系统。

二、选择题

1.乳化沥青的储存期不能过长,否则容易引起凝聚分层而变质。储存温度不得低于(   ),不宜在(   )以下施工,以免由于水结冰而破坏防水层。

    A. 0 ℃；–5 ℃   B. 2 ℃；–5 ℃

    C. 0 ℃；–6 ℃   D. 2 ℃；–6 ℃

2.防水卷材的搭接宽度为长边不小于(   )mm,短边不小于(   )mm,搭接缝的边缘以溢出热熔的改性沥青为宜,然后用喷灯均匀热熔卷材搭接缝,再用小抹子把边抹好。

    A. 30；30   B. 40；40   C. 50；50   D. 60；60

三、实操题

防水材料询价:选取当地建筑材料市场没有的若干防水材料,充分学习并了解其特点后,通过网络、电话、实地走访等方式进行防水材料询价,并结合本模块开篇的案例,列出防水材料价格表。

【应用小贴士】   【知识小课堂】

各类防水材料使用的注意事项   防水材料的发展史

模块八 高分子景观材料

知识目标

1. 了解高分子景观材料的含义和类型；
2. 熟练掌握景观中常用高分子景观材料的特性与应用方法；
3. 掌握高分子材料的施工工艺与施工流程。

能力目标

1. 能够准确识别景观中常见的高分子材料；
2. 能够根据特性和景观效果选择恰当的高分子材料制品。

素质目标

1. 培养学生树立作为工程技术和管理人员应有的职业道德、敬业精神；
2. 培养学生团队合作的能力；
3. 培养学生环保意识和开拓精神。

2023年，××生态工程职业学院对南北校区校园中的操场、篮球场等运动场地进行改造（图8-1和图8-2）。此项任务的方案设计和材料选择委托给环境设计学院环艺专业A班级，需要学生对现有的土操场、水泥篮球场及相关老旧运动器材进行设计和改造。要求运用新材料，在提升校园环境的同时，还要满足使用的安全性与舒适性。

请学生想一想：生活中常见的高分子材料有哪些？学校操场、篮球场使用什么高分子材料合适？

图8-1　××生态工程职业学院南校区操场原貌　　图8-2　××生态工程职业学院北校区操场原貌

单元一

高分子材料基础知识

高分子材料也称为聚合物材料，是以高分子化合物为基体，再配以其他添加剂（助剂）而构成的材料，其按特性可分为橡胶、纤维、塑料、高分子胶粘剂、高分子涂料和高分子基复合材料等。高分子材料在现今人们日常生活中的应用越来越广泛，其在景观设计中凭借自身优异的性能而发挥着重要的作用。在现代景观设计中，高分子材料已成为设计景观雨篷、水景、照明灯具、室外家具、景观小品、导向指示设施等的首选材料。

一、塑料的概念

塑料是以单体为原料，通过加聚或缩聚反应合成的高分子有机化合物，也称为树脂，可以自由改变形体和样式。

1. 塑料的主要成分

塑料是以单体为原料，通过加聚或缩聚反应聚合而成的高分子化合物，其抗形变能力中等，介于纤维和橡胶之间，由合成树脂及填料、增塑剂、稳定剂、润滑剂、色料等添加剂组成。

塑料的主要成分是树脂。树脂重量是指尚未和各种添加剂混合的高分子化合物。树脂最初是由动植物分泌出的脂质而得名，如松香、虫胶等。树脂质量占塑料总重量的40%～100%。塑料的基本性能主要取决于树脂的本性，但添加剂等其他成分也起着重要作用。有些塑料基本上是由合成树脂所组成的，不含或少含添加剂，如有机玻璃等。

2. 塑料的主要原料

塑料的主要原料是石油和天然气，即碳氢化合物。其制作方法是先提炼出石油和天然气中合适的大分子成分，将其裂解成单体，再聚合成高分子，从而形成塑料。

二、塑料的分类

（一）按分子结构及特性分类

按合成树脂的分子结构及特性，塑料可分为热塑性塑料和热固性塑料两类。前者可以重复生产；而后者无法重新塑造使用。

1. 热塑性塑料

热塑性塑料是指可以多次重复加热变软、冷却变硬成型的塑料，其耐热性较差。也就是说热塑性塑料，在一定温度下熔化为流体，根据温度不同的变化，可以在固态和液态之间反复变化。

常见的热塑性塑料有聚乙烯、聚苯乙烯、聚氯乙烯、聚酯碳酸、有机玻璃等。

2. 热固性塑料

热固性塑料是指在加热时开始会被软化而具有一定的可塑性，但随着加热的进行，塑料中的分子不断化合，最后固化成型，从而形成既不熔化也不溶解的物质。热固性塑料在温度达到一定程度时，即由液态变为固态定型。

常见的热固性塑料有酚醛塑料、氨基塑料、环氧树脂、脲醛塑料等。

（二）按用途的广泛性分类

按用途的广泛性，塑料可分为通用塑料、工程塑料和特种塑料。

1. 通用塑料

通用塑料是一种非结构性塑料，产量高、价格低，性能普通。这类塑料通常有聚乙烯、聚丙烯、聚苯乙烯、聚氯乙烯、酚醛塑料和氨基塑料等，一般用于日常生活用品、包装材料等，但随着塑料改性工业的发展，有些通用塑料的性能得到了大幅提高，也可以应用于某些工业领域，如经改性的聚丙烯已在汽车工业中得到了广泛应用。

2. 工程塑料

工程塑料与通用塑料相比，具有优异的力学性能、化学性能、电性能、耐热性、耐磨性和尺寸稳定性等。常见的工程塑料有聚甲醛、聚酰胺、聚碳酸酯、ABS、聚苯醚、聚四氟乙烯、有机玻璃等。其中，ABS、聚碳酸酯、聚酰胺、聚甲醛被称为四大工程塑料，在工业领域有极为广泛的应用。

3. 特种塑料

特种塑料是指某些具有特殊性能的塑料，这类塑料具有很高的耐热性、高绝缘性及耐腐蚀性等。如聚四氟乙烯，是当今世界耐腐蚀性能最佳的材料之一，因此得名"塑料王"。它能在任何种类的化学介质中长期使用，与其他塑料相比，其具有优异的耐化学腐蚀与耐高温特点，被广泛应用，成为密封材料和填充材料的首选。这类塑料主要包括氟塑料、聚酰亚胺塑料、有机硅塑料和环氧树脂等。

三、塑料的特性

（一）塑料的优点

（1）塑料具有耐化学侵蚀的特点，不与酸、碱、盐等化学物质发生反应。

（2）塑料具有光泽，部分透明或半透明，大部分为良好绝缘体，部分塑料耐高温且容易着色。

（3）塑料质量小而坚固，密度为 $0.9 \sim 1.5 \ g/cm^3$，是除木材外较轻质的材料。在汽车制造业中可代替金属材料，大幅降低了汽车的自身重量。

（4）塑料加工性优异，容易成型，使形状复杂的制品简单化、一次成型，制造成本较低，可大批量生产，生产效率高、价格低，用途广泛、效用多。

（二）塑料的缺点

（1）对于废弃的塑料，回收利用时分类相对困难。

（2）塑料易燃，高温环境也会导致其分解出有毒成分，并产生有毒气体。例如，聚苯乙烯燃烧时产生甲苯，少量接触会导致失明，吸入将会呕吐等，而聚氯乙烯燃烧时也会产生氯化氢等有毒气体。

（3）塑料的主要原料——石油是有限资源。因塑料的耐腐蚀性能，故而难以降解，埋在地下几百几千年甚至上万年也不会腐烂，可能成为环境污染的隐患，而且大部分塑料的耐热性能较差，易老化。

单元二

塑料在景观中的应用

一、景观中常用塑料材料

（一）聚碳酸酯塑料

聚碳酸酯是一种热塑性聚合物，具有良好的耐冲击性，密度为 1 200 ～ 1 260 kg/m³。聚碳酸酯产生于 20 世纪 50 年代，以表面硬度强、绝缘性能佳，且能抵制大气恶化而著称，现阶段可作为玻璃的替代材料，广泛应用于建筑和景观中。

聚碳酸酯可制成建筑和景观中常用的 PC 阳光板、耐力板、波浪板等塑料板材。

（二）丙烯酸塑料

1. 丙烯酸塑料的特性

丙烯酸塑料与树脂玻璃，以及透明合成树脂在 20 世纪 30 年代同时研发问世，都是丙烯酸聚合物。最常见的丙烯酸塑料是聚甲基丙烯酸甲酯（PMMA），它是一种无色透明的塑料，质地坚硬、牢固，具有良好的力学性能，其重量小，密度为 1 150 ～ 2 000 kg/m³。与玻璃相比，透光度很高，紫外线透过率是相同厚度玻璃的 7 倍。聚甲基丙烯酸甲酯与磷酸、过氧化氢、硫酸钾、甲烷和重铬酸钠等不会发生化学反应。

2. 丙烯酸塑料在景观中的应用

在玻璃装配业，聚甲基丙烯酸甲酯的优势明显，它比玻璃更透明，厚度可达330 mm。其特有的品质使其可以应用在一些建筑和景观小品中。除作为玻璃的替代品外，这种材料还可以应用于室外的荧光标识系统、运动场地面、垃圾桶、装饰屏幕及特色景观小品上。

（三）聚氯乙烯塑料

聚氯乙烯在 1838 年由维克多·尼奥创造出来，直到 1938 年，由于它的多样性和热塑性特点才被广泛应用于国际市场。聚氯乙烯是乙烯聚合物，与聚乙烯相似。聚氯乙烯是由自由基聚合的氯乙烯产生的。从化学性质讲，惰性、无毒，对火灾及恶劣天气有耐候、抵抗作用，具有防渗、透明度高、易于加工的特点，通过挤制加工、注塑、碾压、热成型、压力处理等方法可以进行回收再利用。由于它是热塑性材料，可以轻松通过加热而重新塑形，经冷却，可恢复其原有的特性，同时，还能保持新的形状。

这种材料现已被大量运用于建筑施工中，如管材、窗框、门和百叶窗等部位。

（四）玻璃纤维增强塑料

玻璃纤维增强塑料（GRP）是由玻璃纤维和聚酯树脂用复合工艺制成的材料，用途广泛，是一种功能型的新型材料，可制成玻璃钢材料，主要的应用有建筑、景观雕塑（图8-3）、装饰板、门板、屋顶灯、天窗、电子路灯、管道等。

图 8-3　玻璃纤维增强塑料雕塑

（五）聚苯乙烯塑料

聚苯乙烯于1930年首次在德国通过聚合作用产生。当温度低于100 ℃时，它是一种玻璃状固体；当温度高于100 ℃时，它可以加工成各种各样的形式。聚苯乙烯很有弹性，抗化学降解能力极强，具有较低的导热和导电性，并在高温下稳定性好。由于其密度低、透明度高，被广泛应用于包装和建筑中，可作为隔热和隔声材料使用，也可应用于半透明的分隔、隔断或室内玻璃上，并且价格低，可循环利用。

二、景观中常用塑料制品

虽然塑料是建筑景观材料家族的新成员，但已成为现代最流行的一种建筑景观材料，塑料制品的种类繁多，有 PC 板、塑木、亚克力、玻璃钢等。塑料制品在景观设计中可充当多重角色，有塑料景墙板、塑料花钵树池、塑料地板、塑料儿童娱乐设施（图8-4）、塑料造型景观小品、塑料家具等。

塑料制品在活动场地的运用十分广泛，当然，相关的塑料材质都需要达到安全标准。

图 8-4　塑料儿童娱乐设施

（一）PC 板

PC 板是以聚碳酸酯为主要成分，采用共挤压技术制成的一种轻型、节能的新型板材，可分为实心板和空心板两种。实心板为耐力板，空心板为中空板或阳光板。另外，还有一种波浪板。

1. PC 板的特性

（1）PC 阳光板。PC 阳光板（又称为聚碳酸酯中空板、玻璃卡普隆重板、PC 中空板）是由高性能工程塑料聚碳酸酯（PC）树脂加工而成，具有透明度高、质量小、抗冲击、隔声、隔热、难燃、抗老化等特点，是一种节能环保的塑料板材，是目前国际上普遍采用的塑料建筑材料，具有玻璃、有机玻璃等无法比拟的优点。图 8-5 所示为 PC 阳光板遮阳棚。PC 阳光板的透光性可与玻璃媲美，透光率高，可达 89%。PC 表面覆盖了一层高浓度紫外线吸收剂，具有抗紫外线的特性，耐久性佳，永不褪色，附着的 UV 涂层板在阳光暴晒下不会变黄、雾化；抗撞击强度是普通玻璃的 250～300 倍，比同等厚度亚克力板和钢化玻璃耐撞击强度更高；重量小，质量只为玻璃的一半；防紫外线，燃烧不会产生有毒气体，有一定可弯曲性，可加工成拱形、半圆形等，隔声性能好、节能保温性能好。

（2）PC 耐力板（图 8-6）。PC 耐力板的耐冲击性能是它的最大特色，耐力板的冲击强度为 50 J/m，密度为 1.34 g/cm^3，是普通玻璃的 200 倍，比亚克力板强 8 倍，几乎没有断裂的危险性；同时，耐力板的透光性极佳，透光率为 75%～89%；耐候性好，表面 UV 涂层具有吸收紫外线并将其转化为可见光的作用；耐力板本身不自燃并具有自熄性；耐热、耐寒，处于 –30 ℃～130 ℃时，不会发生变形等品质变化。

图 8-5　PC 阳光板遮阳棚

图 8-6　PC 耐力板

（3）PC 光扩散板（图 8-7）。PC 光扩散板也称聚碳酸酯扩散板、PC 扩散板、PC 匀光板、PC 漫反射板等，是由聚碳酸酯为基材，加入扩散剂而制成的一种光学 PC 耐力板。扩散剂能均匀分布在板材内，使光线经过板材，遇到扩散剂颗粒时产生折射、反射、散射的效果，从而使光线可以均匀地透过板材但又不会露出光源，达到从点光源向面光源的变化。

图 8-7　PC 光扩散板

2. PC 板的规格

通用级 PC 板的规格（厚度 × 长度 × 宽度）：

（0.5～15）mm×1 220 mm×2 440 mm。

工程级PC板的规格（厚度×长度×宽度）：（20～200）mm×630 mm×1 000 mm。

3. PC板在景观中的应用

PC板广泛应用于室内外空间中，包括现代城市建筑幕墙、商业建筑内外装饰、公共交通站的公用设施、景观温室花房、阳光雨篷、停车场入口处遮阳挡雨篷、观察窗、采光雨披、商业建筑采光天幕、体育馆、游泳池、高速公路隔声护栏、导视标识系统、照明灯箱广告等。游乐场所的奇异装饰、休息场所的亭廊、现代的生态餐厅顶棚、单位或小区自行车棚、遮雨篷，可根据不同需求选择不同色彩、不同造型和不同功能的PC板材。

（二）亚克力

1. 亚克力的定义

亚克力又称为PMMA或有机玻璃，源自英文Acrylic（丙烯酸塑料）。化学名称为聚甲基丙烯酸甲酯，是一种开发较早的热塑性塑料，具有较好的透明性、化学稳定性和耐候性，易染色，易加工，外观优美，在建筑、景观领域中都有广泛的应用（图8-8）。

图8-8 亚克力景观家具

2. 亚克力的分类

亚克力材料的种类很多。普通板有透明板、染色透明板、乳白板、彩色板（图8-9）。特种板有卫浴板、云彩板、镜面板、夹布板、中空板、抗冲板、阻燃板、超耐磨板、表面花纹板、磨砂板、珠光板、金属效果板等。还有内部做肌理效果处理的亚克力板。选择时应根据板不同的性能、不同的色彩及视觉效果来满足室内外设计千变万化的要求。

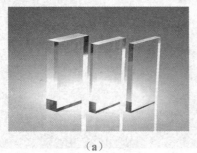

（a） （b） （c）

图8-9 普通板

（a）透明板；（b）乳白板；（c）彩色板

3．亚克力的特性

（1）优点。

1）透明度极佳，透光率在92%以上，给人以璀璨夺目的视觉感受，用染料着色的亚克力板有很好的展色效果。

2）耐候性好、表面硬度高、表面光泽度高，不自燃但属于易燃品，不具备自熄性。

3）有良好的加工性能，既可采用热成型，也可以使用机械加工的方式。

4）透明亚克力板材具有可与玻璃比拟的透光率，但密度只有玻璃的一半，不易碎，即使破坏，也不会形成锋利的碎片。

5）亚克力板的耐磨性接近铝材，稳定性好，耐多种化学品腐蚀。

6）亚克力板还具有良好的适印性和喷涂性，采用适当的印刷和喷涂工艺，可以赋予亚克力制品理想的表面装饰效果。

（2）缺点。由于亚克力生产难度大、成本高，故市场上有不少质低价廉的代用品，这些代用品也被称为"亚克力"，但其实是普通有机板或复合板（又称夹心板）。普通有机板用普通有机玻璃裂解料加色素浇筑而成，表面硬度低，易褪色，用细砂打磨后抛光效果差。复合板只有表面有很薄的一层亚克力，中间是ABS塑料，使用中受热胀冷缩影响容易脱层。真假亚克力，可从板材断面的细微色差和抛光效果上识别。

4．亚克力在景观中的运用

亚克力材料除应用在建筑门窗、隔墙和汽车、火车等交通工具中外，景观中也应用于采光罩、电话亭顶棚、灯箱、招牌、指示牌、展架等，还应用于一些工艺品、景观小品、雕塑、娱乐设施、屏风等。

（三）塑木

1．塑木的定义

塑木（Wood-Plastic Composites，WPC）是用热塑性树脂和天然纤维（如木粉、稻壳、麦秸、竹粉等）经过高分子改性，用配混、挤出设备加工制成的一种新型节能、环保、循环的复合材料（图8-10）。

图8-10　塑木景观案例

2．塑木的特性

塑木具备植物纤维和塑料的优点，适用范围广，几乎可涵盖所有原木、塑料、塑钢、铝合金及其他类似复合材料的使用领域；同时，这也解决了塑料、木材行业废弃资源的再生利用问题。塑木的主要特点有原料资源化、产品可塑化、使用环保化、成本经济化、回收再生化。

（1）优点。塑木复合材料具有免受紫外线侵害、褪色慢、免受虫害和菌类的侵蚀的特点，其防水、耐腐蚀、不易开裂和腐烂，易于切割、锯刨、钻孔和用螺钉固定等。

1）防水、防潮。防腐性能好，较防腐木更不易开裂、发霉，更绿色环保，使用年限更长，适合在户外恶劣条件下使用。从根本上解决了木质产品在潮湿和水环境中吸水受潮后容易腐烂、膨胀变形的问题，可以在传统木制品所不能应用的环境中使用。

2）防虫、防白蚁，有效杜绝虫类骚扰，延长使用寿命。

3）多姿多彩，可供选择的颜色众多。既具有原木的质感和木质纹理，又可以根据自己的个性来定制需要的颜色，在外观上由于其表面具有仿真的木质纹理及色彩，因此成了替代原木的生态环保型材料。

4）可塑性强，能非常简单地实现个性化造型，充分体现个性风格。

5）高环保性，无污染，不含对人体有害的成分，充分利用了废弃资源，减少了废弃物对环境的危害，具有可循环再生性。

6）高防火性。能有效阻燃，防火等级达到 B_1 级，遇火自熄，不产生任何有毒气体。

7）可加工性好，可钉、可刨、可锯、可钻，表面可上漆。

8）相对原木，塑木材料的稳定性更佳，安装简便，不需油漆着色，施工便捷，不需要繁杂的施工工艺，节省安装时间和费用。

9）不龟裂，不膨胀，不变形，不用维修与养护，便于清洁，节省后期维修和保养费用。

10）吸声效果好，节能性好。

（2）缺点。塑木虽然在视觉上近似木材，但很难达到木材的天然特质及触感，如纹理单调、颜色单一、不自然等。塑木相对木材而言不易加工，不可随意加工成所需的形状，因此进一步影响美观。

3. 塑木在景观中的运用

塑木复合材料具有木材和塑料的优良性能，尤其是它的木质感观、塑性防水、防腐防霉、不褪色、不变形等优点，使其能替代传统木材而广泛地应用于各种建筑设施、园林景观、家具设计中，如户外地板、篱笆栅栏、护栏、桥梁铺板、花坛、水边码头、水池护板、凳椅面板、廊架凉亭、标志路牌、广告牌、活动房屋、吊桥等；还可以用作装饰材料，如铺设在水泥桥面、砖墙外面、钢架表面等，以美化外观，是现代园林景观中得天独厚的首选材料。

在现代园林景观中，为体现原生态自然景观效果，常见的景观制品多为防腐木制品，但防腐木的褪色及北方干燥气候与四季变化造成的开裂现象无法避免，自然腐烂也就在所难免。因此，一般防腐木制品 3～5 年就需要维护、更换一次，既不利于节能，也不利于环保。塑木复合材料以其独特的生产工艺和双重特性完全避免了防腐木在景观应用中的不足，在原生态景区的开发建设中发挥了极大的作用，同时，塑木复合材料因其安装快捷、方便，也减少了施工过程中对自然景观的破坏，从而间接起到保护环境、享受环境的最终目的。

（1）塑木地板。地板作为塑木复合材料的最常见的应用，经过多年的发展，现在已经十分成熟。塑木地板按型材的横截面不同，可分为实心地板和空心地板两种。实心地板相比空心地板，自重较大；而空心地板采用了中空结构，自重便小了很多。

塑木地板的安装可分为卡扣法和直接法两种。卡扣法是通过卡扣固定带槽的地板，这样螺钉就不会裸露在外，不会影响美观；直接法就是直接将地板通过螺钉固定在龙骨上的安装方式，这种方法比较简洁方便；缺点是螺钉裸露在外，影响美观。

塑木比传统的实木具有更佳的耐腐蚀性和不易吸水等优点，经过长时间的研究，证明了塑木地板比传统的实木地板更适合在室外使用。

（2）塑木材料在护栏上的应用。塑木护栏可分为安全性高的护栏和栅栏性护栏两大类。安全性高的护栏一般用在山道、水边和马路边等对安全要求较高的地方，这类护栏必须具备非常高的抗冲击能力；栅栏性护栏一般用在花坛或苗圃等处，只是起到装饰和美化的作用，对安全性没有特别要求。

（3）塑木活动小屋。塑木复合材料可以应用于活动小屋。如塑木制作的小售货亭，可用于路边或公园等公共场合；休闲凉亭可以放在公园中或山道边，供游人休息。塑木活动小屋安装非常简便、快捷，只需将事先生产好的配件按图纸组装即可。

（4）塑木在亭、长廊、桥方面的应用。塑木材料搭建的亭、长廊、桥，也是塑木材料常见的应用，目前已经被广泛地应用于公园、广场等一些公共场所。亭、长廊、桥工程对于塑木材料、结构设计和施工安装方法都有很高的要求（图8-11和图8-12）。

图8-11 塑木亭

图8-12 塑木施工

目前，普通的塑木材料的力学性能远远达不到用作结构材料的标准，因此，塑木材料的应用还存在一定的局限。

（5）建筑外墙装饰。塑木材料还可以用于建筑外墙装饰。塑木外墙装饰不仅可以美化建筑，使建筑物更具美感，还可以起到遮阳、阻挡紫外线的作用；同时，塑木材料具有降低传热系数的性能，用作建筑外墙时还具有节能、保温的作用。

（6）塑木成品的应用。除地板、护栏、亭子、长廊等这些需要现场安装的应用外，塑木还可以制成各种制成品直接使用，如各式凳椅、告示牌、花箱、路灯等。这些塑木制成品无须安装或仅需要简单的安装，就可以使用。

（四）塑料草皮

1. 塑料草皮的定义

塑料草皮是指将PA、PP、PE材质拉成的草丝，通过织草机与PP网格布缝到一起，然后通过丁本胶将两者复合在一起的塑料制品（图8-13和图8-14）。

图8-13 幼儿园塑料草皮　　　　　　图8-14 体育场塑料草皮

2. 塑料草皮的特点

塑料草皮外观颜色鲜艳、四季保持绿色、形态生动，有防紫外线的功能，且排水性能好、使用寿命长、维护费用相对较低。

3. 塑料草皮在景观中的应用

塑料草皮是生态环保的新型材质，可用于制造绿色消防通道（宽4.5 m）、绿色消防平台（18 m×18 m）、绿色草坪停车场、绿色步行街及各类运动场地、屋顶绿化和橱窗背景、绿化景观等。

塑料草皮组成的绿色空间可以让车辆直接停入（可停120 t以下的各类车辆），当车离开时，这片绿色草坪空间又可重新利用，可以让人自由地踏入，大大增加了绿化面积，给人们创造了美好的环境。

（五）复合高分子井盖

1. 复合高分子井盖的定义

复合高分子井盖是采用不饱和聚酯树脂为基体的纤维增强热固性复合材料，又称为团状模塑料（DMC），用压制成型技术制成，是一种新型的环保型盖板（图8-15）。

复合高分子井盖采用高温、高压一次模压成型技术，因此聚合度高、密度大，可制成方形、圆形等造型。

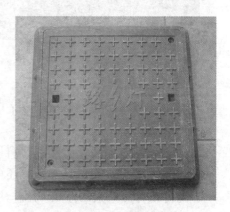

图8-15 复合高分子盖板

2．复合高分子井盖的特点

（1）强度高：具有很高的抗压、抗弯、抗冲击的强度，有韧性。长期使用后该产品不会出现井盖被压碎及损坏现象，能杜绝"城市黑洞"事故的发生。

（2）外观美：井盖表面花纹设计精美，颜色亮丽可调，美化城市环境。

（3）使用方便，质量小：产品质量仅为铸铁的三分之一左右，便于运输、安装、抢修，大大减轻了劳动强度。

（4）防盗：井盖无回收价值，自然防盗；根据客户需要设有锁定结构，实现井内财物防盗。

（5）耐候性强：井盖通过科学的配方、先进的工艺制造，能在 −50 ℃～ 300 ℃环境中正常使用。

（6）耐酸碱、耐腐蚀、耐磨、耐车辆碾压，使用寿命长。

复合高分子井盖广泛应用在公共道路的下水口处。

（六）橡胶地板

1．橡胶地板的定义

橡胶地板（图 8-16）以染色面层和胶料为主要材质，底层为黑色软胶料，经特殊工艺加工而成，以其独有的舒适性、耐磨性，广泛用于健身场地和园林景观中，是新型绿色环保的地面铺装材质。它密度大、稳固耐用，可吸收各种冲击力，从而保护使用者的安全。

橡胶地板长久耐用，容易清洁，适合铺设室内、户外的地面。在运动场地铺设橡胶地板可以提升安全性。

图 8-16　橡胶地板

2．橡胶地板与其他地板相比的特性

（1）与木板相比：阻燃、防水、抗静电、耐腐蚀、易清洁。

（2）与石材相比：弹性好、抗静电、施工相对比较简单，方便、省时、省料。

（3）与 PVC 相比：耐磨、防滑、环保、阻燃。

3．橡胶地板的规格

橡胶地板的规格（长×宽×厚）分为 500 mm×500 mm×15 mm、500 mm×500 mm×20 mm、500 mm×500 mm×25 mm、500 mm×500 mm×30 mm、500 mm×500 mm×40 mm、500 mm×500 mm×50 mm。

（七）塑胶盲道

塑胶盲道（图 8-17）以塑胶作为原材料，外观与盲道砖一致，直接用专用胶水铺设于地面，新铺设的盲道是深黄色的，表面光滑美观、耐磨性强，是现今应用广泛的盲道材质。

塑胶盲道的一般规格为300 mm×300 mm×6 mm，颜色主要有黄色和绿色，也可根据具体情况自行定制。

塑胶盲道适用于儿童游乐园、幼儿园、中小学体育器械区、全民健身路径区、公园通道、人行天桥、射击场、体操场等。

图8-17 塑胶盲道

（八）玻璃钢

1. 玻璃钢的定义

玻璃钢的学名为玻璃纤维增强塑料，它是以玻璃纤维及其制品（玻璃布、带、毡、纱等）作为增强材料，以合成树脂作为基体材料的一种复合材料。玻璃钢以复合形式出现，是因为单一的玻璃纤维虽然强度很高，但纤维间是松散的，只能承受拉应力，不能承受弯曲、剪切和压应力，还不易做成固定的几何形状，是松软体。如果用合成树脂将它们黏合在一起，可以做成各种具有固定形状的坚硬制品，既能承受拉应力，又能承受弯曲、剪切和压应力，组成玻璃纤维增强的塑料基复合材料。由于玻璃钢的强度相当于钢材，又含有玻璃组分，还具有玻璃的色泽、形体，且耐腐蚀、电绝缘、隔热，因此人们称它为"玻璃钢"。

2. 玻璃钢的特点

玻璃钢的特点主要包括以下几个方面。

（1）重量小、强度高，相对密度为1.5～2.0，只有碳钢的1/5～1/4，而强度可以与高级合金钢相比。

（2）有良好的耐腐蚀性，对大气、水和一般浓度的酸、碱、盐及多种油类和溶剂都有较好的抵抗能力，已应用到化工防腐的各个方面，正在取代碳钢、不锈钢、木材、有色金属等。

（3）电性能好，是优良的绝缘材料，可用来制造绝缘体。高频下仍能保持良好的介电性，微波透过性良好，已广泛用于雷达天线罩。

（4）耐热性能好，FRP（纤维增强复合塑料）本身传热系数低，只有金属的1/1 000～1/100，是优良的绝热材料。

（5）设计性强，可以根据需要灵活地设计出各种结构的产品，使产品有很好的整体性；还可以充分选择材料来满足产品的性能，也可以设计出耐腐蚀、耐瞬时高温、有特别高强度、介电性好的产品。

（6）工艺优良，可以根据产品的形状、技术要求、用途及数量来灵活选择成型工艺；工艺简单，能一次成型，使经济效果突出，尤其对形状复杂、不易成型、数量少的产品，更能突出它工艺的优越性。

3. 玻璃钢在景观中的应用

玻璃钢材料在室外景观中可制作成多种景观设施。如玻璃钢下水井盖、玻璃钢灯箱、草坪音箱、玻璃钢花钵、玻璃钢雕塑（图8-18）、玻璃钢装饰与玻璃钢景观墙面（图8-19）等。

图8-18　玻璃钢雕塑　　　　　　　图8-19　玻璃钢景观墙面

（九）塑料植草格

1. 塑料植草格的定义

塑料植草格（图8-20）采用改性高分子量HDPE（高密度聚乙烯）为原料制成，可回收再利用，实现了传统草坪和停车场功能的二合一。

2. 塑料植草格的特点

塑料植草格耐压、耐磨、抗冲击、抗老化、耐腐蚀，可以很大程度上减少地面反光和地面热辐射，减少地面声波传送，降低噪声污染和扬尘，可以增大雨水的自然渗漏力，减少积水现象并保护水土，使其不流失。

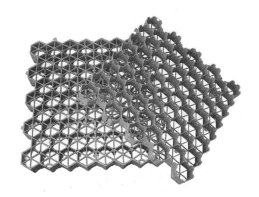

图8-20　塑料植草格

塑料植草格施工简单、重量小，可自由组合及拆卸，可采用平插式搭接方法安装，省力、快捷，且能够调节伸缩缝，是现代景观设计中必备的设计材料。

与传统的混凝土植草砖相比，塑料植草格的优点包括以下几点。

（1）完全绿化。塑料植草格的植草面积超过95%，绿化效果好，可以吸声、吸尘，明显提升了环境的品质与品位。而混凝土植草砖的植草面积只有30%。

（2）节约成本。塑料植草格使停车与绿化功能合二为一，在寸土寸金的都市中，可节约开发商的宝贵投资。

（3）平整、完整。塑料植草格独特而稳固的平插式搭接使整个铺设面连成一个平整的整体，避免局部凹陷，施工极其便捷。而相比之下，混凝土植草砖各自独立，必须浇筑混凝土垫层基础，方能保持平整。

（4）强度高、寿命长。塑料植草格采用具有专利技术的特殊材料，抗压能力高。

（5）性能稳定。抗紫外线、耐酸碱腐蚀、耐磨、耐压、耐候。混凝土植草砖很容易在温度变化及霜冻时开裂破损。

（6）排水优良。碎石承重层有良好的排水功能，方便多余降水的排出。

（7）保护草坪。碎石承重层提供了一定的蓄水功能，有利于草坪生长，草根可生长到碎石承重层。而混凝土植草砖只有很小的空间，且在夏日阳光下温度高达 50 ℃以上。

（8）绿色环保。塑料植草格安全稳定，可回收并循环利用，对环境无污染，全面呵护草坪。

（9）轻便节约。塑料植草格质量小，极其轻便，安装快捷，节约人工，缩短施工周期。混凝土植草砖质量较大。

3．塑料植草格在景观中的应用

塑料植草格在现代景观设计中应用广泛，功能实用性强、施工简便，可应用于停车场、消防车道、消防登高面、高尔夫车道、会展中心、现代化工业厂房、生活社区、屋顶花园等。塑料植草格可以根据场地需要大面积铺设，也可以用在树池、花池中，根据形状进行铺设。树池箅子与塑料植草格的材质、功能相同。

（十）其他塑料成品

在景观设计中，能够运用的塑料景观制品种类繁多，包括塑料灯箱、塑料花卉植物、塑料景观树、假山石、塑料景观家具、塑料围栏等。废弃塑料还可以制成各种鹅卵石，用来铺地。

单元三

塑料在景观中的施工工艺

一、PC 阳光板的施工工艺和安装注意事项

1．PC 阳光板的安装工艺

（1）PC 阳光板传统安装方法可分为干式装配法和湿式装配法。干式装配法需要在铝型材中穿入密封胶条，胶条材质选用 EPDM 或氯丁橡胶，绝对禁止使用聚氯乙烯的密封胶条；胶条硬度以肖氏 65 为宜，表面平整，断面形状一致，无损伤，无变形，不

发硬，有弹性。湿式装配法选用与阳光板材质适应的不硬化、低模数、中性或酸性密封胶。阳光板与连接件间密封胶的延伸度≥50%，要确保阳光板热胀冷缩及风压位移时，胶层不会因拉断产生间隙而造成渗漏。

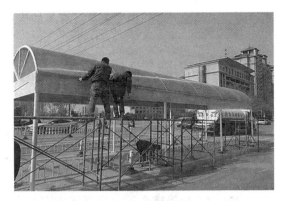

图 8-21　PC 弧形阳光板的施工现场

（2）安装注意要点：使用自攻螺钉或螺栓连接铝型材，在紧固时要注意调整好各连接部位密封性的同时，还要注意不使阳光板、连接型材及紧固件本身产生形变或破坏。

（3）PC 阳光板安装完毕，立即揭掉保护膜，如必须继续保护板面，则应先揭掉，再重新覆盖，以避免阳光长时间直射，而产生胶转移现象。

（4）安装前，施工组织者一定要将保护膜印上的文字说明和注意事项理解清楚。并向操作人员说明，特别要注意"哪一面朝外"的标注。

2. PC 阳光板的清洁方法

（1）清洗时必须用 60 ℃以下的温水冲洗。

（2）清洗时应用中性清洁剂，不允许用对 PC 阳光板有侵蚀作用的洗涤剂。

（3）要求用软布或海绵蘸中性清洁剂轻轻擦洗。禁用粗布、刷子、拖把及其他坚硬、锐利的工具实施清洗。

（4）当表面上出现油脂、未干油漆、胶带印迹等情况时，可用软布蘸取酒精擦洗。

（5）必须用清水将污垢彻底冲洗干净。

（6）最后用干净的布将板面擦干、擦亮，不可有明显水迹。

特别注意：碱性溶液是不适用的清洁剂，它会侵蚀板面。注意，禁用酯类、酮类、卤代烃类及一切可使聚碳酸酯溶解或溶胀的物质。

3. PC 阳光板的加工工艺

PC 阳光板的加工工艺包括切割、折弯、热成型、冲切、黏结、抛光、印刷、吸塑、吹塑、压塑等。

（1）PC 阳光板热成型。PC 阳光板热成型是指将板材放入温度较高的机械内一段时间，使其软化，然后放入事先准备好的模具内冷却成型。如果 PC 阳光板放置时间过长，做热成型前要对其进行烘干除湿处理；如果是新挤出的板材，此道工序则可以忽略。PC 阳光板在加温软化的过程中，要控制时间和温度，否则 PC 阳光板内部会起白泡，因为 PC 阳光板在常温下的温度下降很快，所以从烘箱里出来之后要立刻放入模具内进行整型、降温、成型。

（2）PC 阳光板抛光。PC 阳光板抛光主要是针对切割或雕刻过的 PC 阳光板的截面进行的后序加工。抛光工艺的种类主要有一般的羊毛垫抛光、抛光刀或美工刀的抛光、激光火焰抛光等，抛光工艺各有各的优点，可以根据需求选择不同的抛光工艺。

二、亚克力制品的加工工艺流程

1. 划折

划折是亚克力的一种直线截料方法。其做法是将直尺放在欲切割的板材上，尺的边缘与切割线重合，固定好直尺。用钩刀沿着尺的边缘拖划，就会在板材欲切割处划出细槽，当细槽深度约为板材一半厚度时，就可以折了。折的时候要移动板材使划出的细槽与桌子边缘重合，一只手按住在桌内的板材；另一只手按住在桌外的板材，手掌使劲快速下压，亚克力就会从划出的细槽位置整齐地折断。

2. 锯

锯是指用锯切割材料，切割的路线可直可曲。可以用专用的振动锯、微型锯，也可以用钢锯、钢丝锯。用锯加工亚克力，应尽量使锯末掉下来，因为锯末会在摩擦发热的锯片上熔化，黏在锯齿上，使锯齿失去作用，可拉慢些，避免锯片过热黏住锯末，或者用毛刷扫去锯末。由于锯出的材料边缘是粗糙的，还必须用锉、砂纸打磨平整。截断管材和棒材时常用锯。

3. 锉

锉是指用锉刀锉。有下列三种情况需要锉：锯过的材料边缘；做成的粗坯略微偏大但又不便用锯切割，用锉刀锉可使其与所要求的规格相符；去掉锋利的棱角，使其圆滑，手感好。

4. 热割

如果切割的路线弯曲复杂，又没有专用振动锯，可使用热割锯切割，但要注意使用热割锯切割过的亚克力边缘会增厚且不平整，所以热割成型只能是粗坯，应该在成品标准线之外热割，给细加工留有余地，否则经过细加工出来后比要求的规格偏小。

5. 热弯

如果要想把板材折弯成某个角度，如要折弯成直角，必须用热弯器，将材料要折的部位放在热弯器上烤软，然后放在桌子边缘折弯，待冷却后角度就固定了。

6. 切削

亚克力也可以像铜、铝等金属那样用车床切割。例如，要求比较精确地截取一段有机玻璃或有机玻璃管，用车床车削就能保证其横截面与轴线垂直，且规格较准确。必须注意的是，在切削过程中要随时将切割出来的碎屑用毛刷刷去，以免它们在刀具与材料之间摩擦，黏在刀具上，影响加工的速度和质量。

7. 钻

在亚克力上钻孔要比在金属和木质材料上钻孔麻烦。主要在于以下两个方面：

（1）钻头与亚克力摩擦产生的热使钻屑熔化黏在钻头上，包裹了钻头，钻不出好的孔；

（2）当孔将要钻通时，钻头会带动材料一起旋转，特别是用直径超过 4 mm 的钻头在板材上钻孔时容易发生这种情况，稍不小心就会弄伤手。

操作时应注意如下几点：

（1）左手最好戴上手套，以防止材料转动伤手。

（2）先用小钻头，如直径为 2～3 mm 的钻头钻出小孔，以保证孔的位置准确。

（3）采用间歇进钻，即操作进钻杆让钻头钻一下马上抬起降温，这样可以避免钻头过热，熔化钻屑。

（4）将钻屑用毛刷清除。

（5）孔将要钻通时，每次进钻的深度要很小，以防止钻头带动材料一起旋转。

（6）选择大小合适的钻头，有时，需要把金属杆打入亚克力的孔中，而且要求稳固，则孔的直径应比金属杆的直径小 0.1～0.2 mm。如果要让金属杆在孔中灵活转动，则孔的直径应比金属杆的直径大 0.1～0.2 mm。

8. 攻螺纹

攻螺纹就是在材料上开螺纹，把螺钉拧进有机玻璃里，必须先在亚克力上钻一个比螺杆稍小（小 1/10～2/10，螺杆越大，小得越多）的孔，再用相应的丝锥（开螺牙的工具）旋进孔里，孔就有螺纹了。例如，要钻一个让直径为 5 cm 的螺杆旋入的孔，先用直径为 4 cm 的钻头钻孔，再把代号为 M5 的丝锥固定在丝锥架上，将丝锥拧进孔里，螺纹就攻出来了。

9. 黏结

亚克力溶于三氯甲烷，因此有机玻璃之间的相互黏结不需要其他胶粘剂，只要用小注射器（一般用 5 mL 规格）吸取少量三氯甲烷液体，轻轻均匀地将三氯甲烷挤压到欲黏结的有机玻璃表面上，马上把黏结处压紧，待液体挥发后，有机玻璃就黏结好了。需要注意的是，三氯甲烷要适量，如果太少，黏结的面积太小，不牢固；如果太多，流到其他表面，会留下印渍，影响美观，会把材料泡变形，从而影响质量。另外，若要增大接合处的面积，可在其周围撒一些有机玻璃粉末（在锉有机玻璃时收集的粉末），再滴入三氯甲烷。注意，由于三氯甲烷属于有毒化学药品，手上有伤口者不能操作，以免其从伤口进入身体。

三、塑木的施工工艺和安装注意事项

1. 塑木的施工工艺

塑木加工时在聚合物中加入一些人工沸石，这种铝硅酸盐分子可以吸收材料中的异味。当通过粉体中大量的结晶空洞时，吸附剂可以捕捉产生异味的有机小分子。分子捕捉吸附剂已经成功应用于聚烯烃挤出管材、注射和挤出吹塑的器皿、隔绝包装材料、挤出外包装和密封材料，分子吸附粉体还可以作为除湿剂加入塑料中，以除去其中的水汽。

不同规格和形状的挤出制品增加了木塑复合材料的多样性，但当不要求型材具有连续片形结构或部件具有复杂的结构设计时，塑木型材可以通过注射成型或模压成型。加工有时要解决塑木材料在注塑加工过程中充模不均匀的问题，要达到完全充模，需要采用较复杂的多腔模具并减少木质填料的用量，以增加熔体的流动性。

由于 200 ℃是塑木复合材料加工操作温度的上限，一些熔点超过 200 ℃的树脂（如PET），就不能用于塑木复合材料。水汽会劣化复合材料的性能，而且还有助于滋生微生物，因此，在使用木填料之前一定要先除去水汽。加工成型之前，木填料要进行干燥处理，一般要求处理后的水汽含量低于 2%。当前的塑木复合材料加工机械要求配有喂料设备、干燥设备、挤出设备和成型设备，还有一些必要的下游设备，如冷却水箱、牵引设备和切割设备等。

（1）地板安装间隙。

1）因为塑木具有轻微的热胀冷缩的特点；同时，考虑到清扫等原因，安装塑木型材时，边与边、端与端之间必须留出适当的间隙。该间隙的预留与施工时的气候也有着密切的关系。

2）在安装塑木地板时最好将型材安装在龙骨上。根据型材的厚度（20 ～ 40 mm），龙骨的间距一般为 400 ～ 500 mm。

3）当型材安装与龙骨之间有倾角时，应将龙骨的间距减少至少 10 cm。

（2）栏杆、柱子的安装间隙。榫接时要考虑到塑木的热胀冷缩特点，让它有伸缩活动的余地。柱子与道路地面安装时，可以采用将钢板预埋在混凝土里面，柱子底部钢板与预埋钢板焊接，或者用螺栓紧固。当栏杆长度大于 300 m 时，要考虑做渐变型过渡立柱。栏杆的样式、选用的型材规格与栏杆的跨度是密切相关的。

（3）安装技术。

1）塑木可以使用普通的木工机械切割、锯、钻孔、开榫头。

2）塑木与塑木之间可以使用自攻螺钉紧固（建议户外使用不锈钢自攻螺钉），在塑木与钢板之间要使用自钻自攻螺钉。

3）塑木与塑木之间使用自攻螺钉紧固时应先行引孔，也就是预钻孔，预钻孔的直径应小于螺钉直径的 3/4。

4）安装户外地板时，塑木型材与每道龙骨之间需要在左右各使用一枚螺钉。

5）当型材宽度大于 10 mm 时，每端应用两枚螺钉固定。

2．塑木的安装注意事项

（1）较一般木材而言，塑木的相对密度要大得多，通常为 1.1 ～ 1.18，而一般木材的相对密度为 0.4 ～ 0.7，即使是相对密度较大的硬木，相对密度也仅为 1.0 左右，所以在同体积下，塑木要重得多。

（2）塑木型材的规格：地板类常见的有 200 mm×100 mm、140 mm×25 mm、140 mm×35 mm 等；立柱类常见的有 700 mm×700 mm、900 mm×900 mm、1 200 mm×1 200 mm 等多种规格。不同生产厂家生产的产品的截面大小会有所不同，目前并无统一标准。特殊的形状可以通过定制模具制得。

（3）使用时要注意以下两点。

1）严格按照厂家规定的跨度要求，因塑木材料比木材具有更大的蠕变性，过大的跨度将造成安全隐患。

2）考虑到排水、清扫及轻微的热胀冷缩等原因，塑木材料用作地板、护墙板时，边对边、头对头之间必须留有适当的间隙。

（4）在安装时，尽量安排两个以上的施工人员共同施工。因为该材料脆性大，韧性不足，如果受到重物撞击或从高处摔落，极可能会破损。

四、复合高分子井盖的施工安装流程

在安装复合高分子井盖时，要按照以下四个步骤进行。

（1）在安装之前，井盖地基要整齐坚固，且要按井盖的规格确定内径及长和宽。

（2）在水泥路面安装复合高分子井盖时，要注意井口的砌体上要使用混凝土浇筑好，还要在外围建立混凝土保护圈，进行 10 d 左右的保养。

（3）在沥青路面安装复合高分子井盖时，要注意避免施工的机械直接碾压井盖和井座，以免发生损坏。

（4）为了保持井盖的美观及字迹、花纹的清晰，在路面浇筑沥青和水泥时，注意不要弄脏井盖。

五、塑料草坪的铺设施工方法

1. 不同下层基础的施工方法

（1）水泥混凝土基础。

1）平整度。平整度合格率在 95% 以上，铺 5 m 平整度允许误差为 3 mm。

2）坡度。中心场地的坡度为 3‰～4‰。采用龟背式排水设计。弯道的坡度为 8‰，直道的坡度为 5‰，半圆区的坡度为 5‰。表面应平坦、光滑，保证排水。

3）强度和稳定性。表面均匀坚实，无裂缝，无烂边，接缝平直光滑，以规格 6 000 mm×6 000 mm 左右切块为宜。垫层压实，密实度大于 95%，在中型碾压机压过后，无显著轮迹、浮土松散、波浪等现象。

4）隔水层。采用新 PVC（聚氯乙烯）加厚隔水薄膜，搭接处应大于 200 mm，边沿余量应大于 150 mm。

5）养护期。基础养护期为 21 d。

6）定位。为实现准确施工，也出于划线需要，应用牢固、鲜明的标志物标出场地的各种线条。

（2）沥青基础。

1）平整度。平整度合格率超过 95%，每铺 3 m 的平整度允许误差为 3 mm。

2）坡度。横向坡度＜1%，纵向坡度＜1‰，跳高区坡度＜4‰，表面应平坦、光滑，保证排水。

3）强度和稳定性。基础应具有一定的强度和稳定性，基础不能产生裂缝和由于冰冻引起不均匀冻胀。沥青基础最好采用不含蜡或含蜡很少的沥青材料，其沥青混合料必须充分压实。表面均匀坚实，平整无裂纹，无烂边堆挤，无麻面，接缝平顺光滑。沥青混凝土面层碎石粒径为 2～5 mm，含油量为 5.8%～6.4%，接合层碎石粒径为 6～9 mm，含油量为 4.6%～5.8%，无发软起皮，无浮土松散、波浪等现象。

4）排水。排水系统在大雨后 2 h 内后必须排出积水。

5）养护期。基础养护期为 28 d。

2. 塑料草坪的维护及注意事项

（1）基本要求。

1）保持场地干净，在草地周围竖立"禁止吸烟"的标识，机动车辆及各种重物不要进入运动场地。

2）减少清扫次数，避免在高温时清扫，设置足够多的垃圾箱。

3）控制对场地的使用。

4）及时修补小的损坏。

（2）清洁及养护。

1）使用后用吸尘器及时清扫纸张、果壳等杂物。

2）每两周用专用毛刷将草苗梳理一遍，将草坪上的脏物和树叶等杂物清除。

3）每月或频繁使用后用专用的耙子平整石英砂或橡胶粒一次。

4）草皮上的灰尘，下雨时会冲刷干净，或人工冲洗。

5）夏日炎热时，可以用水淋洒草坪使其降温，让运动者感到凉爽、舒适。

六、植草格的安装程序

1. 植草格安装的基础处理

根据不同用途，植草格安装可分为用于停车位、消防车道和人行道三种。

（1）用于停车位的植草格基层处理。

1）地基土应分层夯实，密实度应达到 85% 以上；属于软塑或流塑状淤泥层的，建议抛填块石并碾压至密实。

2）设置 150 mm 厚砂石垫层。具体做法为：中等粗细河砂 10%、20～40 mm 粒径碎石 60%、耕作土 30%（质量分数）混合搅拌均匀，摊平碾压至密实。

3）设置 60 mm 厚稳定层（兼作养植土层）。稳定层的做法为：将 10～30 mm 粒径的碎石 25%、中等粗细河砂 15%、耕作土 60% 混合，掺入适量有机肥，翻拌均匀，摊铺在砂石垫层上，碾压至密实状态，即可作为植草格的基层。

4）在基层上撒少许有机肥，用人工方法铺装植草格。植草格的外形规格是根据停车位的尺寸模数设计的，一般在铺装时不用裁剪；当停车位有特殊形状要求或停车位上有污水井盖时，植草格可进行裁剪以适合停车位不同形状的要求。

5）在植草格的凹植槽内撒上种植土，并用扫帚将土均匀扫入植草格孔内，土层高度以低于植草格平面 5 ～ 10 mm 为基准。

6）在植草格种植土层上铺草皮。铺草皮时需要将草皮压实于种植土上。浇水养护待草成活后即可停车。

（2）用于消防车道的植草格基层处理。

1）在消防车道上铺植草格，其地基土的密实度应满足一般混凝土消防车道的设计要求。

2）消防车道的碎石垫层、石粉稳定层做法与普通混凝土消防车道的设计要求相同。

3）在石粉稳定层上铺设 80 mm 厚的养植土层。土层的做法为：将 10 ～ 30 mm 粒径的碎石 30%、中等粗细河砂 15%、耕作土 55% 混合，掺入适量有机肥，翻拌均匀，摊铺在经碾压至密实的石粉稳定层上，再碾压至密实状态，即可作为植草格的基层。

4）在植草格的基层上铺装植草格、植草。

5）值得注意的是，如果将消防车道作为平时车辆的主要通道，由于车辆行驶频繁，且速度较快，这对植草格的使用及草皮的正常生长不利，反而影响绿化率和美观，在这种情况下，建议主要车辆交通道路仍采用混凝土路面，只是在消防紧急情况下才有消防车辆驶入的路面则采用植草格路面。同理，停车场的通道路面建议采用混凝土路面，而停车位则采用植草格绿化车位。

（3）用于人行道的植草格基层处理。

1）在原基础上夯实。

2）在夯实的基层上铺装植草格。

3）在植草格的凹植槽内撒上种植土，并用扫帚将土均匀扫入植草格孔内，土层高度以低于植草格平面 5 ～ 10 mm 为基准。

4）在植草格上铺草皮。铺设草皮时需要将草皮压实于种植土上。浇水养护待草成活后即可使用。树池中铺设植草格与人行道铺设方法相同。

2．植草格施工的注意事项

（1）碎石基础要求夯实，夯实程度需要考虑最大承载压力，表面要求平整，有 1% ～ 2% 的排水坡度为佳。混凝土基础渗水孔内须填入鹅卵石或碎石和砂以防止泥土流失。

（2）每块植草格均有环节扣，铺装时环环相扣。植草格铺装完成后，用小型压路机或平板振动机在植草格表面来回压一次，有不平整的地方需要进行修整，直至植草格表面达到水平。

（3）植草格内的种植土，建议使用优质的营养土。回填土时，应配合洒水，使土能够沉淀下去，再用竹扫帚将植草格表面的营养土均匀扫入植草格孔内，土层高度以低于植草格平面 5 ～ 10 mm 为基准。

（4）草皮一般用马尼拉草，其耐践踏，易生长。草皮铺设时应留出 20 mm 左右的缝隙，并以品字形错开铺装。草皮铺设完成后，用水浇透，使草皮松软，再用小型压路机或平板振动机将草根打压至植草格内（反复多次），使草根便于往下生长。

（5）养护一个月后再停车使用。若是在 11 月至次年的 3 月之间（休眠期）施工的草皮，应维护两个月再停车。

（6）在使用过程中或雨季过后，若有少量的种植土流失，可在表面均匀地铺一些土或砂来填充因雨水冲刷而流失的土壤。

（7）草皮一年需要有 4 ～ 6 次的修剪，及时拔除杂草，施肥，在炎热干燥的季节应经常浇水或装配自动喷水设备，做好必要的养护管理工作。

※ 小结

高分子材料是经过加工的一种新型材料，随着科学技术的发展，其种类日益丰富，由于其具有独特的耐腐蚀、重量小、易加工成型、生产效率高等优点，在景观中的应用十分广泛，逐渐成为现代最流行的建筑景观材料之一，塑料景观墙板、塑料花钵树池、塑料地板、塑料儿童娱乐设施、塑料造型景观小品、塑木材料及塑料制品的活动场都在景观设计中充当重要的角色。但也存在难分解、原料不可再生的缺点，不能完全取代其他天然材料，在景观设计与施工中要充分利用高分子材料的优点，综合运用各种材料，打造出造型美观、布局合理的景观环境。

※ 实训

1. 实训目的

学生实地走访调查所处城市主要的公园、广场、运动场地等，搜集高分子材料的使用情况，写出分析报告，并选择一处没有高分子材料的场地，对原有地面、墙面、小品、休闲设施等进行高分子材料改造设计，然后分析改造前后的优缺点，从而加深对高分子材料特点与景观效果的认识，能够灵活合理地应用高分子材料。

2. 实训方式

（1）城市公园、广场和运动场地调查分析。

1）学生分组：以 5 ～ 7 人为一组，自主到公园和广场进行调查分析。

2）重点调查：各种高分子材料的类型和应用情况。

3）调查方法：收集材料使用情况的图片、形成分析报告。

（2）目标场地高分子材料设计。

1）学生分组：以 5 ～ 7 人为一组，在实训场地中选择一块没有高分子材料的场地。

2）重点分析：走访的场地没有选择高分子材料的原因、现存景观材料的优缺点。

3）设计内容：适当运用高分子材料替换目标场地现有材料，合理地布置设施的位置、材料、尺度及色彩等。

4）实训结论：改造后场地对比原场地，具有哪些优缺点，高分子材料选材的方法与景观的特点。

3．实训内容及要求

（1）认真完成调研日记。

（2）填写材料调研报告。

（3）做出设计方案。

（4）完成实训小结。

※ 课后习题

一、选择题

1.塑料最基本的、最重要的成分是（　　）。

A.树脂　　　　　B.填充剂　　　　　　　C.润滑剂　　　　　　　D.着色剂

2.塑木材料生产工艺包括（　　）。（多选）

A.连续挤出成型工艺　　　　　　　B.热压成型工艺

C.挤压成型工艺　　　　　　　　　D.注射成型

二、填空题

1.玻璃钢的学名叫_____塑料，它是以_____及其制品玻璃布、带、结、纱等作为_____材料，以合成树脂作基体材料的一种复合材料。

2.与传统的混凝土植草砖相比，塑料植草格的优点是_____、_____、平整、完整、_____、性能稳定、排水优良、保护草坪、绿色环保。

三、实操题

高分子材料询价：选取本模块开篇案例中校园改造能使用到的高分子材料，充分学习并了解其特点后，通过网络、电话、实地走访等方式进行材料询价，并根据案例场地的面积和使用数量列出高分子材料价格表。

【应用小贴士】　　　　【知识小课堂】

影响高分子材料性能的主要因素

高分子材料的发展史

模块九 玻璃景观材料

知识目标

1. 了解玻璃的分类及其基本性质；
2. 熟练掌握不同玻璃的特征及其在景观中的应用；
3. 掌握玻璃的施工工艺与施工流程。

能力目标

1. 能够准确识别景观中常见的玻璃材料；
2. 能够恰当运用玻璃材料的视觉效果与特性完成景观设计。

素质目标

1. 具有热爱自然、热爱生命的情怀；
2. 具有求知若渴的学习态度；
3. 具有细致入微的观察力。

2023 年，××生态工程职业学院对校园环境进行整体改造。此项任务的方案设计和材料选择委托给环境设计学院环艺专业 A 班级，需要学生对南校区文化广场和北校区湖区进行设计和改造（图 9-1 和图 9-2），要求添加玻璃制品，如玻璃水幕、玻璃景墙、玻璃砌块雕塑等，通过对玻璃材质的综合运用，展现艺术创意，从而增加校园景观的观赏性和时代性，还要更好地发挥校园文化展示的作用。

请学生想一想：你生活中常见的玻璃材料有哪些？玻璃有哪些特性？学校在什么位置用玻璃材料较好？

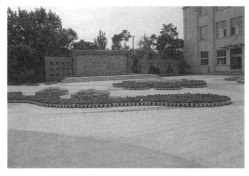

图 9-1　××生态工程职业学院南校区文化广场原貌　图 9-2　××生态工程职业学院北校区湖区原貌

单元一

玻璃基础知识

世界上最早的玻璃制造者为古埃及人。玻璃的出现与使用在人类的生活里已有四千多年的历史，在 4 000 年前的美索不达米亚和古埃及遗迹里，都出土过小玻璃珠。1688 年，一位名叫纳夫的人发明了制作大块玻璃的工艺，从此，玻璃成了普通的物品。进入现代社会后，玻璃更是成为一种在各个领域应用非常广泛的材料。例如在建筑和景观领域，玻璃就是最为常见的透光装饰材料。

一、玻璃的概念

玻璃是非晶无机非金属材料，一般以多种无机矿物（如石英砂、硼砂、硼酸、重晶石、碳酸钡、石灰石、长石、纯碱等）为主要原料，再加入少量辅助原料制成的，主要成分为二氧化硅和其他氧化物，属于混合物。普通玻璃的化学成分是 Na_2SiO_3、$CaSiO_3$、SiO_2 或 $Na_2O \cdot CaO \cdot 6SiO_2$ 等，主要成分是硅酸盐复盐，属于具有无规则结构的非晶态固体。其广泛应用于建筑物，作用是隔风透光。另外，混入了某些金属的氧化物或盐类而显现出颜色的有色玻璃和通过物理或化学的方法制得的钢化玻璃等也属于此类。

二、玻璃的分类

玻璃一般可分为平板玻璃和深加工玻璃两大类。平板玻璃是众多工艺玻璃的原材料；而深加工玻璃的种类繁多，分类方法各种各样。

按生产加工工艺或性能特点，玻璃可细分为平板玻璃、装饰玻璃、安全玻璃、节能玻璃、特种玻璃等。

玻璃产品有 80 余种，在景观中应用的种类不多。根据玻璃材料在景观中的不同需求，如景观效果、经济性、安全性等方面的依据，对其进行的分类如下。

（1）装饰玻璃：冰花玻璃、磨砂玻璃、热熔玻璃、釉面玻璃、镜面玻璃、彩印玻璃。

（2）安全玻璃：钢化玻璃、夹丝玻璃、夹胶玻璃、夹层玻璃。

（3）节能玻璃：热反射玻璃、吸热玻璃。

（4）其他特殊玻璃制品：玻璃空心砖、玻璃马赛克、热弯玻璃。

三、玻璃的基本性质

总体来说，玻璃属于均质非结晶材料，玻璃的化学性质稳定，耐酸性强，透过性强，但有一定脆性，这是因为其原子排列为非结晶的整齐物质，规则性低。同时，玻璃有较高的机械强度、硬度和热稳定性。玻璃的工艺丰富、表现力强，可进行本体着色、表面着色。

玻璃的化学成分很复杂，并且对玻璃的力学、热学和光学性能均起着决定性的作用。玻璃的主要化学成分为二氧化硅、氧化钠、氧化钙，以及少量的氧化镁和氧化铝等。这些氧化物可以改善玻璃的性能并由此来满足多样的建筑室内外的需求，其中氧化硅和氧化硼可提高玻璃的透明性，而氧化铁则会使其透明性降低。

通常情况下，玻璃具有较强的化学稳定性，对酸、碱、盐及化学试剂或气体等具有较强的抵抗能力，能抵抗除氢氟酸外的各种酸类的侵蚀，但碱液和金属碳酸盐能溶蚀玻璃，若长期遭受这类侵蚀介质的腐蚀，玻璃会变质和损坏，如风化、发霉等，这些都会导致玻璃外观损坏和透光性能降低。

具体来说，玻璃的化学性质有以下几点。

1. 玻璃的密度

玻璃的密度与其化学组成有关，普通玻璃的密度为 2.5 ～ 2.6 g/cm³，玻璃内部几乎无空隙，属于致密材料。

2. 玻璃的光学性质

透明性和透光性是玻璃的重要光学性质，当光线射入玻璃时，可分为透射、吸收和反射三部分。透光能力的大小以可见光的透射比表示；对光的反射能力，以反射比表示；对于光线的吸收能力，用吸收比表示。它们的值分别是透射、反射和吸收光能占入射光总能量的百分比，总和为 100%。一般用于采光和照明的玻璃，要求透射比更高；用于遮光和隔热的热反射玻璃，要求反射比高；用于隔热、防眩的吸热玻璃，要求既能吸收大量的红外线辐射能，又可保持良好的透光性。

3. 玻璃的热工性质

玻璃导热性能较弱，这与玻璃的化学成分有关，其导热系数大约是铜的 1/400。另外，玻璃抵抗温度变化而不被破坏的性质称为热稳定性，而且玻璃抗急热破坏的能力比抗急冷破坏的能力强。

四、玻璃的生产工艺

（1）原料预加工。将块状原料粉碎，使潮湿原料干燥，将含铁原料进行除铁处理，以保证玻璃的质量。

（2）混合料的制作准备工作。

（3）熔制。玻璃配合料在焰池或坩埚窑内进行高温加热，形成均匀、无气泡且符合成型要求的液态玻璃。

（4）成型。将液态玻璃加工成所要求的形状的制品，如平板、各种器皿等。

（5）热处理。使用退火、淬火等工艺，可以平衡玻璃内部的应力，防止其自破自裂。

单元二

玻璃在景观中的应用

在现代景观设计中，玻璃的用途越来越广泛，它不仅可以透光，有各种颜色，表面还可饰有各种花纹，以及具有保温、反射、单向透视等多种功能。玻璃还可以像混凝土、砖、石材等其他材质一样做成围栏、护板、顶棚、坐凳、台阶、花池、水池等，因透光性良好还可以做成灯箱、地面灯带等。

一、平板玻璃

平板玻璃是指未经过其他特殊加工的平板状玻璃制品，又称白片玻璃或净片玻璃。普通平板玻璃是用石英砂岩粉、硅砂、钾化石、纯碱、芒硝等原料，按一定比例配制，经熔池高温熔融，通过垂直引上法或平拉法、压延法生产出来的透明无色的平板玻璃。普通平板玻璃与浮法玻璃都是平板玻璃，只是生产工艺和品质上有所区别。

（一）平板玻璃的定义与特征

普通平板玻璃也称窗玻璃。平板玻璃具有透光、隔热、隔声、耐磨、耐气候变化的性能，有的还有保温、吸热、防辐射等特征。平板玻璃也可进行深加工，品种主要有钢化、夹层、镀膜、中空等，玻璃及各种装饰玻璃都是以平板玻璃为原材料而制成的。

（二）平板玻璃的分类及其常见规格

平板玻璃由于生产工艺的差异，可分为垂直引上法、平拉法、压延法和浮法，生产出普通平板玻璃和浮法玻璃。平板玻璃的厚度通常为 2 mm、3 mm、4 mm、5 mm 和 6 mm，也有生产 8 mm 和 10 mm 的。一般 2 mm、3 mm 厚度的玻璃适用于民用建筑物，4 ～ 6 mm 厚度的玻璃适用于工业和高层建筑。

普通平板玻璃外观质量等级根据波筋、气泡、划伤、砂粒、疙瘩、线道等缺陷的多少而判定。

（三）平板玻璃在景观中的应用

由于平板玻璃未经过进一步的处理加工，其易破碎的特点尤为突出，并且碎片易伤人，因此在景观中直接应用平板玻璃较少，通常应用于人流量不是特别密集或人为接触性不频繁的地方，以保证人员的安全。建筑中 3 ～ 5 mm 的平板玻璃直接用于门窗的采光，8 ～ 12 mm 的平板玻璃可用于隔断，因此，在选择用于室外环境的平板玻璃时，应满足具有一定厚度且保证安全的条件。

二、装饰玻璃

装饰玻璃的种类繁多，都具有特殊性能。其是在制作一般的玻璃的原料中加入辅助原料或采用特殊工艺技巧加工而成的。

（一）彩色平板玻璃

1. 彩色平板玻璃的定义及特征

彩色平板玻璃（图 9-3）也可称为有色玻璃，主要分为四类：一是染色玻璃，在生产过程中加入某些金属氧化物，使之能够吸收某种波长的光带来的颜色，如建筑用的绿色玻璃、蓝色玻璃；二是镀膜的彩色玻璃，镀膜材料不同、膜的厚度不同都会影响玻璃的颜色，这种玻璃在遮阳和保温方面有一定优势；三是在层压玻璃之间加入彩色膜，此时通过玻璃的光即可变成有色光线；四是通过在玻璃上印刷有颜色的点，来控制颜色的深浅，形成渐变效果。

图 9-3　彩色平板玻璃

2. 彩色平板玻璃的常见规格与颜色

彩色平板玻璃的规格可根据普通平板玻璃的规格而定。彩色平板玻璃的颜色种类很多，有茶色、蓝色、翡翠绿等。

3. 彩色平板玻璃在景观中的运用

彩色平板玻璃除在建筑中广泛应用外，在景观中也能展现良好的效果。彩色平板玻璃通过层压技术在玻璃的各层之间加入膜，并采用多种颜色，制成分隔室内外空间的材料，或作为墙面上的镶嵌装饰之用，从而发挥彩色平板玻璃的独特魅力，创造出美丽的景观。

（二）冰花玻璃

1. 冰花玻璃的定义与特征

冰花玻璃（图 9-4 和图 9-5）是一种利用平板玻璃经特殊处理形成具有自然冰花纹理的玻璃。冰花玻璃对通过的光线具有一定的漫射作用，有良好的透光性，可作为隔断材料，也有一定的遮挡效果。冰花玻璃具有自然花纹，质感柔和，视觉舒适性良好，艺术性强，可采用茶色、蓝色、绿色等彩色平板玻璃制造。

2. 冰花玻璃的生产规格

一般来说，冰花玻璃可加工成的厚度为 4 ～ 19 mm，平面规格为 2 400 mm×1 800 mm。

3. 冰花玻璃在景观中的运用

冰花玻璃的自然冰花纹理，看上去像碎裂的玻璃，有时也称冰裂纹玻璃，会给

图 9-4　冰花玻璃 1

图 9-5　冰花玻璃 2

人的心理造成不安的影响。在实际应用中，设计师可以将冰花玻璃与安全玻璃组合使用，形成多层玻璃，若作为桥体路面，容易营造不安、危险的环境氛围，可以丰富游人游览体验，但是使用应适度，且要保证安全。另外，这种玻璃本身的艺术效果也很丰富，可以用于在多种室内外环境中来营造特殊的氛围。

（三）磨砂玻璃

1. 磨砂玻璃的定义与特征

磨砂玻璃（图 9-6）是用普通平板玻璃经机械喷砂、手工研磨或氢氟酸溶蚀等方法进行表面处理而形成的毛面玻璃，可用毛面部分的玻璃制作图案。磨砂玻璃的透明度介于实墙与透明玻璃之间，半透明的磨砂玻璃既使空间有明确的界限，又避免过于沉闷。

磨砂玻璃的视觉感观与白色玻璃、酸蚀过的玻璃十分相似，它们的区别在于白色玻璃表面光滑、较容易反光。磨砂玻璃最大的特点在

图 9-6　磨砂玻璃

于，当毛面的玻璃表面变得潮湿时，其光学性能会发生改变，透光性增强，近乎透明玻璃。

2. 磨砂玻璃的生产规格

由于磨砂玻璃是在普通平板玻璃上进行磨砂加工而成的，因此磨砂玻璃的生产规格可视平板玻璃的规格而定，一般其厚度在 9 mm 以下，以 5 ～ 6 mm 居多。

3. 磨砂玻璃在景观中的运用

磨砂玻璃对光的转换较为特殊，加上表面亚光，触觉不光滑却细腻，能达到一般透明玻璃无法做到的效果。在一些特殊环境（如纪念性空间）中，磨砂玻璃不同规格的运用，不仅能给人以强烈的纪念性，而且玻璃反射的微弱柔和的淡绿色光，隐隐透着忧伤惆怅的氛围和追思情怀，与此时此地人的心境达到契合。

（四）热熔玻璃

1. 热熔玻璃的定义与特征

热熔玻璃（图 9-7）又称水晶立体艺术玻璃，是目前装饰行业中比较新型的玻璃种类。它是采用特制热熔炉，以平板玻璃和无机色料等作为主要原料，设定特定的加热程序和退火曲线，将原料加热到玻璃软化点以上，经特制成型、模压成型后退火而制成的，可再进行雕刻、钻孔、修裁等后续加工。

图 9-7　热熔玻璃

热熔玻璃图案丰富、立体感强，解决了普通装饰玻璃立面单调、呆板的问题，使玻璃面具有生动的造型。

2. 热熔玻璃在景观中的运用

热熔玻璃因其独特的肌理效果，在室外大型景墙设计中可以作为嵌入玻璃与隔断玻璃的材料，还可以使用在与水景相关的一些装饰部位。

（五）镜面玻璃

1. 镜面玻璃的定义与特征

镜面玻璃即镜子，也称磨光玻璃，是用平板玻璃经过抛光后制成的，可分为单面磨光和双面磨光两种。镜面玻璃具体是指玻璃表面通过化学（银镜反应）或物理（真空镀铝）等方法能形成反射率极强的镜面反射效果的玻璃制品。为提高装饰效果，在镀镜之前可对玻璃原片进行彩绘、磨刻、喷砂、化学蚀刻等加工，形成具有各种花纹图案或精美字画的镜面玻璃。在镀镜时，采用相应手法可调制出哈哈镜。镜面玻璃表面光滑、平整且有光泽，透光率大于 84%。

2. 镜面玻璃的生产规格

镜面玻璃的厚度一般为 2 ～ 12 mm，最大平面规格可达 2 540 mm×3 660 mm。

3. 镜面玻璃在景观中的运用

在景观设计中，常利用镜子的反射、折射来增加空间感和距离感，或改变光照效果。一般会在距离水景近的位置，或者需要延长景深及特殊效果的位置运用镜面玻璃。当在场地中适当的位置摆放一个哈哈镜时，此场地的气氛就会变得热闹起来，但由于镜面玻璃反射性较强，应用时需要注意防止光污染的产生。

（六）变色玻璃

变色玻璃（图 9-8）可以在不同的角度、不同光线下变换出不同的色彩，高雅、美观、奢华，主要用于地面装饰及大型室外景观设置。

图 9-8　变色玻璃

三、安全玻璃

（一）钢化玻璃

1. 钢化玻璃的定义与特征

钢化玻璃是一种预应力玻璃，是为提高玻璃强度而制造的。常用的物理钢化玻璃是将玻璃加热到 700 ℃ 左右，然后急速冷却，使玻璃表面形成压应力而制成的。其外观质量、厚度偏差、透光率等性能指标几乎与玻璃原片无异。

玻璃钢化后耐压、抗冲击，具有良好的热稳定性，抗弯强度是普通玻璃的 4 ～ 5 倍，遇外力冲击破碎后形成没有尖锐棱角的蜂窝状颗粒，可避免对人体的伤害。但玻璃钢化后不能再进行开孔、磨边、切割等加工，因此，上述工序必须在钢化前完成。钢化玻璃虽比普通玻璃强，但存在自爆的可能性；同时，在室外应用钢化玻璃时，其表面会出现凹凸不平的风斑。

2. 钢化玻璃的分类和常见生产规格

钢化玻璃按其外观可分为平面钢化玻璃和曲面钢化玻璃，在景观中都有应用。

根据所用玻璃原片的不同，钢化玻璃可分为普通钢化玻璃、吸热钢化玻璃、彩色钢化玻璃、磨砂钢化玻璃、钢化夹胶玻璃、钢化夹层玻璃等。

钢化玻璃平面最大规格为 2 440 mm×3 660 mm，最小规格一般为 300 mm×300 mm。玻璃原片厚度通常为 3 ～ 19 mm，应用较多的有 6 mm、8 mm、10 mm、12 mm、15 mm、19 mm。

3. 钢化玻璃在景观中的运用

钢化玻璃是室外景观运用广泛的材料之一，常用于人流密集、接触频繁、对玻璃强度要求较高的部位，其安全、坚固、实用且具有较好的景观效果，如历史遗存的遗址展示区覆盖界面（图 9-9）、大面积玻璃隔断、钢化玻璃楼梯、获得较好景观效果的全景式玻璃平台、玻璃篮球栏板、玻璃栏杆、地下通道上入口玻璃护栏、采光顶棚、玻璃幕墙等。全景式天棚设计增加了空间通透性，且更加有利于采光。为了防止玻璃破碎后的碎渣掉落，对人造成伤害，常在钢化玻璃表面贴一层保护膜，

图 9-9　遗址展示区覆盖玻璃

才可应用于玻璃顶棚及距离地面较高的玻璃栏板上。

钢化玻璃根据不同的环境和使用要求，对玻璃的厚度和层数要求不同，常用的有单层钢化玻璃、双层钢化夹胶玻璃、多层（三层以上）钢化玻璃、复合中空钢化玻璃等。钢化夹胶玻璃在室外地面应用较多，如公园、广场常见的玻璃镶灯地面通常采用双层钢化夹胶玻璃做成，在夜间配合照明设计，展示良好的景观效果；用在高空中的玻璃廊桥常采用多层钢化玻璃，既保证了安全性，又便于人们观察玻璃地面下的景观。

（二）夹丝玻璃

1. 夹丝玻璃的定义与特征

夹丝玻璃又称防碎玻璃，是将普通平板玻璃加热到红热软化状态时，再将预热处理过的钢丝或钢丝网压入玻璃中间而制成的一种玻璃产品。夹丝玻璃的特性是抗弯强度高，而且抗冲击能力和耐温度剧变的性能比普通玻璃好。

夹丝玻璃有两个突出的特点即安全性和防火性。夹丝玻璃由于钢丝网的骨架作用，不仅提高了玻璃强度，而且在遭受冲击或温度剧变而损坏时，碎片不会飞散，避免了很多伤害；夹丝玻璃防火性能优越，可遮挡火焰，高温燃烧炸裂时，由于其中钢丝网的作用，玻璃仍能保持固定，隔绝火焰，所以也称它为防火玻璃。

2．夹丝玻璃的常见生产规格

夹丝玻璃常见规格不小于 600 mm×400 mm，不大于 2 000 mm×1 200 mm，厚度常为 6 mm、7 mm、10 mm。

3．夹丝玻璃在景观中的运用

在景观中，夹丝玻璃可用于采光顶棚、护栏等部位，但玻璃内部的金属网格会影响玻璃的通透性、纯净性，且价格较高，相对于其他安全玻璃应用较少。

（三）夹层玻璃

1．夹层玻璃的定义与特征

夹层玻璃是由两片或两片以上的玻璃用合成树脂黏结在一起而制成的一种安全玻璃。夹层玻璃的原片既可以是普通玻璃，也可以是钢化玻璃、半钢化玻璃、镀膜玻璃、吸热玻璃、热弯玻璃等。中间层膜的有机材料最常用的是 PVB（聚乙烯醇缩丁醛），也有甲基丙烯酸甲酯、有机硅、聚氨酯等。当外层玻璃受到冲击发生破裂时，碎片被胶粘住，只形成辐射状裂纹，不致因碎片飞散造成人身伤亡事故。

夹层玻璃的生产方法有胶片法（干法）和灌浆法（湿法）两种，目前常用干法生产。

2．夹层玻璃的常见生产规格

夹层玻璃厚度一般为 4 ～ 50 mm；中间层膜的厚度为 0.38 ～ 2.28 mm。

四、节能玻璃

节能玻璃主要有热反射玻璃、吸热玻璃等。

（一）热反射玻璃

1．热反射玻璃的定义与特点

（1）定义。热反射玻璃又称镀膜玻璃，因其反射能力是通过玻璃表面一层极薄的金属或金属氧化物膜来实现的，所以也称为镀膜玻璃。热反射玻璃对太阳辐射能具有较高的反射能力，同时具有良好的透光性。热反射玻璃在使用时应注意，如果玻璃运用不当或使用面积过大，会造成光污染，影响周围环境的和谐。

从颜色上分，热反射玻璃有灰色、青铜色、茶色、金色、浅蓝色、棕色、古铜色和褐色等；从性能结构上分，热反射玻璃有热反射、减反射、中空热反射、夹层热反射等。

（2）特点。热反射玻璃具有良好的隔热性能，其表面的镀层具有单向透视作用，且具有强烈的镜面效应。

2．热反射玻璃的生产规格

镀膜玻璃常见的规格有 2 440 mm×3 660 mm、2 440 mm×3 300 mm、2 100 mm×3 300 mm。

3．热反射玻璃在景观中的运用

热反射玻璃在建筑中多用于炎热地区，在景观设计中，可用于亭、廊的顶棚，避免阳光直射。

（二）吸热玻璃

吸热玻璃能够吸收大量红外线、紫外线和太阳可见光，防止眩光，有明显的降温效果。吸热玻璃颜色丰富、经久不变，主要有灰色、蓝色、绿色、古铜色、青铜色、粉色、金黄色等，可用于隔墙装饰，也可制作灯具。

五、其他特殊玻璃制品

（一）玻璃马赛克

1．玻璃马赛克的定义与特点

（1）玻璃马赛克的定义。玻璃马赛克也可称为玻璃锦砖或玻璃纸皮砖（图9-10）。历史上，马赛克泛指镶嵌艺术作品，后来指由不同色彩的小块镶嵌而成的平面装饰。它是以玻璃为基料，并含有未溶解的微小晶体的乳浊或半乳浊玻璃制品，内含气泡和石英砂颗粒，一面光滑，另一面有槽纹，颜色有红色、蓝色、黄色、白色、黑色等几十种，主要包括彩色玻璃马赛克和压延法玻璃马赛克，可分为透明、半透明和不透明三种。

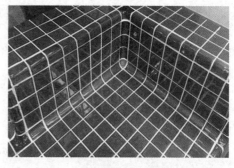

图 9-10　玻璃马赛克

（2）玻璃马赛克的特点。

1）玻璃马赛克的色泽绚丽多彩，典雅美观。不同色彩图案的马赛克可以组合拼装成各色壁画，装饰效果十分理想。

2）质地坚硬，性能稳定，具有耐热、耐寒、耐候、耐酸碱等性能。由于玻璃马赛克的断面比普通陶瓷有所改进，吃灰深，黏结较好，不易脱落，耐久性较好，不积尘，雨天自涤，经久常新。

3）价格较低。

2．玻璃马赛克的常见规格

玻璃马赛克的常见规格有 20 mm×20 mm、25 mm×25 mm、30 mm×30 mm，厚

度为 4 ～ 6 mm 不等。

3. 玻璃马赛克在景观中的运用

玻璃马赛克可用于室外墙面装饰，运用镶嵌工艺可制成各种艺术图案和大型壁画。在景观设计时，玻璃马赛克常用于需要进行特殊装饰的部位，如墙面装饰、地面拼花装饰，由多种颜色、形状拼成的图案富有特色、样式各异，可广泛用于水景中水池的各个界面装饰，以及泳池底面和池边的铺贴。

（二）空心玻璃砖

1. 空心玻璃砖的定义与特点

空心玻璃砖又称为特厚玻璃，可分为实心砖和空心砖两种。实心玻璃砖是用熔融玻璃采用机械模压制成的矩形块状制品；空心玻璃砖是由箱式模具压成凹形半块玻璃砖，然后再将两块凹形砖熔结或黏结而成方形或矩形整体空心制品，砖内外还可以压铸出各种条纹（图 9-11）。

图 9-11 空心玻璃砖

空心玻璃砖按内部结构可分为单空腔和双空腔两类。后者在空腔中间有一道玻璃肋。空心玻璃砖是由两个半块玻璃砖坯组合而成的，具有中间空腔的玻璃制品，周边密封，空腔内有干燥空气并存在微负压，具有较高的隔热、隔声性能，能控光、防结露和减少灰尘透过。

空心玻璃砖可以用彩色玻璃制作，也可以在其内腔用透明涂料涂饰。空心玻璃砖的堆积密度较低（800 kg/m³），导热系数较低，有足够的透光率（50% ～ 60%）和散射率（25%）。其内腔雕刻的不同花纹可以使外来光线扩散或使其向指定方向折射，具有特殊的光学特性。

2. 空心玻璃砖的常见规格尺寸

空心玻璃砖有正方形、矩形及各种异形产品。它可分为单腔和双腔两种，常见的规格有 115 mm×115 mm×80 mm、145 mm×145 mm×80 mm、190 mm×190 mm×80 mm、240 mm×150 mm×80 mm 等。

3. 空心玻璃砖在景观中的运用

空心玻璃砖透光不透影，可以像一般的砖块用于垒砌墙体，玻璃特有的魅力往往使其成为景观中的亮点，晶莹的玻璃砖让周围环境更加和谐。还可以利用它制作室外方亭，垒砌方块状的肌理作为亭子的基本构成形式（图 9-12）。空心玻璃砖可用于建造透光隔墙、淋涂隔断、楼梯间、门厅、通道等和需要控制透光、眩光和阳光直射的场合。其制作工艺基本与平板玻璃一样，不同的是成型方法。其中间为干燥的空气，多用于装饰性项目或有保温要求的透光造型中。

（三）LED 玻璃

LED 玻璃也称光电玻璃，是一种 LED 光源与玻璃的完美结合产品，它本身是安全玻璃的一种，但突破了传统的装饰玻璃，可以预先在玻璃内部设计图案，并在后期通过先进技术实现可控变化，自由掌握 LED 光源的明暗变化。其内部采用完全透明的导线，区别于普通的金属丝，在玻璃表面看不到任何线路。LED 玻璃具有防紫外线、防部分红外线的作用。图 9-13 所示为 LED 彩色灯光与夹层玻璃的结合，并且对玻璃进行了曲面处理。

LED 玻璃的玻璃面板可以选择浮法玻璃、超白玻璃、防火玻璃、钢化玻璃、中空玻璃等。玻璃结构均为夹层结构。

LED 玻璃现已广泛应用于各种设计领域，如紧急指示标志设计、时钟、室内装修、室外幕墙玻璃、天窗设计、顶棚设计、室内外广告牌设计等。

从 LED 玻璃技术衍生出的玻璃制品还有 LED 玻璃砖灯。LED 玻璃砖灯是在玻璃砖上加入 LED 灯的照明功能，原材料为空心玻璃砖，可以营造出光彩夺目的绚丽灯光效果，取代传统的照明灯，也可用作隔墙，增加环境与人的互动性。图 9-13 所示为上海世博会的玻璃阳光谷，采用夹层的 LED 玻璃作为结构的一部分，最终实现了大尺度的室外玻璃景观构筑，在夜间展示，玻璃构筑物如同一张 LED 灯网，幻彩迷人，效果极佳。LED 玻璃砖的规格尺寸同一般玻璃砖的规格尺寸。

图 9-12　空心玻璃砖景观效果　　　　图 9-13　上海世博会玻璃阳光谷

（四）烤漆玻璃

烤漆玻璃是在浮法玻璃的表面，经过一系列的加工后呈现不同色彩的一种装饰玻璃。烤漆玻璃主要应用于墙面、背景墙的装饰，而且适用于任何场所的室内外装饰。在景观中，烤漆玻璃现已广泛用作广告柱、景观柱的外立面包裹材料。

（五）微晶玻璃

微晶玻璃又称为玻璃陶瓷，是由晶相和玻璃组成，质地致密均匀，无气孔、不透气、不吸水，由于晶化，机械强度高于玻璃、陶瓷和天然石材，能作为建筑物内墙贴面、墙基贴面、分隔墙和屋顶等墙面装饰，也可用于地面、电梯内部和路面标志等交通频繁区域，可代替贵重石材、不锈钢和有色金属等建筑材料，外观豪华，光洁如镜，优美典雅，是当今流行的一种新型高档装饰材料。

（六）特殊形状和需求的玻璃

1. 热弯玻璃

普通热弯玻璃（图 9-14）是将浮法玻璃原片加热至软化温度后，靠玻璃自重或外界作用力将玻璃弯曲成型并经自然冷却而成的玻璃成品。热弯钢化玻璃是将钢化玻璃根据一定的弯曲半径通过加热、急冷处理后，表面的强度成倍增加，使钢化玻璃原有平面形成曲面的安全玻璃。

图 9-14　热弯玻璃

热弯玻璃的透光性、隔声性好，力学强度高，可制成各种曲面，如 U 形、半圆形、球面、单双向弯曲等。热弯玻璃广泛地应用于室外的围栏、隔断，景观立面装饰，车库顶棚遮挡，幕墙玻璃，天井采光、屋顶采光等，还可制作成鱼缸、展示柜等成品。

2. 碎玻璃和玻璃屑

特殊形状和需求的玻璃通常根据设计师的设计理念或需求而特殊定制，其形状各异、色彩多样。碎玻璃或玻璃屑是利用废弃的玻璃制品进行碾碎、研磨处理而成的，其无尖锐边角，形状各异，色彩鲜艳，可以装饰于立面的景观墙，与水景搭配；也可以代替铺地材料，或铺设在植物的覆土层上，形成美妙的地面景观。这种玻璃无固定的规格。

3. 立体玻璃装饰品

立体玻璃通常应用范围很广泛，如用玻璃制作的各式各样的、观赏性和功能性兼备的灯具、雕塑等立体造型的装饰品，可根据设计需求生产、定制相应造型和色彩的玻璃制品。

图 9-15　碎玻璃和立体玻璃的造型景观

图 9-15 所示为碎玻璃和立体玻璃的造型景观。因玻璃材质本身的特性，这些造型各异的玻璃装饰无论是在自然光照或夜间灯光的映衬下都能展示出其晶莹剔透、琉璃粉彩的景观效果。

玻璃在景观中的施工工艺

一、玻璃的施工工艺

（一）玻璃地面的施工

在进行玻璃地面施工时，常用的结构有钢结构玻璃地面、木结构玻璃地面、玻璃结构玻璃地面、其他结构玻璃地面（如铝材等）、无结构玻璃地面（直接铺设在基面上），表层需做防滑处理。

1. 玻璃在施工中的几种安装结构形式

（1）简支式。一般见于地下镶嵌光带的面层，玻璃直接承受外部作用力（图9-16）。

（2）金属格架式。通过玻璃下层的金属格架受力来支撑上层的玻璃地面，公园中的玻璃遮棚也常采用这种顶棚构造方式制作金属格架式顶棚（图9-17）。

图 9-16　简支式玻璃施工效果　　　　图 9-17　金属格架式玻璃施工效果

（3）点支式。点支式是最常用的玻璃结构方式，常用于景观楼梯踏步板和大面积的玻璃地板，以及公园的半遮挡廊顶支承。其由驳接爪连接固定玻璃和金属支架。

（4）扶手连接式。在进行玻璃围栏施工时，在玻璃栏板上方设置连续扶手，玻璃与扶手共同承担载荷。一般采用夹层玻璃或钢化玻璃施工，或在玻璃栏板旁设置附加的栏杆和扶手，以连接件将其固定在栏杆上，玻璃不承受风载以外的水平载荷，这是目前较常见的一种安装形式。

2. 采光玻璃地板的工艺流程

（1）工艺流程。测量放线→边龙骨安装→竖龙骨安装→横龙骨安装→龙骨隐蔽验收→玻璃加工→收口条安装→玻璃安装→勾缝→清洗、检查验收。

（2）施工方法。

1）测量放线：由于地面结构施工允许误差较大，而采光玻璃地板施工要求精度很高，所以，采光玻璃地板的施工基准不能依靠土建基准线，必须由基准轴线和水平线重新测量复核与定位。

2）边龙骨安装：将 120 mm×100 mm×6 mm 的边龙骨与主体钢结构梁点焊连接，并依据基准轴线和水平线进行调整，最后满焊连接。

3）竖龙骨安装：将切割好的竖龙骨（120 mm×100 mm×6 mm 钢方管）用 E43 焊条满焊固定于边龙骨和钢结构梁上，间距随玻璃分格尺寸安装。

4）横龙骨安装：横龙骨（120 mm×100 mm×6 mm 钢方管）间距随玻璃分格安装，横龙骨与竖龙骨连接为现场施焊，满焊连接。

5）龙骨隐蔽验收：龙骨安装完工后应通过监理公司进行隐蔽工程验收，焊点补刷两道防锈漆，方可进行下道施工工序。

6）玻璃加工：采用玻璃厂家直接加工的方式，根据现场排版尺寸，编制玻璃加工单，玻璃厂家根据加工单加工玻璃。

7）收口条安装：把收口条与龙骨固定。

8）玻璃安装：把加工好的玻璃平搁在横、竖龙骨上，玻璃安装采用从中间向两侧的顺序进行。

9）勾缝：玻璃安装完毕后，采用灰色硅酮密封胶对玻璃缝隙进行勾 15 mm 的凹缝处理。

10）清洗、验收：对玻璃地板进行及时清理，最后报监理单位验收。

3. 防滑玻璃地板的施工流程

（1）工艺流程。施工准备→验收材料质量→技术交底→基层处理→找中、套方、分格弹线→固定支柱→安装防滑玻璃地板。

（2）防滑玻璃地板的铺设验收标准。

1）玻璃地板下面的地面，表面应清洁无灰尘、污物。

2）玻璃应表面清洁、无划痕、无破损、四角完整。

3）铺装后玻璃地板整体稳定牢固，人员在上面行走不应有摇晃感，也不应发出声响。

4）玻璃地板的缝隙应保证成一直线，相邻地板的错位不大于 1 mm。

5）相邻地板的高度差不大于 1 mm。

（二）钢结构玻璃采光顶棚的施工方法

玻璃采光顶棚采用点支式玻璃结构形式，包括建筑主次入口采光天棚、钢屋架上空采光顶棚、景观廊道上空采光顶棚，面板采用 8 mm+1.14 PVB+8 mm（两块 8 mm 玻璃之间夹 1.14 mm 胶片）夹胶钢化玻璃。

1．工艺流程

测量放线→钢结构的安装→驳接爪的安装→玻璃安装及调整→注玻璃胶→清洁、自检。

2．施工方法

（1）测量放线：根据设计图纸和控制轴线，用经纬仪和光学测距仪量出采光顶棚安装控制点控制轴线和标高，做醒目的标志线，钢屋架上空采光顶棚的网架球铰的定位测量必须准确，做好记录，作为安装驳接爪和玻璃板块下料的依据。

（2）钢结构的安装：分清主龙骨、次龙骨，按照先主后次的原则安装。

（3）驳接爪的安装：点式的玻璃采光顶棚驳接爪在现场安装时均需在构件上确定位置，但难免有误差。所以，驳接爪在安装初步就位后，应用控制点测量校核，全方位拉线（细钢丝）检查每个驳接点的偏差，以调整偏差。

（4）玻璃安装及调整：安装前检查玻璃规格是否正确，在地面上装驳接爪进行紧固，玻璃安装采用大型吸盘，配合起重机和电动葫芦进行，搭设专用安装平台，安装由左向右进行。

玻璃按设计轴线进行调整定位，应保证玻璃的支点承受玻璃质量，设计的驳接爪采用三维可调机构，调整后锁紧螺栓。

（5）注玻璃胶：在玻璃缝边缘处贴上皱纹纸，并均匀打胶。

（6）清洁自检：胶干后清除皱纹纸，并在玻璃上贴醒目警戒标识，清理现场。

3．驳接爪和玻璃的安装质量要求

驳接爪的安装要求如下：相邻两驳接爪套中心间距偏差不超过 1 mm，高差偏差不超过 1 mm，相邻三驳接爪水平度偏差不超过 1 mm，同一驳接爪两孔水平度的允许偏差为 1 mm，驳接爪臂与水平（垂直）夹角偏差为 15′，相邻两桁架的两驳接爪套中心对角线差，当 L（长度）≤2 m 时为 1 mm，当 L＞2 m 时为 1.5 mm。

施工采用的是钻孔钢化夹胶玻璃，由于在正常使用过程中，玻璃孔周边和面板中心部位产生的应力较大，如施工过程中出现玻璃暴边、缺角等现象，使用后容易出现自爆现象，因此，安装时必须对玻璃周边和孔周边进行严加保护。

（三）玻璃栏杆的安装施工方法

1．工艺流程

（1）预埋件安装：放线、定位、钻孔→化学锚栓安装→后置钢板安装就位、紧固。

（2）钢架制作安装：钢架下料、钻孔、打磨→进行除锈处理、刷防锈漆→现场就位安装、点焊预固定→规格复核、调整→满焊、焊渣清除、焊缝打磨平整→补刷防锈漆。

（3）玻璃安装：玻璃放样、提供玻璃加工规格和图纸→转接件和不锈钢角码预安装→玻璃就位安装、转接件和不锈钢角码调整并紧固。

（4）打密封胶、表面清洁：清洁玻璃打胶位置→贴皱纹纸→打密封胶→胶缝压平、压光→撕开皱纹纸→清除残留密封胶并进行整体栏板的卫生清洁。

2．施工工艺

钢结构玻璃栏杆施工是使用悬臂式钢化玻璃栏板，厚度为 19 mm，整个栏板的稳定完全靠钢化玻璃自身的强度和角钢卡槽的嵌固。

（四）一般玻璃墙面固定玻璃的方法

（1）先将玻璃钻孔，然后用铜螺钉、镀铬螺钉把玻璃固定在木骨架和衬板上。

（2）用塑料、硬木、金属等材质的压条压住玻璃。

（3）把玻璃用环氧树脂粘在衬板上。

（五）空心玻璃砖的标准施工流程

（1）备水泥 10 kg，细砂 10 kg，建筑胶水 0.3 kg，水 3 kg。

（2）十字定位架可以剪成"T"形和"L"形，适应各种部位的需要。

（3）用砂浆砌玻璃砖。由下而上，一块一块、一层一层叠加，每块之间用定位架固定。

（4）刮去多余的砂浆，勾勒出砖与砖之间的缝隙。勾缝材料为纯白水泥、水和建筑胶水。

（5）砌筑完毕，拆掉定位架上的板块。

（6）及时擦掉玻璃表面的砂浆和污垢，清洗干净，最终在缝隙里刷上防水材料即可。

（六）玻璃马赛克的施工工艺

1．施工准备

（1）技术准备。

1）熟悉图纸。

2）已编制好室内外墙面贴马赛克工程的施工方案。

3）对工人进行书面技术交底及安全交底。

（2）材料准备。

1）马赛克：应表面平整，颜色一致，每张长宽规格一致，尺寸正确，边棱整齐，一次进场，材料应有检测报告。

2）水泥：42.5 级普通硅酸盐水泥或矿渣硅酸盐水泥和 32.5 级白水泥，应有出厂证明或复试报告。

3）砂子：粗砂或中砂。

4）马赛克嵌缝专用腻子（供高档马赛克使用）。

5）注意进货材料的批号，防止由于材料批号相差太大而造成色差。

2. 施工工艺

（1）配料、放线。每张马赛克纸板之间要留有缝隙，缝隙要计算入内；同一墙面不应有非整砖。

（2）基层处理。墙面基层要清理干净，平整度达到要求。

（3）贴马赛克。

（4）调缝、擦缝。普通马赛克纸板之间的缝隙用白水泥砂浆刮浆，并填满缝隙，高档马赛克可采用马赛克嵌缝专用腻子。

（5）防损坏。面层用塑料薄膜铺贴，转角地方进行护角保护。

（七）玻璃背景墙的施工方法

以无切割的整块大尺寸钢化玻璃作为背景墙材料，施工时采用膨胀螺栓、镀锌方管、木方和其他辅料制作玻璃与门柱之间的固定构件，使用拉丝不锈钢对固定构件进行包边装饰（图 9-18）。

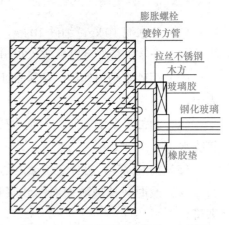

（八）钢结构玻璃幕墙的工艺流程

测量放线→预埋件埋设检查和确认→钢结构体系的安装→驳接座焊接→驳接爪的安装→玻璃板块吊运安装→玻璃板块孔位调整、固定驳接爪→调整及打胶→幕墙清洗及清理。

图 9-18　玻璃背景墙安装施工大样图

二、玻璃施工和使用中的注意事项

（1）绝对安全。结构和平面可以承受设计环境中的任何动、静负载和冲击。其有一定的抗冲击冗余设计，可以抵抗一定的极端活动带来的冲击。

（2）防滑。除用于特殊用途外（如滚轴溜冰），要有一定的防滑性能和相关的处理。

（3）使用的灵活性。根据玻璃使用的部位和功能，要求玻璃地面的施工设计要考虑到安装方便，便于调整和移动。

（4）在运输过程中，务必要注意固定和加软护垫。一般建议采用竖立的方法运输。车辆的行驶也应该注意保持稳定。

（5）若玻璃安装的另一面是封闭的，要注意在安装前清洁好表面。最好使用专用的玻璃清洁剂，并且要待其干透后证实没有污痕后方可安装，安装时最好使用干净的建筑手套。

（6）安装玻璃时，要使用硅酮密封胶进行固定，在窗户等安装过程中，还需要与橡胶密封条等配合使用。

（7）施工完毕后，要注意加贴防撞警告标志，一般可以用彩色电工胶布等予以提示。

（8）美观性。采用表面质量平整、无缺点的玻璃以达到美观和美化环境的目的，同时，也能提高玻璃表面的安全性。

※ 小结

在现代社会，玻璃作为建筑和景观领域最为常见的透光装饰材料，种类繁多，工艺丰富、表现力强，且具有化学性质稳定、耐酸性强、透过性强、可着色等特点。在景观设计中，用途越来越广，在平板玻璃的基础上还可加工成装饰玻璃、安全玻璃、节能玻璃和其他特殊玻璃制品，可作为景观墙、水景装饰、全景天棚、护栏、大型壁画、砌筑方亭，甚至室内外广告牌的材料。设计与施工中要严格按照玻璃的施工流程与工艺，在体现玻璃景观艺术性、创造性的同时保证使用的安全性与耐用性。

※ 实训

1. 实训目的

学生实地走访调查所处城市主要的公园、广场、居住区，统计玻璃材质应用情况，通过具体实例识别各种常用玻璃材料的景观效果、规格、种类及使用要求等，加深对玻璃材料特点与景观效果的认识，为校园设计改造及玻璃材料的运用提供实践积累。

2. 实训方式

（1）城市公园、广场和居住区的调查分析。

1）学生分组：以5～7人为一组，自主到公园、广场和居住区进行调查分析。

2）重点调查：各种玻璃材质的特点和应用情况。

3）调查方法：收集材料使用情况图片。

（2）对玻璃市场的调研。

1）学生分组：以5～7人为一组，主动到城市内的玻璃市场调研。

2）重点调研：玻璃的种类、规格、价格。

3）调研方法：走访、记录、咨询。

3. 实训内容及要求

（1）认真完成调研日记。

（2）填写材料调研报告。

（3）写出实训小结。

一、选择题

1.属于无机材料非金属材料的是（　　）。

A. 沥青　　　　　B. 塑料　　　　　C. 竹材　　　　　D. 玻璃

2.镜面玻璃是指（　　）。

A. 磨光玻璃　　　B. 净片玻璃　　　C. 单光玻璃　　　　D. 磨砂玻璃

3.毛玻璃是指（　　）。

A. 磨砂玻璃　　　B. 冰花玻璃　　　C. 花纹玻璃　　　　D. 普通玻璃

4.可以用于特殊安全玻璃要求的玻璃是（　　）。

A. 夹丝玻璃　　　B. 夹层玻璃　　　C. 物理钢化玻璃　　D. 净片玻璃

5.与普通玻璃和安全玻璃相比，特种玻璃某方面的性能特别显著，能够满足建筑物的某些功能需要。以下不是常见的特种玻璃的是（　　）。

A. 热反射玻璃　　　　　　B. 吸热玻璃

C. 光致或电致变色玻璃　　D. 镜子

二、实操题

玻璃材料询价：选取本模块校园改造案例的设计方案中使用到的玻璃材料，充分学习并了解其性质后，通过网络、电话、实地走访等方式进行材料询价，并列出玻璃材料价格表。

【应用小贴士】　　　【知识小课堂】

玻璃应用小贴士

古埃及玻璃工艺的发展历史

模块十 植物材料

1. 掌握乔木、灌木、地被植物的常用种类与分类方法；
2. 掌握乔木、灌木、地被植物在景观中的配置及应用；
3. 掌握植物材料的栽植流程与施工要点。

1. 能够准确分辨常用植物材料的种类及其观赏特性；
2. 能够根据设计项目实际情况合理配置植物材料；
3. 能够按照植物材料的栽植流程与施工要点完成植物栽植。

1. 具有热爱自然、热爱生命的情怀；
2. 具有求知若渴的学习态度；
3. 具有细致入微的观察力。

【案例导入】

2023年，××生态工程职业学院启动了校园改造项目，其中一项内容是对南校区雷锋园与北校区休闲绿地进行重新设计（图10-1和图10-2），对园中现有植物进行重新配置与施工。此项任务前期调研与设计工作将委托给环境设计学院环艺专业A班级。需要对现有的植物进行调查统计，掌握需要改造的区域面积和景观优缺点，完成植物方案设计、植物CAD平面绘制及四季效果图制作。工作小组需根据实地情况选取满足当地生态条件与校园环境的植物种类，并向校方阐明设计亮点与报价情况。

请学生想一想：你目前认识的植物材料有哪些？东北的植物和南方的植物一样吗？学校绿化用哪些植物材料比较好呢？

图10-1 ××生态工程职业学院南校区雷锋园原貌　　图10-2 ××生态工程职业学院北校区休闲绿地原貌

单元一

植物材料基础知识

一、乔木的主要类型及观赏特性

乔木是植物景观营造的骨干材料，主干明确，枝叶繁茂，绿化量大，生长年限长，景观效果突出，在植物造景中占有重要的地位。

（一）按生态习性分

按生态习性分，乔木可分为常绿类、落叶类。

1. 常绿类

常绿树木叶片寿命一般在一年以上至多年，每年仅脱落部分老叶，又能增生新叶，新老叶交替不明显，不随冬季的到来而落叶，因此，全树终年持续存在绿叶，所以呈现四季常青的状态。常绿树木又可分为常绿针叶类和常绿阔叶类。

（1）常绿针叶类，如油松、雪松、白皮松、黑松、华山松、云杉、冷杉、南洋杉、圆柏、侧柏、香柏等。

（2）常绿阔叶类，主要是南方树种，如榕树、樟树、广玉兰、厚皮香、枇杷、山茶、女贞、桂花等。

常绿树木树体高大，四季保持叶色浓绿，园林应用十分广泛，特别是许多常绿阔叶树，如樟树、榕树等冠大荫浓，气势磅礴，是良好的庭荫树和独赏树种。

2. 落叶类

为适应低温环境，随着冬季的来临，温带的许多树木落叶进入休眠期。落叶类乔木包括落叶针叶树类和落叶阔叶树类。

（1）落叶针叶树类，如金钱松、池杉、落羽杉、水杉、水松、落叶松等。

（2）落叶阔叶树类，如银杏、梧桐、鹅掌楸、毛白杨、旱柳、垂柳、悬铃木、玉兰、国槐等。

落叶树木呈现鲜明的季节特色（图10-3），落叶乔木树种是温带园林中应用量最大的植物材料。

图10-3　夏冬季节景观对比

（二）按观赏特性分

按观赏特性分，可将乔木分为观花类、观叶类、观果类、观枝干类、观树形类。

1. 观花类

园林树木的花朵大小各异，形状多样，特别是在色彩上更是千变万化，层出不穷（图10-4）。许多树木的单花又常排列成各式各样的花序，形成了不同的观赏效果。观花乔木按花色可分为以下四类。

图 10-4　不同植物花卉色彩形态

（1）红色花系，如红千层、山茶、羊蹄甲、合欢、木棉、毛刺槐、凤凰木、樱花、紫荆、石榴、刺桐等。

（2）黄色花系，如蜡梅、腊肠树、台湾相思、栾树、黄兰、月桂、金莲花等。

（3）白色花系，如白玉兰、山楂、秋子梨、白花泡桐、文冠果、山荆子、七叶树、流苏树、珙桐、刺槐、白兰、木莲、杜梨、木瓜、广玉兰、暴马丁香等。

（4）蓝色、紫色花系，如紫红玉兰、楝树、紫花泡桐、蓝花楹、紫荆、无患子等。

2. 观叶类

植物叶的形貌、色彩极其丰富，质地也有很大差别，从而产生不同的观赏效果，也是树木最具观赏价值的部位。

（1）叶的形状。

1）单叶有针形类（如油松、雪松、柳杉、云杉等）、条形类（如冷杉、紫杉等）、披针形类（如旱柳、垂柳、流苏等）、椭圆形类（如柿树）、卵形类（如玉兰、女贞等）、圆形类（如泡桐、梧桐等）、掌状类（如元宝枫、五角枫、楸树等）、三角形类（如乌桕、钻天杨等）、奇异形类（如鹅掌楸的长衫形叶、羊蹄甲的羊蹄形叶及银杏的扇形叶等）。

2）复叶有羽状复叶（如刺槐、槐、白蜡、合欢等）、掌状复叶（如七叶树等）。叶的不同形状具有不同的观赏效果，大型的掌状复叶给人以朴素的感觉，而大型的羽状复叶却给人以轻快、洒脱的感觉。合欢、凤凰木的叶片均能产生轻盈、秀丽的效果，椰子、蒲葵的叶片具有热带风情。

（2）叶的色彩。乔木的叶色极富变化，是植物造景中非常重要的元素。根据各种叶色的特点，可分为以下几类。

1）秋色叶类。秋色树木叶片在秋天时颜色发生变化。如银杏（变金黄）、洋白蜡（变黄）、茶条槭（变红、橙红）、糖槭（变红、橙红、橙黄）、七叶树（变黄、橙黄）、卫矛（变红）、枫香（变紫红、橙红）、黄栌（变红、紫红）、蓝果树（变紫红）、美国山核桃（变黄）、火炬树（变红）、落叶松属（变黄）、水杉（变褐）、水松（变黄）、乌桕（变红）、柿树（变红）、刺槐（变黄）、栾树（变黄）、加拿大杨（变黄）、柳（变黄）。

2）春色叶类。春色树木早春或生长季节发出的嫩叶与常色叶相比显著不同。春叶红色有臭椿、五角枫、元宝枫、香椿、黄连木等；春叶紫红色有黄花柳、喜树、七叶树、芒果（新叶粉红、紫红至古铜色）。

3）常色叶类。有些树木的变种或变型，其叶常年均呈异色，特称为常色叶树。如紫叶李（叶色紫色）、紫叶黄栌（叶常年紫色）、沙枣（叶色灰绿）、金叶皂荚（叶色金黄）、金叶桧（鳞叶金黄色）、紫叶垂枝桦（叶紫色）、彩叶复叶槭（叶上有彩斑）、紫叶桃（叶紫红色）、金叶刺槐（叶色金黄）、花叶挪威槭（叶边乳白色）、金叶梓树（叶色金黄）、紫叶榛（叶紫色）等。

除这几种叶色变化外，某些树种叶背与叶表的颜色显著不同，称为"双色叶树"。如银白杨、胡颓子、栓皮栎等，这些树木在微风的吹拂下能形成特殊的色彩闪烁效果，即使是绿色的叶片，不同绿色的树木搭配也能形成明显的对比。叶色较深呈浓绿色的树种有油松、圆柏、侧柏、云杉、雪松、青扦、女贞、广玉兰、桂花、毛白杨、榕树、槐等。叶色较浅呈淡绿色的有落叶松、金钱松、水杉、落羽杉、白玉兰、七叶树、鹅掌楸等。

3．观果类

（1）红色类，如苹果、桃、李、杨梅、荔枝、柿属、山楂、樱桃、花红、火炬树、槭树属、山桐子、石榴、水榆花楸、黄连木、枣树等。

（2）黄色类，如银杏、柏、梨属、枇杷、无患子、木瓜、楝树、杏等。

（3）黑紫色类，如女贞、樟树、君迁子、鼠李、水蜡、刺楸等。

另外，炮弹树的果实形似炮弹，铜钱树的果实像铜币，秤锤树的果实如秤锤，都具有一定的观赏价值。

4．观枝干类

乔木树种的枝干具有较好的观赏效果，尤其在落叶季节，乔木的枝干就成了树木的主要观赏部位，对冬季景观营造具有重要的作用。枝干不同的形态、色彩具有不同的观赏效果，可应用于园林中的观枝干类乔木有京桃（干皮红色有泽，树皮横纹状）、山杏（小枝条红色）、白皮松（树皮白色，片状剥落）、悬铃木（树皮斑驳状）、斑叶稠李（树皮亮褐色）、竹类（枝干多绿色，有的具斑点）、红桦（树皮红色，光滑纸质）、白桦（树皮白色、光滑）、沼生栎（树皮光滑，灰绿至灰褐色）、核桃（幼年树皮光滑灰色，老年有纵沟）、丝棉木（树皮呈网状裂）、柿子、君迁子（树皮方块状裂）、龙爪槐（枝下垂绿色）、垂柳、垂枝桦、垂枝榆（枝条下垂）、皂荚（枝干部有枝刺）、青榨槭（树干呈蛇皮状）。

5. 观树形类

植物在景观应用中，因其本身的几何形态就可以成为一项重要的景观要素，在景观营造方面具有独特优势。不同形态的植物能够产生丰富的变化，如尖塔形轮廓分明，形象生动，能将人的视线及情感从地面导向高处或天空，具有严肃、端庄的景观效果，既可用作主景成为人们的视线焦点，也可与形状有对比的植物如球形的植物相配，还能与亭、塔相配呈相互呼应之势。又如棕榈形具有热带风光的情调，能给人以挺拔、秀丽、活泼的感受，可孤植观赏，在草坪上散植，形成疏林草地景观，效果更佳。再如垂枝形具有明显悬垂或下弯的细长枝条，如垂柳、龙爪槐、垂枝梅、垂枝桦、垂枝山毛榉、垂枝榆等，细长下垂的枝条随风拂动，可以能形成飘逸、优雅的感受，最宜植于水边或作为独赏树用，往往给人以清新的心理感受。

二、灌木的种类

园林中的灌木通常是指那些没有明显的主干，呈丛生状态的木本植物。这类树木种类繁多，形态各异，在园林景观营造中占有重要的地位。根据其在园林中的造景功能，可分为观花类、观果类、观叶类、观枝干类等。

（1）观花类。观花类是灌木中观赏价值最高的一类，是室外景观中最受青睐的植物材料之一。这类灌木以花为主要观赏部位，花色、花形和花香都有许多变化，能够产生不同的观赏效果。可群植以成规模性景观，可三五丛植以成组团观赏点，可孤植以成单独观赏点或成为观赏焦点。

1）红色花系类，如月季、玫瑰、牡丹、榆叶梅、锦带花、杏、贴梗海棠、紫荆、日本绣线菊、杜鹃花属、胡枝子、木槿、猬实、红丁香、紫薇、山茶、樱桃、夹竹桃、纤花羊蹄甲、珊瑚刺桐、一品红、木芙蓉、扶桑、海棠花、西府海棠等。

2）黄色花系类，灌木主要有连翘、棣棠、金丝桃、黄刺玫、迎春、朝鲜小檗、金露梅、云南黄馨、金雀花、蜡梅、黄蝉、黄槐、黄兰、黄瑞香、黄花夹竹桃、米仔兰、金花茶、厚皮香等。

3）白色花系类，灌木主要有珍珠梅属、绣线菊属、白玫瑰、白蔷薇、白杜鹃、白山茶、白牡丹、白花山碧桃、白丁香、太平花、白玉棠、麻叶绣球、欧洲荚莲、金银木、海州常山、糯米条、唐棣、多花栒子、白鹃梅、栀子、茉莉、银露梅、凤尾兰、省沽油、火棘、稠李、珍珠花、六月雪、毛樱桃、李、溲疏、小花溲疏等。

4）蓝紫花系类，开蓝紫花的灌木主要有紫丁香、华北香薷、波斯丁香、荆条、紫玉兰、紫珠等。

5）花朵芳香类，许多灌木的花都有或浓或淡的香味，其中比较著名的有丁香、栀子、玫瑰、茉莉、含笑、白兰、珠兰、蜡梅、桂花、素馨、瑞香、米兰、夜合花、树兰等。

（2）观果类。

1）红色果类，如天目琼花、欧洲琼花、山茱萸、卫矛、西府海棠、平枝栒子、多花栒子、火棘、金银木、小檗类、毛樱桃、郁李、麦李、枸骨、接骨木、法国冬青。

2）黄色果类，如金橘、枸橘、贴梗海棠、沙棘、无花果、番石榴、海棠花、金枣等。

3）蓝紫色果类，如紫珠、小紫珠、十大功劳、阔叶十大功劳等。

4）黑色果类，如小叶女贞、黑果绣球、黑果忍冬、黑果枸杞等。

5）白色果类，如红瑞木、雪果、花楸、白果南天竹等。

（3）观叶类。

1）春色叶类，这类灌木早春发出的新叶具有显著不同的叶色。石楠，嫩叶红色；红芽杂种石楠，新叶鲜红至紫红；金叶女贞，新叶金黄色；红瑞木，嫩叶红色；光叶石楠，大部分嫩枝叶为紫红色；紫薇嫩叶，淡红色；金叶山梅花，新叶金黄色。

2）秋色叶类，秋季落叶之前随着温度的降低，叶色呈现显著的变化。如丁香、茶条槭、小檗。

3）彩色叶类，生长季节内叶色始终保持绿色以外的其他色彩，或在绿色叶片上有各色斑点、条纹。如紫叶小檗，叶紫色；紫叶矮樱，叶紫色；金焰绣线菊，叶金黄色；金心大叶黄杨，中脉附近金黄色，还有金边、银边等品种；金叶接骨木，叶黄色；金叶风箱果，叶黄色；金叶连翘，叶黄色。

4）常绿类，灌木中有许多种类四季常青，既可单独栽植，也可用作绿篱、造型等，为单调的冬季带来一片生机。常用的主要有水蜡、小叶黄杨、矮紫杉、铺地柏、小龙柏等。

（4）观枝干类。一些灌木的枝干具有一定的观赏价值，在北方地区的冬季十分具有观赏价值。如红瑞木枝干为红色，点缀在雪景中十分醒目；连翘、金钟枝黄色下垂；平枝栒子枝条开展；紫薇干光滑。

三、草坪和地被植物的含义及分类

（一）草坪的含义及其分类

草坪是指草本植物经人工种植或改造后形成的矮生密集型植被，经养护修剪形成整齐均匀的坪状覆盖，具有观赏效果，有的能供人适度活动。按照草坪的用途，可分为以下几种类型：

（1）休闲型草坪。休闲型草坪是供散步、休息、游戏及户外活动用的草坪，一般允许游人入内活动，应选择耐粗放管理、耐践踏、抗逆性强的草坪植物。

（2）观赏型草坪。观赏型草坪又称封闭型草坪，具有一定观赏价值，四周有保护措施，是仅供观赏，不能入内的草坪。

（3）运动型草坪。运动型草坪是指专供开展体育运动的草坪。应选择耐践踏、耐频繁修剪、有弹性的草坪植物。

（4）防护型草坪。防护型草坪是用于固土护坡、防止水土流失的草坪，应根据不同的生态条件，选择适应性强、根系发达、分蘖力强、抗性好、易于管理的草坪植物。

（5）其他草坪。其他草坪是指一些特殊场所应用的草坪，如停车场草坪、人行道草坪。建植时多采用空心砖铺设停车场或路面，在空心砖内填土建植草坪。这类草坪要求草种适应能力强、耐高度践踏和耐干旱。

以上对草坪应用的分类不是绝对的，只是侧重于某一方面来界定其类型，每种草坪往往具有双重或多重功能，如观赏型草坪同样具有改善环境的生态作用，而环境保护型草坪本身就包括美化环境的观赏功能。

（二）地被植物的含义及其分类

地被植物是指株丛紧密、低矮，经简单管理即可起到覆盖地表、防止水土流失、吸附尘土、净化空气、减弱噪声、消除污染并具有一定观赏和经济价值的植物。不仅包括多年生低矮草本植物，还有一些低矮、匍匐型的灌木和藤本植物。

（1）常绿类地被植物。常绿类地被植物四季常青，终年覆盖地表，无明显的枯黄期。东北地区此类植物种类稀少，仅有诸如铺地柏、砂地柏等。南方此类植物种类繁多，如土麦冬、石菖蒲、葱兰、常春藤等。

（2）观叶类地被植物。观叶类地被植物有优美的叶形，花小而不太明显，所以主要用以观叶，如玉簪、马蔺、麦冬、八角金盘、垂盆草、荚果蕨、箬竹、菲白竹等。

（3）观花类地被植物。观花类地被植物花色艳丽或花期较长，以观花为主要目的，如二月兰、紫花地丁、水仙、石蒜等。其中，二月兰、紫花地丁两种地被植物近年在东北地区应用较为广泛。

（4）防护类地被植物。防护类地被植物用以覆盖地面、固着土壤，有防护和水土保持的功能，较少考虑其观赏性问题。绝大部分地被植物都有这方面的功能。

（三）常用的草坪草种和地被植物

1. 草坪草种

根据草坪植物生长的最适温度和绿期，可分为暖季型草坪草和冷季型草坪草两大类。

（1）暖季型草坪草，又称夏绿型草，其主要特点是早春返青复苏后生长旺盛，进入晚秋遇霜茎叶枯萎，冬季呈休眠状态，最适宜的生长温度为 26 ℃～ 32 ℃。这类草种在我国适应于黄河流域以南的华中、华南、华东、西南广大地区，而有的种类适应性较广，如结缕草、野牛草、中华结缕草等耐寒性较强，在华北也能良好生长。

园林中常用的暖季型草主要有狗牙根、地毯草、野牛草、结缕草、天堂草、竹节草、钝叶草、铺地狼尾草、丝带草等。

（2）冷季型草坪草，也称寒地型草，其主要特征是耐寒性较强，在部分地区冬季是常绿状态或短期休眠，不耐夏季炎热高湿，春、秋两季最适宜生长，适合在我国北方地区栽培，部分种类在我国南方也能栽培，尤其适应夏季冷凉的地区。

常用的冷季型草有草地早熟禾、加拿大早熟禾、高羊茅、草地羊茅、细羊茅、匍匐剪股颖、细弱剪股颖、绒毛剪股颖、匍匐紫羊茅、多年生黑麦草。

2. 地被植物

（1）草本地被植物，是指草本植物中株形低矮、株丛密集自然、适应性强、管理粗放，可以观花、观叶或具有覆盖地面、固土护坡功能的种类。其主要包括宿根、球根及能够自播繁衍的一二年生植物。如马蹄金、白三叶、紫花苜蓿、百脉根、马蔺、阔叶土麦冬、宽叶沿阶草、紫茉莉、二月兰、半枝莲、紫花地丁、萱草类、玉簪、红花酢浆草、铃兰、虎耳草、石菖蒲、万年青、蛇莓、葛藤、鸡眼草、石竹、常夏石竹、吉祥草、细叶麦冬、草萝、金毛蕨、荚果蕨、垂盆草、蔓长春花、肾蕨、贯众、扫帚草、月见草等。

（2）木本地被植物，是指一些生长低矮、对地面能起到较好覆盖作用并且有一定观赏价值的灌木、竹类及藤本植物。如砂地柏、小檗、日本绣线菊、平枝枸子、金银花、山葡萄、石岩杜鹃、中华猕猴桃、金焰绣线菊、日本木瓜、金丝桃、栀子花、棣棠、迎春、八角金盘、南天竹、火棘、阔叶十大功劳、箬竹、凤尾竹、菲黄竹、鹅毛竹、菲白竹、地锦、五叶地锦、络石、常春藤、百里香、枸杞、木地肤、海州常山、结香、悬钩子属、紫藤、枸骨、中华常春藤、木通等。

（四）草坪与地被植物的功能作用

1. 覆盖地面，实现黄土不露天

随着工业化的发展，环境污染越来越严重，已严重影响生态平衡，直接威胁到人们的生命安全，血的教训使人类逐渐认识到了恢复绿色植被的重要性，黄土不露天是园林绿化的一个基本目标。而草坪与地被植物是实现黄土不露天的最有效手段和最佳选择。

特别是地被植物种类多、适应性强，能够适应不同的环境条件，且造价低，管理方法简便，覆盖效果好，值得大力推广。

2. 净化空气，减少粉尘

草坪和地被植物是改造、保护自然生态环境的良好材质，它能稀释、分解、吸收大气中的部分有害物质，达到净化大气的目的；某些草坪和地被植物能分泌一定量的杀菌物质，减少空气中的细菌含量。草坪与地被植物像其他绿色植物一样吸收二氧化碳，释放氧气，增加空气中氧气的含量，降低温室效应带来的影响。草坪和地被植物对空气中飘浮的粉尘具有很强的吸附、过滤和阻挡作用，吸附的粉尘以后随降雨冲到地表，草坪和地被植物致密的覆盖层和强大的固土作用使粉尘不能重新飘浮空中，对减少大气中粉尘含量和防止反复扬尘具有显著作用。如果城市的裸露地面都为草坪与地被植物覆盖，其吸附、过滤、阻挡着空气中的尘埃，可使城市的空气质量状况有较大改观。

3. 保持水土，改善生态环境

草坪与地被植物可形成致密的地表覆盖层，暴雨降临时具有很好的缓冲作用，减少降雨对地面的直接冲刷；同时，草坪与地被植物又有密结的草根层，把土壤紧紧地结合在一起，能抵挡较强的冲刷，因而具有良好的固土护土作用。土壤的侵蚀度随草坪与地被植物密度的增加而锐减。

绿色的草坪和地被植物能缓和强光辐射，减轻人们眼睛的疲劳。草坪与地被植物的茎、叶具有良好的吸声效果，能在一定程度上吸收和减轻噪声的污染，对保护人类的身心健康十分有利。

4. 增加绿量，加快生态园林建设步伐

生态园林是现代园林的发展趋势和方向，草坪和地被植物是生态园林建设不可缺少的组成部分。在树木的下层栽植地被与草坪植物，形成乔木、灌木、草本结合的多层立体绿色空间，能够在有限的绿地面积上增加绿色植物的生物量，更好地发挥其在改善环境方面的生态效益，并扩大人们的绿色视野，营造壮观的园林景观。

5. 改善运动环境，促进体育事业的发展

许多运动项目的场地，如足球、高尔夫球、曲棍球等，都需要种植生长优良的草坪，为运动员创造良好的环境，以提高比赛成绩，减少运动员受伤的机会。草坪的运动场地空气质量明显提高，如草坪足球场近地面空气中的尘埃含量，可明显减少呼吸不适和疲劳感。因此，建植优良的草坪运动场对提高运动水平、促进体育的发展具有一定的重要意义。

6. 为人类创造优美的生活环境

绿色的草坪和地被植物，对改善和美化人们的生活环境具有重要的作用，特别是在拥挤嘈杂的都市，如毯的绿色草坪给人以幽静的感觉，能陶冶人的情操，净化人的心灵，开阔人的心胸，稳定人的情绪，激发人的想象力和创造力。平坦舒适的绿色草坪，更是休憩娱乐的理想场所，能引起孩子们的游戏兴趣，给家庭生活带来欢乐。

单元二

植物在景观中的应用

一、乔木的配置方式及在园林中的应用

（一）乔木配置方式

乔木体量大，占据园林绿化的最大空间，因此，乔木树种的选择及其配置形式

反映了一个城市或地区植物景观的整体形象和风貌，是植物景观营造首先要考虑的因素。在实际应用中，乔木的配置方式主要有规则式和自然式两种。其中，规则式配置的类型有中心植、对植、列植、环植等；自然式配置的类型包括孤植、丛植、群植和林植等。

（二）乔木在景观中的应用

1. 行道树

在城市道路两旁的楼房，颜色灰暗生冷，线条粗硬，行走其中，犹如置身水泥丛林，而行道树树形挺拔、风姿绰约，可以绿化、美化环境，软化水泥建筑物的生硬感觉，为都市增添美丽的景色。

常见的行道树有悬铃木、栾树、白榆、枫树、银杏、樟树、广玉兰、含笑、女贞、青桐、杨树、柳树、槐树、榕树、水杉等。

乔木做行道树应注意以下几点：

（1）遵循适地适树，采用乡土树种的原则，提高行道树的成活率。

（2）注意采用的乔木的高度与道路的宽度的比例关系，形成的空间应符合人的心理特点。

（3）应加强行道树的后期管理，如施肥、除虫、修剪等。

2. 庭院树

乔木树种树冠高大、树形优美、枝叶茂密，常常种植于庭院，使整个庭院充满生机。亭亭如盖的高大树木种植于庭院，不仅可以美化庭院，也可以让人在树下乘凉休息。

在选择庭院乔木时，应选择树形优美，或叶色美丽，或花色艳丽，或具有香气的植物。使整个庭院景色宜人，香气扑鼻。也可以将树形奇特的植物以盆景的形式种植于院内，给人另一番雅趣。

3. 景观焦点

乔木是种植设计中的基础和主体，若树木的选择和配置合理，就能形成整个园景的植物景观框架（图10-5）。大乔木遮荫效果好，可以屏蔽建筑物等大面积不良视线，而落叶乔木冬季能透射阳光。中小乔木宜作背景和风障，也可用来划分空间、框景，其尺度适中，适合作主景或点缀之用。

图10-5 高大树木在体量上占优势

4. 隔景、障景

高大茂密的乔木将建筑景观和水景分割开来。一侧是建筑在景观中若隐若现，红墙绿树，别有情趣；另一侧是开阔的水面，使整个景观空间疏密有秩。

另外，也可以在开阔的广场侧栽植高大茂密的乔木，形成一道屏障，用来遮挡视线并围合空间。

5. 空间围合

用植物来围合空间会使空间显得更自然，带给人亲切感。乔木高大，枝叶茂密，有利于形成围合。当然，仅仅依靠高大乔木进行空间的有效围合是不够的，因为成年乔木的枝下高往往超过 2 m，无法有效阻挡人的视线。这时就需要高大灌木的配合来完成较好的围合效果。当然也可以结合其他小品或设施来实现这一效果。

6. 与其他小品的搭配

乔木树形高大，冠形优美，颜色多样，与其他景观小品或颜色、形状上优势互补，相得益彰，获得出乎意料的艺术效果。雕塑常常用浓密深色的乔木做背景，来烘托雕塑主题。乔木也常常与建筑搭配，植物柔软的线条、不规则的冠形与建筑生硬的轮廓形成对比。

二、灌木在景观中的应用

灌木在园林植物群落中属于中间层，起着乔木与地面、建筑物与地面之间的连贯和过渡作用。因其平均高度基本与人平视高度一致，灌木的植株多处于人们的常视域内，尺度较亲切，极易形成视觉焦点，在园林景观营造中具有极其重要的作用（图10-6）。灌木作为低矮的障碍物，可用来防止破坏景观、避免抄近路、屏蔽视线、强调道路的线型和转折点、引导人流、作为低视点的平面构图要素、作较小前景的背景、与中小乔木一起加强空间的围合等。灌木在室外景观中有以下几个方面的作用。

图 10-6　将灌木作为主景

1. 构成景观空间

灌木的变化是植物造景中不能忽略的重要元素。灌木以其自身的观赏特点既可单株栽植，又可以群植形成整体景观效果。利用灌木美化环境是最常见的做法，当开花时节，芬芳艳丽，秋冬果挂枝头，更兼叶色变化丰富，给人以美的享受，灌木往往可以使景色富有变化、生动活泼。当然也可以构成植物空间，发挥植物的一般作用（图10-7和图10-8）。

2. 与其他园林植物配置

（1）与乔木树种的配置。灌木与乔木树种配置能丰富园林景观的层次感，创造优美的林缘线，同时，还能提高植物群体的生态效益。在配置时要注意乔木、灌木树种的色彩搭配，突出观赏效果。配置中也可以乔木作为背景，前面栽植灌木以提高灌木

图 10-7　灌木引导视线　　　　　　　　图 10-8　高灌木限定视线

的观赏效果。如用常绿的雪松作背景，前面用碧桃、海棠等花灌木配置，观赏效果十分显著。同时可以将分离的两组植物在视觉上联系起来（图 10-9），还可以将乔木下的废空间加以利用。

图 10-9　灌木的视觉联系作用

（2）与草坪或地被植物的配置。以草坪地被植物为背景，配置榆叶梅、贴梗海棠、杜鹃花、紫薇、月季等红色系花灌木或棣棠、迎春等黄色系灌木及紫叶小檗、紫叶李等常色叶灌木，既能引起地形的起伏变化、丰富的层次感，又避免了色彩上的单调，还能起到相互衬托的作用。

（3）做基础种植。低矮的灌木可以用于建筑物的四周、园林小品和雕塑基部作为基础种植，既可遮挡建筑物墙基生硬的建筑材料，又能对建筑物和小品雕塑起到装饰和烘托点缀作用，使构图生动。景物与景物之间或景物与地面之间，由于形状、色彩、地位和功能上的差异，彼此孤立，缺乏联系，而灌木可使它们之间产生联系，获得协调。

（4）布置花境。花灌木中许多种类可以作为布置花境的材料，与草本植物相比，花灌木作为花境材料具有更大的优越性，如生长年限长、维护管理简单、适应性强等，但目前应用尚少。充分利用灌木丰富多彩的花、叶、果观赏特点和随季节变化的规律布置花境景观是常用方法之一。

（5）布置专类园。很多种类的灌木品种很多，应用广泛，深受人们的喜爱。如月季品种已达 2 万多种，有藤本的、灌木的、树状的、微型的等，花色更是丰富，这类花灌木常常布置成专类园供人们集中观赏。适合布置专类园的花灌木还有牡丹、碧桃、芍药、杜鹃、山茶、海棠、紫薇等。另外，花朵芳香的花灌木还可以布置成芳香园供人们闻赏花香。

三、草坪与地被植物在园林中的配置及应用

（一）草坪的配置及应用

（1）草坪的配置原则。草坪具有多功能性，在配置时应首先考虑它的环境保护作用。各种草坪植物均具有不同的生态习性，在选择草种时，必须根据不同的立地条件，选择生态习性适合的草种，必要时还需做到合理混合搭配草种。

充分发挥草坪植物本身的艺术效果。注重与建筑物、山、石、地被植物、乔灌木等其他材料的协调关系，如在草坪上配置其他植物不仅能够增添和影响整个草坪的空间变化，而且能给草坪增加景色内容，形成不同的景观。

（2）草坪作主景。草坪以其平坦、致密的绿色平面，能够创造开朗、柔和的视觉空间，具有较高的景观作用，可以作为园林的主景进行配置。如在大型的广场、街心绿地和街道两旁，四周是灰色硬质的建筑和铺装路面，缺乏生机和活力，铺植优质草坪，形成平坦的绿色景观，对广场、街道的美化装饰具有极大的作用。草坪也可以控制其色差变化，而形成观赏图案，或抽象或现代或写实，更具艺术魅力。

（3）草坪作基调。绿色的草坪是城市景观最理想的基调，是园林绿地的重要组成部分，在草坪中心配置雕塑、喷泉、纪念碑等建筑小品，以草坪衬托出主景物的雄伟。

（4）草坪与其他植物材料的配置。

1）草坪与乔木树种的配置。草坪与孤植树、树丛、树群相配既可以表现树体的个体美，又能加强树群、树丛的整体美。我国传统园林中的植物配置，讲究相互衬托的造景手法，从而达到以小见大的效果。在城市造园中，如何在较小面积的草坪中，创造大自然的意境，并满足游人的活动和赏景需要是植物配置设计很重要的一方面。

单株树在草坪上的散植，形成疏林草地景观，这是应用最多的设计手法，既能满足人们在草地上游憩娱乐的需要，树木又可起到遮荫功能；同时，这种景观又最接近自然，满足都市居民回归自然的心理。

由几株到多株树木组成的树丛和树群与草坪配置时，宜选择高耸干直的高大乔木，中层配置灌木作过渡，就可与地面的草坪配合形成丛林的意境，如能借助周围的自然地形，如山坡、溪流等，则更能显示山林绿地的意境。这种配置如果以树丛或树群为主景，草坪为基调，则一般要把树丛、树群配置于草坪的主要位置，或作局部的主景处理，要选择观赏价值高的树种以突出景观效果，如春季观花的木棉、樱花、玉

兰，秋季观叶的乌桕、银杏、枫香及紫叶李、雪松等都适宜作草坪上的主景树群或树丛。如果以草坪为主景，树丛、树群做背景种植，应该把树丛、树群配置于草坪的边缘，增加草坪的开朗感，丰富草坪的层次。这时选择的树种要单一，树冠形状、高度与风格要一致，结构应适当紧密，形成完整的块面，并与草坪的色彩相适宜，不能杂乱无章或没有主次。

2）草坪与花灌木的配置。大片的草坪中间或边缘用碧桃、樱花、海棠、连翘、迎春或棣棠等花灌木点缀，能够使草坪的色彩变得丰富起来，并引起层次和空间上的变化，提高草坪的观赏价值。如桃园以草坪为衬托，加上地形的起伏，当桃花盛开时，鲜艳的花朵与碧绿的草地形成一幅美丽的图画，景观效果非常理想。

3）草坪与花卉的配置。常见的"缀花草坪"，在空旷的草地上布置低矮的开花地被植物，如马兰、葱兰、韭兰、水仙、石蒜类等，形成开花地被，增强观赏效果。这种缀花草坪仍以草坪为主体，花卉只起点缀作用，花卉面积不超过整个草坪面积的1/3。草坪还可以与花卉混合块状种植，即在草坪上留出成块的土地用于栽植花卉，草坪与花卉呈镶嵌状态，开花时两者相互衬托，相得益彰，具有很好的观赏效果。另外，用花卉布置花坛、花带或花境时，一般要用草坪做镶边或陪衬来提高花坛、花带、花境的观赏效果，使鲜艳的花卉和生硬的路面之间有一个过渡，显得生动而自然，避免产生突兀的感觉。

（5）草坪与山石配置，形成独特的园林小景。用草坪配置山坡可以显现出地势的起伏，展示山体的轮廓。而用石景点缀草坪是常用的手法，如在草坪上埋置石块，使其半露上面，犹如山的余脉，这样能够增加山林野趣。

（二）地被植物的配置及应用

1. 地被植物的配置原则

（1）适地适植，合理配置。在充分了解种植地环境条件（如土壤条件、气候条件等）和地被植物本身特性的基础上合理配置。

（2）按照绿地功能、性质来配置地被植物。如人口区绿地主要是美化环境，可用低矮整齐的小灌木和时令草花等地被类植物进行配置，以靓丽的色彩或图案吸引游人；山林、绿地主要是覆盖黄土，美化环境，可选用耐荫类地被植物进行布置；路旁则根据园林的宽窄与周围环境的各异，选择开花地被类植物，使游人能不断欣赏到因时序而递换的各色园景。

（3）高度搭配适当。一般说园林地被植物是植物群落的最底层，选择合适的高度是很重要的。在上层乔木、灌木分枝高度都比较高时，下层选用的地被可适当高一些。反之，上层乔木、灌木分枝点低或是球形植株，则应根据实际情况选用较低的种类，如在花坛边，地被植物则应选择一些更矮的匍地种类。

（4）色彩协调、四季有景。园林地被植物与上层乔木、灌木同样有着各种不同的叶色、花色和果色。因此，在群落搭配时要使上下层的色彩相互协调，叶期、花期错落，具有丰富的季相变化。

地被植物和草坪植物一样，都可以覆盖地面，涵养水源，形成视觉景观。但地被植物有其自身特点：一是种类繁多，枝、叶、花、果富于变化，色彩丰富，季相特征明显；二是适应性强，可以在阴、阳、干、湿不同的环境条件生长，形成不同的景观效果；三是地被植物有高低、层次上的变化，易于修饰成各种图案；四是繁殖简单，养护管理粗放，成本低，见效快。但地被植物不易形成平坦的平面，大多不耐践踏。园林中可以应用地被植物形成具有山野景象的自然景观，同时有许多地被植物耐阴性强，可在密林下生长开花，故与乔木、灌木配置能形成立体的群落景观，既增加城市的绿化量，又能创造良好的自然景观。

2. 地被植物的造景

（1）多种开花地被植物与草坪配置，形成自然草甸景观。在草坪上点缀种植水仙、秋水仙、鸢尾、石蒜、葱兰、韭兰、红花酢浆、马蔺、二月兰、野豌豆等草本和球根地被，这些地被植物可布置成不同的形状，景观有疏有密、自然错落、有叶有花，远远望去，如一张绣花地毯，别有风趣。

（2）在假山、岩石园中配置矮竹、蕨类等地被植物，构成假山岩石小景，既活化了岩石、假山，又显示出清新、典雅的意境。在水池边、石缝中、岩石上布置一丛或几丛蕨类植物，如铁线蕨、凤尾蕨等，别具风格。在假山园、岩石园中，常配置茎秆比较低矮、养护管理粗放的矮竹，如菲白竹、箬竹、鹅毛竹、凤尾竹、翠竹、菲黄竹等。

（3）藤本地被植物或悬挂于大岩石上形成崖壁景观或布置于不同的花架、建筑物的窗格、墙面上，构成藤蔓观。藤本地被植物应据观赏特性及生态要求，设置不同的材料和不同的支架，形成藤蔓世界。

（4）林下多种地被相配置，形成优美的林下花带。乔木、灌木下，采用两种或多种地被轮植、混植，使其四季有景，色彩分明。

（5）以浓郁的常绿树丛为背景，配置适生地被植物，用宿根、球根或一二年生草本花卉成片点缀其间，从而形成人工植物群落。如南京情侣园中以冷杉、云杉为背景，前面栽植英国小月季、月月红月季，将萱草和书带草作地被，其间再散置假山石，组成林石小景花径。

（6）耐水湿的地被植物配置山、石、溪水构成溪涧景观。在小溪、湖边配置一些耐水湿的地被植物如石菖蒲、筋骨草、蝴蝶花、德国鸢尾、石蒜等，配上游鱼或叠水，溪中、湖边散置山石，再点缀一两座亭榭，别有一番山野情趣。

（7）大面积的景观地被植物主要用在干道和主要景区，采用一些花朵艳丽、色彩多样的植物，选择阳光充足的区域精心规划，采用大面积栽植形成群落，着力突出这类低矮植物的群体美，并烘托其他景观，形成美丽的景观。如美人蕉、杜鹃、红花酢浆草、葱兰及时令花草。

植物的施工工艺

一、乔木栽植施工

（一）乔木栽植流程图

选树→切根→培育须根→平衡修剪→选择栽植时期→挖掘、包装→装运→挖穴、土壤处理→种植→支撑绑扎→浇水→树干草绳包扎→地面覆盖→钻孔观察→喷雾防过量蒸腾。

（二）栽植施工步骤及要点

1. 选树

技术关键：选择树形姿态优美、生长旺盛的植株。

解决方法：选择主干通直、树冠匀称、根系发达的苗木，选择已切根、移植过的苗木，选择无病虫害、机械损伤的苗木。

2. 平衡修剪

技术关键：修剪方法、修剪程度。

解决方法：采用疏枝修剪法，修去树冠内重叠树、内膛枝、平行枝、徒长枝，对主枝适当短截至饱满芽处（约剪短1/3），使地上部分减少水分消耗，协调"供需"平衡，这样既可做到保证成活，又可保证日后形成具有优美骨架的树形，可用疏枝或去部分叶片的办法来减少蒸腾；同时，嫩梢、果实必须全部剪去。

3. 选择移植时期

技术关键：选择苗木适应的最佳移植时间，以确定成活率。

解决方法：选择阴而无雨，晴而少风的天气进行。

4. 挖掘树苗

（1）技术关键。

1）减少植株水分蒸发。

2）采用可靠的、挖掘的包装方法，确保泥球不脱落、不松散，挖掘过程中尽量减少须根损伤，有利于移植后植株的成活。

（2）解决方法。

1）植株叶面喷 P.V.O 叶面蒸腾抑制剂，在减少植物体水分消耗的同时，也不影响植物正常的呼吸和光合作用。

2）铲除根部浮土10 cm左右，从切根环状沟外侧稍远处开挖，至垂直深度为80 cm处止，然后采用双层网络法对土球进行包扎，如遇土壤干旱，则在控制数天前灌水，以免土球松散。大树装运在晚间进行，出发前对叶面喷水并对植株用雨篷布遮盖，防止水分过分蒸发；大树吊装到穴后，修去断枝，竖直树身，经临时固定后，再放下钢丝绳。

（3）挖掘、包装。

1）土球规格。挖掘土球直径的大小，一般应是树木胸径（距地面1.3 m处）的7～10倍。

2）支撑。掘苗前，用竹竿于树木分枝点以上，将苗木支撑牢固，以确保树木和操作人员的安全。

3）画圈线。掘苗前以树干为中心，按规定的直径尺寸在地上画出圆圈，以圈线为掘苗的依据，沿线的外缘挖掘土球。

4）掘苗。沟宽应能容纳一个人操作，一般沟宽为60～80 cm，垂直挖掘时应一直挖到规定的土球高度。

5）修坨。掘到规定深度后，用铁锹将土球表面修平，使其上大下小，肩部圆滑，呈红星苹果形。修坨时如遇粗根，要用手锯或枝剪截断，切不可用铁锹硬铲而造成散坨。

6）收底。自土球肩部向下修坨到一半时，就要逐步向内缩小，直到规定的土球高度，土球底的直径，一般应是土球上部直径的1/3左右。

7）缠腰绳。捆包土球所用的草绳，应预先浸湿润，以免多次拉断，干后还能增强收紧强度。土球修好后应及时用草绳将土球腰部系紧，称为"缠腰绳"。操作方法：一个人将草绳绕土球腰部拉紧，同时，由另一个人随时用木锤或砖头敲打草绳，使草绳收得更紧，略嵌入土球。缠腰绳每圈应紧靠，宽度达20 cm左右即可。

8）开底沟。围好腰绳以后，应在土球底部向内刨挖一圈底沟，宽度在5～86 cm左右，以便打包时，草绳兜绕底沿，不易松脱。

9）修宝盖。围好腰绳以后，还须将土球顶部表面修整好，称为"修宝盖"。操作方法是用铁锹将上表面修整圆滑，注意土球表面近树干中间部分应稍高于四周，逐渐向外倾斜，肩部要修得圆滑，不可有棱角。这样在捆草绳时才能捆得结实，不致松散。

10）打包。用蒲包、草绳等材料，将土球包装起来，称为"打包"。这是掘苗后质量保障的最重要工序，操作方法如下：

①用蒲包或塑料布等，将土球表面盖严不留缝隙，并用草绳和细麻绳稍加围绕，使蒲包固定。

②以树干为起点，先用双股湿草绳拴系在树干上，然后呈稍倾斜绕过土球底沿，缠至土球上面近半圆处，经主干折回按顺时针方向呈一定间隔一边绕拉草绳，一边用木锤或砖头顺序敲打草绳，使嵌拉得更紧些。每圈都应绕经树干基部，注意每道绳间

相隔保持 8 cm 左右，土质松散的还可以再密一些。捆绑时注意应将草绳理顺。不可使两根草绳互拧，经土球底沿时也应排均理顺，梢向内绕，以防止草绳脱落。

③纵向草绳捆好后，再在内腰绳稍下部，横捆十几道草绳。捆绑完成后，还要用草绳将内外二股腰绳与纵向草绳穿连起来绑紧。

11）封底。打完包以后，应在计划推倒树的方向，沿土球外挖一道弧形沟，然后轻轻将树推倒。这样可使树斜倒而不会碰穴沿损伤树干。用蒲包将土球底部挡严，并另用草绳与土球上纵向草绳串联、系牢。至此全部掘苗工序告终。

5. 运输前修剪

在起苗过程中，无论怎样小心，总可能会弄伤一些根系，假如不进行修剪、重剪，就会造成植株地上、地下部分营养供应比例失调，使植株逐渐死亡，降低成活率。一般来说，在起苗过程中不能带上完好土球的，应将植株老根、烂根剪除，把裸根沾上泥浆，再用湿草和草袋包裹，在装车前剪除枯黄枝叶，根据土球完好程度适当剪除部分茎干，甚至可截干，再结合截枝整形等方法最大程度保其成活。

6. 乔木运输

（1）起掘苗木的运输与工地栽植的密切配合是保证成活的重要环节，必须遵守随掘、随运、随栽的原则。

（2）树木从挖掘到栽好，应争取在最短的时间内完成。这样可以减少树根在空气中的暴露时间，对树木成活大有好处。

（3）草皮、多年生植物及其他植物在合适的容器内运输，保护好根系；这些植物发育充分并有足够根系，从容器中移出时应裹满泥土。

（4）装车前必须仔细检查树种、规格、质量是否相符，必须达到要求后方可装车起运。

（5）苗木的运输要迅速及时，避免风天运苗，最好在无风天运苗。因为风抽对苗木的生命力损伤会很严重，运输途中要尽量保持行车平稳，较长距离的运输，中途停车应停在树荫下，且经常给苗木喷水。

（6）长距离运输，大苗必须带土坨。如是行程在 2 d 以上的长途运输，中途需要对苗木洒水。用汽车调运苗木最好选择夜间行车。

（7）乔木吊装运输前要做好准备工作。

1）有符合要求的起重机、卡车。

2）有捆吊土球的长粗绳，并检查其牢固性，不牢固的绳索绝不可用。

3）备好防起吊绳索勒坏土球的搁垫木板、蒲包等。

4）起吊土球的粗绳，应先对折起来，对折处留 1 m 左右打牢结，备用。

5）备些围拢树冠的蒲包、草绳、草袋等。

（8）一般带大土球的树木，要用起重机装车，并用载重量在 3 t 以上的卡车运输。

吊装前，用事先打好结的粗绳（最好不用钢丝绳，因钢丝绳既硬又细，容易勒伤土球），将两股分开，捆在土球腰下部（约由上向下 3/5 处）。与土球接触的地方垫以木板，然后将粗绳两端扣在钓钩上，轻轻起吊一下。此时树身倾斜，马上用粗绳在树干基部拴系一绳套（称为"脖绳"），也扣在吊钩上，即可起吊装车。

（9）装车时必须土球向前，树梢向后，轻轻放在车厢内。用砖头或木块将土球支稳，并用粗绳将土球与车身牢牢捆紧，防止土球摇晃。

（10）裸根苗装车要点：乔木应树根朝前、树梢朝后按顺序排列，汽车后厢板上应垫上草袋以免擦伤树皮碰坏树根，并且树梢不得拖地，必须要用绳子围捆吊起。绳子与树身接触部位要用草包衬好，以免损伤树皮，装车不宜过高、过重，压得不宜太紧，还需用篷布盖好以免减少树根水分。

（11）带土球苗装车要点：两米以下树苗可以直立装车，两米以上苗木则应斜放或完全放倒，土球朝前，树梢朝后，不得造成散球。土球直径在 60 cm 以上的苗木，只能放一层，小于 60 cm 的土球可以放三层，土球之间要紧密以防土球晃动，土球上不得坐人或放重物。

（12）对于树冠较大的苗木，应用细小的绳将树冠轻轻围拢，绳下垫上蒲包等物，以防止磨伤树的枝叶。

（13）运苗时道路不平要慢速行驶，运至施工现场押运人员要和司机配合，尽量保证行车平稳，遇到刹车、绳子松散、篷布不严、树梢拖地等情况应及时停车处理，如果树苗超长、超高、超宽，应办好有关手续。在运输途中要有专人负责押运，并与司机配合，保证行车安全。

（14）植物以单株、成捆、大包或容器内装有一株或多株植物运到工地时，均分别系有清楚的标签，标明植物名称、尺寸、树龄或其他详细资料。当不能对各单株植物分别标明时，标签内说明成捆、成包及容器内的各种规格植物的数量。运到终点后，要向负责栽植施工人员交代清楚，有编号的苗木要保证苗木对号入座，避免重复搬运损伤树木。

（15）卸车。苗木运到施工现场后，要立即卸车。其方法大体与装车时起吊相同。卸车时要轻拿轻放，不能损坏苗木，依次从上到下顺序卸苗，堆放的场地与种植地越近越好，以免浪费人力，损坏泥球影响苗木质量和成活率。卸车后，如不能立即栽植，应将苗木立直、支稳，决不可将苗木斜放或平倒在地。

7. 挖穴、土壤处理

（1）技术关键。

1）树穴深度和宽度。

2）树穴内土壤处理。

（2）解决方法：

1）树穴深度比土球深 20 cm，宽度大约 40 cm。

2）在树穴内填入约 20 cm 厚的营养土（含有腐熟的有机肥料）保证根系周围养分充足。挖穴、树穴（坑）的规格应比土球的规格大一些；一般以土球直径加大 40 cm 左右，深度为 20 cm 左右；土质不好的则应加大坑的规格，并更换适用于树木生长的好土。如果需要施用底肥，事先应准备好优质腐熟有机肥料，并与回填的土壤搅拌均匀，随栽填土时施入穴底和土球外围。

8. 乔木种植

（1）技术关键：

1）确定树冠的朝向。

2）栽植的质量。

3）覆土的质量。

（2）解决方法：

1）选择树冠丰满、完善的一面朝向主要观赏方向。

2）栽植深度以土球上表面比地表略高为标准。

3）树身支稳后，拆除包装物，及时用疏松的营养土回填并夯实，加一层土夯实一层。

（3）技术要点：

1）栽植前应根据设计要求定好位置，测定标高，编好树号，以便栽植时对号入座，准确无误。

2）吊装入穴前，要按计划将树冠生长最丰满、完好的一面朝向主要观赏方向。吊装入穴时，粗绳的捆绑方法同前。但在吊起时应尽量保持树身直立。入穴时还要有人用木棍轻撬土球，使树立直。土球上表应与地表高平，防止栽植过深、过浅，对树木生长不利。

3）树木入坑放稳后，应先用支柱将树身支稳，再折包填土。填土时，尽量将包装材料取出，实在不好取出的，可将包装材料压入坑底。如发现土球松散，则千万不可松解腰绳和下部的包装材料，但土球上半部的蒲包、草绳必须解开取出坑外，否则会否影响所浇水分渗入。

4）树放稳后应分层填土，分层夯实，操作时注意保护土球，以免损伤。

5）在穴（坑）的外缘用细土培筑一道 30 cm 左右高的灌水堰，并用铁锹拍实，以便栽后能及时灌水。第一次灌水量不要太大，起到压实土壤的作用即可；第二次灌水量要足；第三次灌水后可以培土封堰。以后视需要再灌水。每次灌水时都要仔细检查，发现塌陷漏水现象，则应填土堵严漏洞，并将所漏水量补足。

9. 乔木支撑绑扎

（1）技术关键：

1）必须有可靠的固定措施。

2）种植区为景区组成部分，因此绑扎要美观。

（2）解决方法：

1）采用三角支撑和"十"字桩支撑的方法，防止绳用 8 号铅丝固定在杉木桩上，杉木桩打入地下 1 m 处，三角支撑要有效防止树桩过度晃动，以免根须断开，"十"字桩要能防止土球移动。部分大树采用四角支撑。

2）在树桩上进行涂漆，统一绑扎高度，达到美观的效果。

10．乔木种植时修剪

用高架人字架在原有粗修的基础上进行细修，主枝修剪重叠枝和弱势枝，对侧枝修剪时应遵守"强枝弱剪，弱枝强剪"的原则，尽量使枝条向上、向外扩展，以增大成形时树冠的遮蔽面积。同时为减少叶面的蒸腾作用，可采用半叶法，但不可把叶子全部摘光。

11．绑扎

利用高架人字架，用草绳或麻布对主枝、粗的分枝分别进行绑扎，要求绑扎紧贴树皮，以使树杆保湿和冬天保暖。

12．遮荫

为了更好地确保大规格苗木或名贵树种的成活率，减少强日光对苗木枝叶的灼伤和过度蒸发，在树枝旁用竹竿或钢管搭建类似井字架的脚手架，上面覆盖50%～70%的遮荫布，以减少灼伤和蒸发。

其他注意事项：装载时注意遮荫、通风，长途运输要注意给树皮及树叶浇水，装车、卸苗时注意保持土球不散，将树皮绑上，防止树皮破损，同品种、同规格的苗木支撑要一致，支撑要安排脚桩。

二、花灌木栽植施工

（一）花灌木栽植流程

选树→挖掘→树木运输前的修剪→树木的装运→假植→栽植。

（二）施工步骤及注意事项

1．选树

花灌木在本工程中占有很大的相对容度。在选择品种时需掌握以下原则：选用树形优美、生长健壮、无病虫害、花色浓艳、花朵大、花期长、芳香浓，符合设计要求规格的品种。对同一品种、花色不同的栽培变种，对其选用须考虑到设计配置中相邻花灌木之间的色彩对比。

2．挖掘

花灌木苗木根系或土球的大小必须符合下列要求。

（1）树木地径 3～4 cm，根系或土球直径 30 cm。

（2）树木地径大于 4 cm，地径每增加 1 cm，根系或土球直径增加 5 cm。

（3）无主干树木的根系或土球直径取根丛的 1.5 倍。

（4）根系或土球的纵向深度取直径的 70%。

3．树木运输前的修剪

（1）修剪可在苗木挖掘前或挖掘后进行。

（2）修剪应根据树木的生物习性，以不损坏特有的姿态为准。

（3）在秋季挖掘落叶树木时，必须摘掉尚未脱落的树叶，但不得伤害幼芽。

4．树木的装运

（1）装运树木时，必须轻吊、轻放，不可拉拖。

（2）运带土球树木时，绳束应绑扎在土球下端，不可绑扎在主干基部，更不得绑扎在主干上。

（3）运输裸根植物，须保持根部湿润。

（4）运输树木应合理搭配，不超高、不超重，必须符合相关交通规则，不得损伤树木，不得破碎土球。

5．假植

树木运到栽植地点后，应及时定植，否则对裸根植物要进行假植或培土，对带土球苗木应保护土球。

6．栽植

（1）树木定向应选丰满、完整的面朝向主要视线，孤植树木应冠幅完整。

（2）树木栽植深度应保证在土壤下沉后，根茎和地表等高。

7．支撑

（1）大灌木在栽植后均应支撑。

（2）支撑可用竹竿放置十字支撑、扁担支撑或三角支撑来固定。

※ 小结

植物材料具有季节性和生长性，是自然界广泛存在的材料，也是景观中充满生机和变化的材料，相对于其他材料而言具有明显的季相变化，是景观造景中历史最悠久的材料之一。植物材料中的乔木、灌木和草本地被植物既各具特色又相辅相成，在植物造景中，要合理地应用植物的观赏特性与配置方式，按照施工的步骤与要点进行栽植，因地制宜打造科学美观、可持续发展的植物景观。

※ 实训

1．实训目的

学生重点识别和调查校园、公园中的植物种类，能够认识当地常用的乔木、灌木及草坪地植物，掌握它们的形态特征与生态习性，以及常用种植形式与配置效果。通过直观观察与分析评价，深入理解植物的个体与群体应用，从而实现熟练应用植物，配置出理想植物景观效果的目的。

2．实训方式

（1）校园植物调查分析。

1）教师带领全班学生在校园中对重点植物进行讲解。

2）教师讲解：校园中重点植物的名称、种类、生态习性及景观应用等。

3）学生完成：记录教师讲解内容、拍摄植物图片、分析植物与周边植物搭配效果。

（2）公园植物调查分析。

1）学生分组：以5～7人为一组，主动到公园调研。

2）重点调研：公园中植物的种类与种植效果，识别已知植物品种，记录未知植物品种，通过网络、软件与询问教师等形式变未知为已知，并分析种植效果。

3）调研方法：调查、记录、查询。

3．实训内容及要求

（1）认真完成植物识别笔记。

（2）填写植物景观分析报告。

（3）完成实训小结。

※ 课后习题

一、填空题

1．沈阳的市树是_____。

2．城市广场的植物景观设计要遵循绘画艺术和造园艺术的基本原则，包括_____、_____、_____和节奏与韵律。

3．乔木配置方式主要有_____和_____。

4．乔木按观赏特性可分为_____、_____、_____、_____和观树形类。

二、实操题

苗木询价：根据学习与实训成果，完成校园场地的植物品种选择与配置设计，绘制平面图计算植物数量，在方案初步确定后，通过网络、电话、走访苗木市场等方式进行苗木询价。列出方案预算表，并能够结合实际预算在不影响效果的前提下，适当修改植物的品种与数量。

【应用小贴士】 　　【知识小课堂】

植物养护方案 　　中国古代园林的
植物配置

参考文献

［1］郑晓国.市政工程材料［M］.北京：北京大学出版社，2013.

［2］李三华，陈乐谓，陈盛彬.园林工程材料［M］.2版.北京：中国林业出版社，2022.

［3］王葆华，田晓.景观材料与施工工艺［M］.武汉：华中科技大学出版社，2015.

［4］董莉莉.园林景观材料［M］.重庆：重庆大学出版社，2016.

［5］林欣.最新园林工程施工技术标准与质量验收规范实用手册［M］.合肥：安徽音像出版社，2009.

［6］陈祺.园林工程建设现场施工技术［M］.北京：化学工业出版社，2005.

［7］吴戈军.园林工程材料及其应用［M］.2版.北京：化学工业出版社，2019.

［8］孟兆祯，毛培琳，黄庆喜，等.园林工程［M］.北京：中国林业出版社，1996.

［9］鲍丽华.城市园林施工常用材料［M］.北京：中国电力出版社，2017.

［10］吴卓珈.园林工程（二）［M］.北京：中国建筑工业出版社，2009.

［11］董三孝.园林工程施工与管理［M］.北京：中国林业出版社，2004.

［12］易新军，陈盛彬.园林工程［M］.北京：化学工业出版社，2009.

［13］李永兴.园林工程技术［M］.北京：中国劳动社会保障出版社，2008.

［14］耿美云.园林工程施工［M］.北京：化学工业出版社，2008.

［15］吴戈军，田建林.园林工程施工［M］.北京：中国建材工业出版社，2009.

［16］邓宝忠.园林工程（一）［M］.北京：中国建筑工业出版社，2008.

［17］陈科东.园林工程施工与管理［M］.北京：高等教育出版社，2002.

［18］田建林.园林景观铺地与园桥工程施工细节［M］.北京：机械工业出版社，2009.

［19］钱剑林.园林工程［M］.苏州：苏州大学出版社，2009.

［20］姚玲森.桥梁工程［M］.北京：人民交通出版社，2008.

［21］谢云.园林植物造景工程施工细节［M］.北京：机械工业出版社，2009.

［22］中国风景园林学会园林工程分会，中国建筑业协会古建筑施工分会.园林绿化工程施工技术［M］.北京：中国建筑工业出版社，2007.